不畏惧问题

不要为小事抓狂

优秀的人

从培养良好的习惯开始

连山 ☆ 编著

四川人民出版社

图书在版编目（CIP）数据

优秀的人：从培养良好的习惯开始 / 连山编著 . --
成都：四川人民出版社，2021.6
ISBN 978-7-220-11680-3

Ⅰ . ①优… Ⅱ . ①连… Ⅲ . ①习惯性—能力培养—通俗读物 Ⅳ . ① B842.6-49

中国版本图书馆 CIP 数据核字 (2019) 第 272137 号

YOUXIU DE REN : CONG PEIYANG LIANGHAO DE XIGUAN KAISHI

优秀的人：从培养良好的习惯开始

连山　编著

出 版 人	黄立新
策划组稿	张明辉
责任编辑	王卓熙
营销策划	张明辉
插画绘制	金版文化
封面设计	简明波
责任印刷	李　剑
出版发行	四川人民出版社（成都槐树街2号）
网　　址	http：//www.scpph.com
E-mail	scrmcbs@sina.com
新浪微博	@四川人民出版社
微信公众号	四川人民出版社
发行部业务电话	（028）86259624　86259453
防盗版举报电话	（028）86259624
印　　刷	深圳市雅佳图印刷有限公司
成品尺寸	135mm × 180mm
印　　张	14
字　　数	300千
版　　次	2021年6月第1版
印　　次	2021年6月第1次印刷
书　　号	ISBN 978-7-220-11680-3
定　　价	49.90元

前言

PREFACE

习惯是由一个人行为的累积而形成的某些固定行为，是人们生活中习以为常的行为举止。习惯在我们不知不觉地重复的过程中，会逐渐变成我们本能的一部分。因此，习惯具有一种能左右人命运、决定人生成败的巨大力量。古罗马诗人奥维德有一句经典名言："没有什么比习惯的力量更强大。"美国著名成功学大师拿破仑·希尔也说："习惯决定成败。"习惯是一个人思想与行为的真正领导者。好习惯让我们减少思考的时间、简化行动的步骤，让我们更有效率；坏习惯让我们封闭保守、自以为是、墨守成规。在我们身上，好习惯与坏习惯并存，获得成功的程度就取决于好习惯的多少，所以说，人生仿佛就是一场好习惯与坏习惯的拉锯战，把良好的习惯坚持下来就意味着踏上了成功的列车。几乎所有的成功人士身上都有这样一个共性，那就是具有良好的习惯。正是这些好习惯，帮助他们开发出更多与生俱来的潜能，使他们成就梦想，踏上辉煌的发展之路。也有无数失败者用惨痛的事例证明，正是那些不良的习惯使他们离成功越来越远。许多人之所以没有成功，或者成功得很慢、很艰难，最大的原因之一就是没有养成一个好习惯。如果你想要主宰自己的命运，那么，请先养成好的习惯——做自己习惯的主人。

人生之路是漫长的，但最关键的始终是其中的几步，这看起来似乎很容易的几步，却左右着每个人一生的成与败、荣与辱、福与祸、得与失，最终决定了每个人命运的幸与不幸。有的人之所以能够成为幸运的宠儿，可以比别人更早地实现成功的目标，品尝到更多的成功盛宴，是因为他们具有很多良好的习惯，有效地把握了人生的紧要之处，比别人更好地走过了人生中最为关键的几步路。优秀的人总会以良好的习惯和积极向上的精神去开拓自己的人生，成功也只属于这样的人。这样的人在工作和生活中从不抱怨，他们对自身的严格要求甚至超出了常人的想象。“我没有做事的机会”“我无法就职于那家大公司”，这些失败者的借口从来不会挂在他们的嘴上。

为了帮助读者及早在各方面养成良好的习惯，我们精心编写了这部《优秀的人：从培养良好的习惯开始》。本书全面阐述了人一生要养成的行为习惯、思考习惯、工作习惯、说话习惯、生活习惯，提出了培养良好习惯的方法和窍门，内容涵盖了人生的方方面面，主题选择具有时代感和生活性，对实际生活具有很强的指导意义。一位哲人说过：“播下一种思想，收获一种行为；播下一种行为，收获一种习惯；播下一种习惯，收获一种性格；播下一种性格，收获一种命运。”要想不断提升自己的素质，在人生中取得成功，就要在各个方面养成良好的习惯。当你翻开本书，了解了这些重要的人生习惯后，再根据书中的指导，持之以恒地去培养好习惯、改正坏习惯，相信一定能收获高效能的工作和高品质的生活，你的人生也会因此而改变。

序

Order

习惯影响一生

习惯就在我们身边

世界上最可怕的力量是习惯，世界上最神奇的力量也是习惯，人的行为绝大部分都是习惯造成的，一旦形成了习惯，就没有了中间过程。

习惯的力量无比巨大

习惯的力量是巨大的。19世纪60年代，美国发明家克里斯托夫发明了世界上第一台打字机，键盘完全是按照英文字母的顺序排列的。慢慢地，他发现打字的速度一旦加快，键槌就很容易被卡住。他的弟弟给他出了一个主意，建议他把常用字的键符分开布局，这样每次击键的时候，键槌就不会因为连续击打同一块区域而卡死。经过这样不规则地排列后，卡键的次数果然大大减少，但同时打字速度也减慢了。推销打字机的时候，在利润的驱动下，克里斯托夫对客户说，这样的排列可以大大提高打字速度，结果所有人都相信了他的说法。现在，人

们已经习惯了这样的键盘布局，并始终认为这的确能提高打字效率。

国外一些数学家经过研究得出结论，目前的排列是最笨拙的一种，虽然凭借目前的技术已经解决了卡键问题，可现在出现第二种字母排列顺序的键盘似乎不太可能，因为人们都习惯了。在强大的习惯面前，科学有时也会变得束手无策。

说起来你可能不信，一根矮矮的柱子，一条细细的链子，竟能拴住一头重达千斤的大象，可这令人难以置信的现象在印度和泰国随处可见。原来那些驯象人在大象还是小象的时候，就用一条铁链把它绑在柱子上。由于力气尚未长成，无论小象怎样挣扎都无法摆脱锁链的束缚，于是小象渐渐地习惯了锁链，不再挣扎。长成庞然大物后，虽然它可以轻而易举地挣脱链子，但是大象依然选择了放弃挣扎，因为在它的惯性思维里，它仍然认为摆脱链子是永远不可能的。

小象是被实实在在的链子绑住的，而大象则是被看不见的习惯绑住的。

可见，习惯虽小，却影响深远。习惯对我们的生活有绝对的影响，因为它是一贯的。在不知不觉中，习惯经年累月地影响着我们的品德，决定着我们思维和行为的方式，左右着我们的成败。看看我们自己，看看我们周围，好习惯造就了多少辉煌成果，而坏习惯又毁掉了多少美好的人生！习惯一旦形成，就极具稳定性。生理上的习惯左右着我们的行为方式，决定我们的生活起居；心理上的习惯左右着我们的思维方式，决定我们的待人接物。当我们的命运面临抉择时，是习惯帮我们做的决定。

习惯是什么

狗家族出了一条很有志气、很有抱负的小狗，它向整个家族宣布“要去横穿大沙漠”，所有的狗都跑来向它表示祝贺。在一片欢呼声中，这条小狗带足了食物、水，然后上路了。三天后，突然传来了小狗不幸牺牲的消息。

是什么原因使这条很有理想的小狗牺牲了呢？检查食物，还有很多；水不足吗？也不是，水壶还有水。后来经过研究，终于发现了小狗牺牲的秘密——小狗是被尿憋死的。

之所以被尿憋死是因为狗有一个习惯——一定要在树干旁撒尿。由于大沙漠中没有树，也没有电线杆，所以可怜的小狗一直憋了三天，最后憋死了。

狗是如此，人呢？

狗是带习惯的动物，同样人也是习惯的产物。

一个人的行为方式、生活习惯是多年逐渐养成的。比如，与人交往的方式、与人沟通的方式、与人相处的模式……都是多年习惯累积慢慢成形的。孔子在《论语》中提到：“性相近也，习相远也。”意思是说，人的本性是很接近的，但由于习惯不同，长大后便相去甚远。孔子又说：“少成若天性，习惯如自然。”即小时候养成的习惯，就像先天的禀性一样，长期习惯了，就变成很自然的事。

俗话说：“贫穷是一种习惯，富有也是一种习惯；失败是一种习惯，成功也是一种习惯。”如果你重视观念和思考，那么，你对此可能会有一些同感。

习惯是某种刺激反复出现，个体对之做出固定性反应，久而久之形成的类似于条件反射的某种规律性活动。它包括生理和心理两方面，即能够直接观察及测量的外显活动和间接推知的内在心理历程——意识及潜意识历程。而且，心理上的习惯，即思维定式一旦形成，则更具持久性和稳定性，在更广泛的基础上，就成了性格特征。

成也习惯，败也习惯

习惯，是一个人思想与行为的真正领导者。习惯让我们减少思考的时间，简化行动的步骤，让我们更有效率；也让我们封闭保守、自以为是、墨守成规。在我们的身上，好习惯与坏习惯并存。成功与否就取决于好习惯的多少，所以说，人生仿佛就是一场好习惯与坏习惯的拉锯战。把良好的习惯坚持下来就意味着踏上了成功的列车，把坏习惯坚持下来就意味着最终的结局是失败。

习惯能成就一个人，也能够摧毁一个人

有一个猎人，他在一次打猎中捡回一个老鹰蛋，回到家里，他把老鹰蛋和母鸡正在孵的鸡蛋放在一起。

没过多久，小鹰和小鸡一起出世了。在母鸡的照顾下，小鹰很开心地和小鸡们生活在一起。

小鹰当然不知道自己是一只鹰，它和小鸡们一样学习鸡的各种生存本领。母鸡也不知道它是一只鹰，母鸡像教育其他小鸡那样教育小鹰。这只小鹰一直按照鸡的习惯生活。

在它们生活的地方，不时有老鹰从空中飞过。每当老鹰飞过时，小鹰就说："在天空中飞翔多好啊，有一天我也要那样飞起来。"

听它这么说，母鸡每次都要提醒它："别做梦了，你只是一只小鸡！"

其他小鸡也一起附和："你只是一只鸡，你不可能飞那么高！"

被提醒的次数多了，小鹰终于相信它永远不可能飞那么高。小鹰再看到老鹰飞过时，它便主动提醒自己："我是一只小鸡，我不可能飞那么高。"

就这样，这只鹰到死那一天也没有飞翔过——虽然它拥有翱翔蓝天的翅膀。

可见，习惯虽小，却影响深远。你可以遍数名载史册的成功人士，哪一个人没有几个可圈可点的习惯在影响着他们的人生轨迹呢？当然，习惯人人都有，我们的惰性和惯性会使我们不止一次地重复做某些事情，而经常反复地做也就成了习惯，比如爱笑的习惯、吝啬的习惯，甚至于饭前洗手的习惯，等等。习惯有大有小、有好有坏，林林总总。

习惯决定命运。

看看我们自己，看看我们周围，看看芸芸众生，好习惯造就了多少辉煌，而坏习惯又毁掉了多少美好的人生！习惯一旦形成，它就极具稳定性。日常的生活本身就是习惯的反复应用，而一旦遇到突发事件，根深蒂固的习惯更是一马当先地冲到最前面，所以，当我们的命运面临抉择时，是习惯帮我们做的决定。

习惯分为两类——好习惯与坏习惯。好习惯有助于我们的成功；坏习惯则易导致我们的失败。

例如，礼貌是一种好习惯，走到哪里都能够彬彬有礼、以礼待人的人一定会深受欢迎，这种习惯是成功必要的条件之一；相反，失礼就是一种坏习惯。

微笑是一种好习惯，可以预先消除许多不必要的怨气，化解许多不必要的争执，而老是板着面孔的人走到哪里都会制造紧张气氛。

所以说，习惯决定命运。习惯是通往成功的最实际的保证，习惯也是通向失败的最直接的通道。

卓越是一种习惯，平庸也是一种习惯

在我们的工作和生活中，有很多做事效率低下的例子。例如有些人只知道一味地例行公事，而不顾做事的实际效果；他

们总是采取一种被动的、机械的工作方式。在这种状态下工作的人，往往缺乏主观能动性和创造性，在工作中不思进取、敷衍塞责，总是为自己找借口，无休止地拖延……

此外，我们也可以看到很多做事高效的例子。例如有些人做起事来注重目标、注重程序，他们在工作中往往采取一种主动而积极的方式。他们工作起来对目标和结果负责，做事有主见，善于创造性地开展工作；工作中出现困难的时候会积极地寻找办法，勇于承担责任，无论做什么总是会给人一个满意的答复。

举个例子来说吧，某公司的一位服务秘书接到服务单，客户要装一台打印机，但服务单上没有注明是否要配插线，这时，服务秘书有3种做法：

（1）开派工单。

（2）打电话提醒一下商务秘书，看是否要配插线，然后等对方回话。

（3）直接打电话给客户，询问是否要配插线，若需要，就配齐给客户送过去。

第一种做法，可能导致客户的打印机无法使用，引起客户的不满；第二种做法，可能会延误工作速度，影响服务质量；第三种做法，既能避免工作失误，又不会影响工作效率。

显然，第三种做法就是一个高效做事的例子。

高效能人士与做事缺乏效率的人的一个重要区别在于：前者是主动工作、善于思考、主动找方法的人，他们既对过程负责，又对结果负责；而后者只是被动地等待工作，敷衍塞责，遇到困难只会抱怨，寻找借口。

另外，高效能人士不仅善于高效工作，同时也深谙平衡工作与生活的艺术。他们既不会为工作所苦，也不为生活所累。他们不是一个不重结果、被动做事的“问题员工”，也不是一个执着于工作，忽视了生活、整日为效率所苦恼的“工作狂”。

一个游刃于工作与生活之中的高效能人士应当具备很多种素质，比如“做事有目标”“能够正确地思考问题”“是一个解决问题的高手”“重视细节”“高效利用时间”“勇于承担责任，不找借口”“正确应对工作压力”“善于把握工作与生活的平衡”“善于沟通交际”“拥有双赢思维”等。

好习惯重在培养

美国学者特尔曼从1928年起对1500名“天才”儿童进行了长期的追踪研究，这些儿童平均年龄为7岁，平均智商为130。

成年之后，他对其中最有成就的20%和没有什么成就的20%进行分析比较，结果发现，他们成年后之所以产生明显差异，其主要原因就是前者有良好的学习习惯、强烈的进取精神和顽强的毅力，而后者则甚为缺乏。

习惯是经过重复或练习而巩固下来的思维模式和行为方式，例如，人们长期养成的学习习惯、生活习惯、工作习惯等。“习惯养得好，终身受其益。”孩子从小养成良好的习惯，能促进他们的生长发育，更好地获取知识，发展智力。良好的学习习惯能提高孩子的活动效率，保证学习任务的顺利完成。从这个意义上说，它是孩子今后事业成功的首要条件。

但是习惯是从哪里来的呢？

习惯是自己培养起来的。当你不断地重复一件事情，最后就有了“应该”和“不应该”，开始形成了自以为是的真理，但是你还有更多的事情没有接触到。

习惯应该是你帮助自己的工具，你需要利用自己的习惯来更好地生活，如果哪个习惯阻碍了你实现这样的目标，那么就该抛弃这样的坏习惯。

下面是培养良好习惯的过程与规则：

（1）在培养一个新习惯之初，要注入力量和热忱。对于你所想的，要有深刻的感受。记住：你正在采取建造新的心灵道路的最初几个步骤。万事开头难，一开始，你就要尽可能地使这条道路既干净又清楚，下一次你想要寻找及走上这条小径时，就可以很轻易地看见这条道路。

（2）把你的注意力集中在新道路的修建工作上，使你的意识不再去注意旧的道路，以免使你又想走上旧的道路。不要再去想旧路上的事情，把它们全部忘掉，你只要考虑新建的道路就可以了。

（3）可能的话，要尽量在你新建的道路上行走。你要自己制造机会来走上这条新路，你在新路上行走的次数越多，它们就能越快被踏平，更有利于行走。一开始，你就要制订一些计划，准备走上新的习惯道路。

习惯与自我暗示之间存在着很密切的关系。根据习惯而一再以相同的态度重复进行的一项行为，我们将会自动地或不知不觉地进行这项行为。例如，在弹奏钢琴时，钢琴家可以一面弹奏他所熟悉的一段曲子，一面在脑中想着其他的事情。

自我暗示是我们用来挖掘心理道路的工具，“专心”就是握住这个工具的“手”，而“习惯”则是这条心理道路的路线图或蓝图。要想把某种想法或欲望转变成为行动或事实，之前必须忠实而固执地将它保存在意识之中，一直等到习惯将它变成永久性的形式为止。

目录

Contents

第一篇 影响人一生的行为习惯

第二篇 影响人一生的思考习惯

第三篇 影响人一生的工作习惯

第四篇 影响人一生的说话习惯

第五篇 影响人一生的生活习惯

第一篇

影响人一生的行为习惯

❀习惯1 没有任何借口

许多杰出的人都富有开拓和创新精神，他们绝不在没有努力的情况下就事先找好借口。而那些失败的人之所以失败，是因为他们总是找出种种借口为自己开脱。平庸的人之所以沦为平庸，是因为他们总是搬出种种理由来欺骗自己。而成功的人，头脑中只有“想尽一切办法”来解决困难，绝不找半点借口让自己退缩。没有任何借口，是每个成功者走向成功的通行证。

我们可能都听到过这样一则故事：

在古老的原始森林，阳光明媚，鸟儿欢快地歌唱、辛勤地劳动，在这些鸟儿之中有一只叫作寒号鸟的小鸟，它有着一身漂亮的羽毛和一副嘹亮的歌喉，更是到处游荡卖弄自己的羽毛和嗓子。看到别人在辛勤劳动，反而嘲笑不已。好心的鸟儿提醒它：“寒号鸟，快垒个窝吧！不然冬天来了怎么过呢？”

寒号鸟轻蔑地说：“冬天还早着呢，着什么急呢！趁着今天大好时光，快快乐乐地玩玩吧！”

就这样，日复一日，冬天没多久就到来了。鸟儿们晚上都在自己暖和的窝里安详地休息，而寒号鸟却在夜间的寒风里，冻得瑟瑟发抖，用美丽的歌喉悔恨过去，哀叫未来：“哆罗罗，哆罗罗，寒风冻死我，明天就垒窝。”

第二天，太阳出来了，万物苏醒了。沐浴在阳光中，寒号鸟好不得意，完全忘记了昨天晚上的痛苦，又快乐地歌唱起来。

有鸟儿劝它：“快垒窝吧！不然晚上又要发抖了。”

寒号鸟嘲笑道：“不会享受的家伙。”

晚上又来临了，寒号鸟又重复着昨天晚上一样的故事。就这样重复了几个晚上，大雪突然降临，鸟儿们奇怪寒号鸟怎么不发出叫声了呢？太阳一出来，大家寻找一看，寒号鸟早已经被冻死了。

这虽然是一则小故事，可是它的寓意却是十分深刻的，它讲明了在人的一生中，不找借口、不拖延是多么重要。

我们始终要牢记，今天才是你最应该抓紧去完成工作的时间；总是给自己的拖延找借口，寄希望于明天的人，永远只是一事无成的人，到了明天，后天也就成了明天，一而再，再而三，事情永远没有完结的一天。

如果你总是把问题留到明天，那么，明天就是你的失败之日，同样，如果你计划一切从明天开始，你也将失去成为行动者的所有机会。请记住，明天只是你愚弄自己的借口。

所以，你还在等什么呢？今天就付诸实际行动吧！永远不要做现实中的寒号鸟，赶快在寒冬未来临之前给自己垒一个温暖舒适的窝。

习惯2 只能修正自己，不能修正别人

自制是一种能力，一种可贵的自我克制行为。快乐源于自制，只有做到自制，才会心安理得，才会快乐。

高尔基说：“任何一点对自己的控制，都呈现着伟大的力量。”自制，会使内心中的潮汐由狂涨趋于平静；自制，能让人产生充满理性的约束力；自制，还能让人生发出不怒自威的

震慑力量。

在某国的特种部队，流传着这样一个故事。

一个有经验的间谍被敌军捉住以后，立刻装聋作哑，任凭对方用怎样的方法诱问他，他都绝不为威胁、诱骗的话语所动。等到最后，审问的人故意和气地对他说："好吧，看起来我从你这里问不出任何东西，你可以走了。"

你以为这个有经验的间谍会立刻带着微笑，转身走开吗？

不会的！

没有经验的人才会那样做。要是他真这样做，他的自制力是不够的，这样的人谈不上有经验。有经验的间谍会依旧毫无知觉地呆立着不动，仿佛他对于那个审问者的话完全不曾听见，这样他就胜利了。

审问者原想以释放他使他松懈，来观察他的聋哑是不是真实的。一个人在获得自由的时候，常常会精神放松。但那个间谍听了依然毫无反应，仿佛审问还在进行，这不得不使审问者也相信他确是个聋哑人了，只好说：“这个人如果不是聋哑人，那一定是个疯子了！放他出去吧！”

就这样，间谍以他特有的经验和自制力，将生命保存下来了。

从这个故事中我们能得到什么启示？自制力便是力量！有时，为了获得真正的自由，必须有意识地克制自己。

我国古代圣贤说过的“克己”，就是自制的意思。

自制是在没有任何外界压力下的一种自我控制行为，是在自觉地履行道德上的某种义务。有较强自制能力的人，一定能够战胜自我，远离祸害，做到快快乐乐。如果不幸遇到祸害，他一定能够泰然处之，化祸为福，让自己快乐。可见，自制对快乐的人生是极其重要的。

习惯3 永不抱怨

如果一个人从年轻时就懂得永不抱怨的价值，那实在是一个良好而明智的开端。倘若你还没修炼到此种境界，就最好记住下面的话：如果说不出别人的好话，就宁可什么话也不说。

“烦死了，烦死了！”一大早就听王宁不停地抱怨。一位同事皱皱眉头，不高兴地嘀咕着：“本来心情好好的，被你一吵也烦了。”

王宁现在是公司的行政助理，事务繁杂，是有些烦，可谁叫她是公司的“管家”呢？事无巨细，不找她找谁？

其实，王宁性格开朗，工作起来认真负责，虽说牢骚满腹，该做的事情却一点儿也不曾拖延。设备维护，办公用品购买，交通信费，买机票，订客房……王宁整天忙得晕头转向，恨不得长出八只手来。再加上为人热情，中午懒得下楼吃饭的人还请她帮忙叫外卖。

刚交完电话费，财务部的小李来领胶水，王宁不高兴地说："昨天不是来过吗？怎么就你事情多，今儿这个、明儿那个的！"抽屉开得噼里啪啦，翻出一个胶棒，往桌子上一扔，说："以后东西一起领！"小李有些尴尬，又不好说什么，忙赔笑脸："你看你，每次找人家报销都叫'亲爱的'，一有点事求你，脸马上就长了。"王宁一听，不由转嗔为喜。

大家正笑着呢，销售部的王娜风风火火地冲进来，原来复印机卡纸了。王宁脸上立刻晴转多云，不耐烦地挥挥手："知道了。烦死了！和你说一百遍了，先填保修单。"单子一甩，"填一下，我去看看。"王宁边往外走边嘟囔："综合部的人都'死光了'，什么事情都找我！"对桌的小张气坏了："这叫什么话啊？我招你惹你了？"

态度虽然不好，可整个公司的正常运转真是离不开王宁。虽然有时候被她抢白得下不来台，也没有人说什么。怎么说呢？她不是应该做的都尽心尽力做好了吗？可是，那些"讨厌""烦死了""不是说过了吗"实在是让人不舒服。特别是同办公室的人，王宁一叫，他们头都大了。"拜托，你不知道什么叫'情绪污染'吗？"这是大家的一致反应。

年末的时候公司民主选举先进工作者，大家虽然觉得这种活动老套，暗地里却都希望自己能榜上有名。奖金倒是小事，谁不希望自己的工作得到肯定呢？领导们认为“先进”非王宁莫属，可一看投票结果，50多张选票，王宁只得12张。

有人私下说：“王宁是不错，就是嘴巴太厉害了。”

王宁很委屈：“我累死累活的，却没有人体谅……”

抱怨的人不见得不善良，但常常不受欢迎。抱怨就像用烟头烫破一个气球一样，让别人和自己泄气。谁都不愿靠近牢骚满腹的人，怕自己也被传染。抱怨除了让你丧失勇气和朋友，于事无补。

❀习惯4 将嫉妒转化为动力

嫉贤妒能是一种不良心态。嫉妒可能导致采取不法手段对付别人，既害人又害己，但最终受害者还是自己。

嘴与鼻子各有其位，但又不安分守己。

一天，嘴对鼻子说：“你有什么本事，竟然凌驾于我的上方？”

鼻子说：“我能辨别香臭，然后你才可以去吃，所以我的位置该在你之上。”

鼻子又对眼睛说："你有什么本领，敢在我之上？"

眼睛说："我能观察四面八方，功劳特大，当然应该在你上方。"

鼻子又说："如果是这样，那么眉毛有什么能力，也处在咱们的上方？"

眉毛说："我也不清楚自己怎么有了这么个位置，但如果没有我，不知只有你们的这张脸皮该是什么样子！"

嫉妒的影子总是阻挡在你目光的前面。

嫉妒进入人的内心，就变成一个煽阴风、点鬼火的"魔头"，引发你的私欲，引你走进狭隘的深谷。

嫉妒是扼杀圣贤的刽子手，它会让人变得不择手段，以达到不可告人的目的，这是人性中不好的一面。

但嫉妒也能产生积极进取的效果。用正当的手段，超越对手，这是良性的嫉妒。嫉妒产生竞争。

正常的嫉妒是显而易见的，但我们不能将嫉妒转变为嫉恨，那样，我们会显得异常卑劣。

学会熔炼嫉妒，就是把本能的嫉妒化为进取的动能，把不平静的心态归于平静，把蔑视他人长处的目光折回到自己的短处上来，这样的嫉妒便是全新的、催人奋发上进的。

茫茫人海中，由于个人的机遇与境遇不同，人难免有差别，或飞黄腾达、意气风发，或穷困潦倒、默默无闻。但芸芸众生中，总有那么一些人技不如人，对别人的成绩却嗤之以鼻，"妒人之能，幸人之失"，从而上演了一场场丑陋的嫉妒闹剧。在现实生活中，为了别人评上了比自己高的职称而指桑骂槐、为了某人得到领导的厚爱而愤愤不平、为了别人的生活条件比自己好而郁郁寡欢的也大有人在，给本已不大平静的生活平添了几多烦恼和些许纷扰。

嫉妒当拒。嫉妒的危害力和破坏力也可从中略见一斑。嫉妒其实是一些人心态不平衡的表现。有嫉妒之心者，也往往自高自大，认为“老子天下第一”，从而看不起别人，置别人的成绩于不顾，贬他人的才干如草芥。而当别人取得一些成绩时，他的心理便会失去平衡，总会千方百计地给那些优于自己者制造出种种麻烦和障碍：或打小报告，无中生有，唯恐天下不乱；或做“扩音器”，把一件小小的事情闹得满城风雨。嫉妒者还终日郁郁寡欢、唉声叹气。

只有被嫉妒者降到了与他一样的或更低的位置，他们才认为这样可以理所当然地消除妒气了，从而偃旗息鼓。所谓“君子坦荡荡，小人长戚戚”，嫉妒他人的人心中永远无法清净明朗，他们会每天心事重重、郁郁寡欢，因为嫉妒者也属“小人”之列。

其实，嫉妒者应该注意了，你大可不必嫉妒那些有才能的人。俗话说，“尺有所短，寸有所长”，每个人都有自己的长处，也有自己的短处，为何非拿自己的短处与他人的长处硬比，自添一份抑郁？嫉妒他人者还可以化嫉妒为动力，用自己的奋斗和努力去消除与他人之间的差距，甚至超过他，或许别人也会对你羡慕不已。

在当今社会竞争激烈、人才辈出的时代里，如果我们的青年没有容人海量，没有爱才和取人之长补己之短的健康向上心理，就很难成就自己的事业，甚至往往因嫉妒心太强而患上心理疾病。

人总有一种追求成功的愿望，有一种超过别人的冲动，这正是社会所希望的。但是，有些青年在成功不了和超越不了的时候，产生了一种由羞愧、愤怒、怨恨等组成的复杂情感，这就是嫉妒，说得俗一些，就是得了“红眼病”。嫉妒的产生是令人担忧的。嫉妒一经产生，它便成了纷扰的源泉：看到别人成功了，就生气、难过、闹别扭；听说别人强于自己，就四处散布谣言，诋毁别人的成绩；发现几个人亲如家人，就想方设法去施“离间计”，等等。这样的嫉妒不仅妨碍了他人的生活，而且容易自食其果，给自己带来极大的心理痛苦。

本来，嫉妒是人类的一种普遍的情绪，它源于人类的竞争，其本身具有一定的生物学意义，或起积极作用，或起消极作用，这视其指向和表现方式是否有益于自身的发展和社会的需要而转移。例如，有些人嫉妒是出于不服与自惭而不甘居下，奋发努力，力争上游，这就是积极的心理与行为。这种情况在充满竞争的现代社会里，更有其积极的意义。再比如，莎士比亚就曾经把嫉妒视作爱情的“卫道士”，爱情当中的嫉妒也是有一定积极意义的。爱情具有强烈的排他性，自己的恋人如果反对你同别的异性过多地接触和交往，正是反映了他（她）对你的爱的程度；相反，如果从不“吃醋”，毫无嫉妒心，那么也许你们之间的关系还只是喜欢的水平，而不是爱情。

当然，值得庆幸的是，严重的嫉妒心理在大多数人那里找不到生长的温床，只有心胸狭隘的人容不得别人比自己有半点的超出。他们像武大郎开店那样，比自己高的人都不能来做跑堂；他们也像三国时的周瑜那样，发出“既生瑜，何生亮”的感慨。在交往中，心胸狭隘的特点更是暴露无遗。

他们总希望别人都围着自己转，一旦满足不了这个愿望时，他们就会发脾气。他们还会因一些微不足道的事而产生嫉妒心理，别人在外貌、财富、学识、地位、爱情等方面的优越都可以成为滋生嫉妒的原因，例如，他们会因为别人容貌端正可爱、受人欢迎而嫉妒得暴跳如雷，会因为别人凭借能力拿到比自己高的薪水而愤愤不平。这些心胸狭隘的人往往还缺乏修养，他们在本不该产生嫉妒心理时却产生嫉妒的怨恨之后，总是不能控制情绪的发展，更不能将其转化到积极的方面，而是立即将嫉妒心理转变成嫉妒行动，一直到发泄了怨恨、平衡了心理之后，方才罢休。

但是，不管嫉妒心理出现在什么样的人身上，既然它是一种有害的心理，我们就应当克服它、摆脱它。克服嫉妒心理首先要纠正自己的认知偏差。嫉妒者在别人成功时，总以为别人

的成功是对自己的威胁，是对自己利益的侵犯。实际上，别人的成功完全在于自己的努力，他有权获得这份荣誉。嫉妒者不应当把别人的成功等同于自己的失败，而应当学会运用比较的方法，善于学习别人的长处并以此来克服自己的短处，而不是以己之短比人之长。

用来克服嫉妒心理的方法主要是文饰，即为缓解由“失败”带来的内心不安，从而给自己找一些有利的而在别人看来是不合理的理由。例如，别人成功时，我们可以轻描淡写地说一句“那是他奋斗的结果，如果我努力，也会做到的”，以此缓解心中的不满，避免嫉妒心理的产生。这种方法确实可以平衡一个人的心理状态，但如果过分使用，就会妨碍一个人的上进心。

当被他人嫉妒的时候，也会有一些消极的情绪。当有人嫉妒你时，一定要保持一种平静的心情，不动声色地继续与其交往。乐观的人在受到他人嫉妒时，往往心里比较高兴，因为别人的嫉妒证明了自己是超过他人的，没有人去嫉妒一个无能之辈，所以他们对嫉妒者笑脸相待。而悲观者在受到他人嫉妒时，不是忍声吞气和收敛自己的努力，就是争辩赌气，结果正中嫉妒者的下怀，所以正确的态度是不亢不卑、坦坦荡荡。嫉妒，滋生了人间的纷扰，带来了世态的不安，诽谤、诬陷、报复和发泄成了那些嫉妒者的主要行为，而嫉妒者自己也被嫉妒折磨得“遍体鳞伤”。有的嫉妒者在正视了这些现实以后，也为以前的所作所为感到后怕，更重要的是，他们勇敢地执起了“神棒”，赶走了这个“四处游荡的魔鬼”。

一个有道德的人，一个思想纯正的人，一个能积极进取的人，当他发现有人比自己做得好、比自己有能力时，从不去考虑别人是否超过了自己，或对别人心生不满，而是从别人的成绩中找出自己的差距所在，从而振作精神，向人家学习。这样，便有可能在一种积极进取的心理状态下，迸发出创造性，赶上或超过曾经比自己强的人。这就是古人说的“见贤思齐”。

总之，嫉妒是一种不健康的心理，但如果你想改变它，不是不可能，只要你努力，有见贤思齐的精神，学会调整自己的心态，不断开阔自己的心胸，那些可能会不期而至的嫉妒心理便会烟消云散。你如果能不断地克服这种不良的心态，你的人格就会不断地健全，你便会成为一个受人欢迎的人。

习惯5 不要为小事抓狂

为小事而抓狂，是很多人都有的情绪，也正是因为这样，往往会因小而失大。学会控制自己的情绪，你才能成为胜利者。

在非洲草原上，有一种不起眼的动物叫吸血蝙蝠，它的身体极小，却是野马的天敌。这种蝙蝠靠吸动物的血生存。在攻击野马时，它常附在野马腿上，用锋利的牙齿迅速、敏捷地刺入野马腿，然后用尖尖的嘴吸食血液。无论野马怎么狂奔、暴跳，都无法驱逐这种蝙蝠，蝙蝠可以从容地吸附在野马身上，直到吸饱才满意而去。野马往往是在暴怒、狂奔、流血中无奈地死去。

动物学家们百思不得其解，小小的吸血蝙蝠怎么会让庞大

的野马毙命呢？于是，他们进行了一次实验，观察野马死亡的整个过程。结果发现，吸血蝙蝠所吸的血量是微不足道的，远远不会使野马毙命。动物学家们在分析这一问题时，一致认为野马的死亡是它暴躁的习性和狂奔所致，而不是因为蝙蝠吸血致死。

一个心智成熟的人，必定能控制住自己所有的情绪与行为，不会像野马那样为一点儿小事抓狂。当你在镜子前仔细地审视自己时，你会发现自己既是你的最好朋友，也是你的最大敌人。特别是你要控制别人之前，一定要先控制住自己。如果你不能征服自己，就会被别人所征服。

在一场举世瞩目的赛事中，某人很可能卫冕台球世界冠军。他只要把最后那个8号黑球打进球洞，凯歌就奏响了。就在这时，不知从什么地方飞来一只苍蝇。苍蝇第一次落在握杆的手臂上，有些痒，他停下来。苍蝇飞走了，这回竟飞落在了他锁着的眉头上。他只好不情愿地停下来，烦躁地去打那只苍蝇。苍蝇又轻捷地脱逃了。他做了一番深呼吸，再次准备击球。天啊！他发现那只苍蝇又回来了，像个幽灵似的落在了8号黑球上。他怒不可遏，拿起球杆对着苍蝇捅去。苍蝇受到惊吓飞走了，可球杆触动了黑球，黑球当然也没有进洞。按照比赛规则，该轮到对手击球了。对手抓住机会死里逃生，一口气把自己该打的球全打进了。他因此失去了冠军头衔。

一只苍蝇和一个冠军的命运胶着在一起，也许是偶然的，但倘若他能制怒并静待那只苍蝇飞走的话，故事的结局也许应该重写了。

不要让一只苍蝇飞进灵魂里，不要因小事怄着一口气久久不散去，从而输掉青春、爱情、可能的辉煌和一伸手就能摘到的幸福。

习惯6 和他人双赢

中国人用筷子做餐具，用过筷子的人都知道，只有将两支独立的筷子放在一起才能夹起你想要吃的东西。如果你分开它们，用其中的任一支来用餐，那么恐怕你就会饿肚子了。这两支筷子也蕴含了一个道理，那就是：和他人双赢会赢得更多。

曾经有一名商人在一条漆黑的路上小心翼翼地走着，心里懊悔自己出门时为什么不带上照明的工具。忽然前面出现了一点光亮，并渐渐地靠近。灯光照亮了附近的路，商人走起路来也顺畅了一些。待到他走近灯光时，才发现那个提着灯笼走路的人竟然是一位盲人。

商人十分奇怪地问那位盲人："你本人双目失明，灯笼对你一点儿用处也没有，你为什么要打灯笼呢？不怕浪费灯油吗？"

盲人听了他的问话后，慢条斯理地回答道："我打灯笼并不是为给自己照路，而是因为在黑暗中行走，别人往往看不见我，我便很容易被人撞到。而我提着灯笼走路，灯光虽不能帮我看清前面的路，却能让别人看见我。这样，我就不会被别人撞到了。"

这位盲人用灯火为他人照亮了本是漆黑的路，为他人带来了方便，同时也因此保护了自己。正如印度谚语所说："帮助你的兄弟划船过河吧！瞧，你自己不也过河了！"

在这个纷繁复杂的社会中，每个人都需要别人的帮助。适应他人固然要心胸宽广和虚心学习，但如果仅仅是单方面地适应，则可能仍然得不到他人的支持与帮助。因此，具备施予心，还要具备帮助他人适应你的能力和习惯。

战胜对手、实现成功是我们的奋斗目标，而良好的人际关系是促成成功的一个重要因素。人在通往成功的路上更多的是战胜自己，而不是战胜他人；更多的是与他人相互合作，而不是相互争斗。我们所说的竞争是在合作前提下的竞争，是竞争与合作的对立统一。试想，纵然你获得了万贯财产，可是由于品行问题搞得众叛亲离，成了孤家寡人，哪里有一点幸福感可言？

成功与幸福始终是相伴而行的。缺乏情感的冷冰式的成功实际上是暂时的，伴随这样的成功而来的，更多的是痛苦，而不是喜悦。

所以，我们应将事业上的竞争定位为具体的工作，而不应是个别的某个人。朋友之间在事业上可以竞争，但在生活中还是好朋友；甚至一家人之间也存在竞争，但更重视合作。可以说，人来到世上，离开合作，谁也无法生存。因此，我们一方面提倡自助，另一方面主张接受帮助和给予帮助。我们不能单纯为了小范围的个人利益而相互争斗，我们应该为了大范围内的共同利益而合作。多帮助他人，才可能得到更多的帮助。

其实，帮助需要帮助的人，对帮助别人的人更有益处。玛格丽特·泰勒·耶茨是一位小说家，但她写的小说没有一部比得上她自己的故事那么真实而精彩。她的故事发生在日本偷袭珍珠港的那天早晨。耶茨太太由于心脏不好，一年多来一直躺在床上不能动，每天得在床上度过22个小时。最长的旅程是从房间走到花园去进行日光浴，即使那样，也还得依靠女佣的扶持才能走动。

耶茨当年以为自己的后半辈子就只能这样卧床了。日军轰炸珍珠港时，一切都陷入了混乱。一颗炸弹掉在耶茨家附近，将她震得跌下了床。当时，陆军派出卡车去接海军、陆军军人的妻儿到学校避难。红十字会的人打电话给那些有多余房间的人。他们了解到耶茨床旁有个电话后，问她是否愿意帮忙做联络中心。于是耶茨开始了这份工作，她记录下了那些海军、陆军的妻小现在留在哪里，这样红十字会的人才能叫那些先生们打电话到耶茨那里找自己的家属。

耶茨很快发现她的先生是安全的。于是，她努力为那些不知先生生死的太太们打气，也时常安慰那些寡妇们——好多太太都失去了丈夫。

开始的时候，耶茨还躺在床上接听电话，后来她坐在了床上。最后，她越来越忙，神经一直处于紧绷状态，居然忘了自己的毛病，她开始下床坐到桌边。为了帮助那些比她状况还惨的人，她完全忘我了，除了睡觉，再也不用躺在床上了。此前，躺在床上的她总是在消极地等待，潜意识里已失去了复原的意志。这个危机给了耶茨一个坚持下去的重要理由，使她再也没有时间去想自己的事了。它让耶茨找到了一种力量，迫使她把注意力从自己身上转移到别人身上。

人生不如意事十有八九，有时遭受的甚至是毁灭性的打击，在这种情况下，没有人会拒绝别人善意的帮助。“君子不乘人之危”是说正义的人不会在危急时刻再给他人伤口上撒一把盐，把别人置于死地。我们主张“君子好拯人之危”，是指在别人处于危难之时，君子能够挺身而出，伸出援助之手。电影或小说中经常有一些这样的片段：两个本是对手的人，其中一方落难后得到另一方的救助，而后两人成了亲密的朋友。对手之间尚且如此，更何况大多数人是我们的朋友，因此，保持一颗同情心至关重要。

帮助他人有时只需要一些时间上的花费和一些关怀的语言，有时则需要物质上的帮助。当然，如果从长远利益来看，牺牲这点个人利益是微不足道的。

比如，当年微软和苹果争雄时，因为微软公司的“兼容”，允许各大电脑厂商使用自己的操作系统而使自己迅速发展；相反，苹果的“不兼容”则使自己与电脑厂商进行操作系统合作的路越走越窄。

俗话说“投之以桃，报之以李”，今天你帮助他人，他可能不会马上报答，但他会记住你的好处，也许会在你不如意时给你以回报。退一万步来说，你帮助别人，他即使不会报答你，但可以肯定的是，他日后至少不会做出对你不利的事情。如果大家都不做不利于你的事情，这不也是一种极大的帮助吗？

习惯7 全力以赴才有更多机会

“没有机会”往往是弱者的推托之词，往往是挫败者或不图进取者的借口。要知道，弱者等待机会，强者创造机会，机会只会青睐那些生活中的强者。如果你自己不去主动寻找和创造机会，那么“命运之神”绝不会主动把胜利的花环戴在你的头上。

在动物王国的历史上有这样一个故事：

有一次，猴王马克打了一次大胜仗。有个大臣问它：假如有机会，你想不想再去攻占下一个山头？其他的大臣则纷纷进言，说凭猴王现在的运气，完全能打赢另一个大仗，攻下更多的山头。

猴王马克大怒，说：“难道你们以为我是靠运气才打了胜仗吗？难道你们以为我总是在等待什么机会吗？我不靠什么运气！我也从不等待机会！我所要做的是，为自己制造出打胜仗的机会。”

成功总是垂青那些有准备的人。古往今来，有许多成功人士并不等待着机会的来临，而是抓紧所有时间，让生命的力量发挥到极致，从而在最适合自己的位置上，牢牢地立直身子。

如果做到了这一点，那么色彩斑斓的机会就会一个个来到你的面前。

微软公司创始人比尔·盖茨曾教导自己的员工：“只要你善于观察，你的周围到处都存在着机会；只要你善于倾听，你总会听到那些渴求帮助的人越来越弱的呼声；只要你有一颗仁爱之心，你就不会仅仅为了私人利益而工作；只要你肯伸出自己的手，永远都会有高尚的事业等待你去开创。”

比尔·盖茨之所以能开创辉煌的事业，是因为他总是能够全力以赴，并以他独特的眼光捉住身边转瞬即逝的机会。

生活中许多人常常会舍近求远，到远处去寻找自己身边就有的东西。而机遇往往就在你的脚下，准确地讲，是在你的眼

里、手里。我们先来看这样一个故事：

一位船长讲述道："天正渐渐地黑下来。海上风很大，海浪滔天，一浪比一浪高。有一天晚上我们碰到了不幸的'中美洲'号，我给那艘破旧的汽船发了个信号打招呼，问他们需不需要帮忙。'情况正变得越来越糟糕。''中美洲'的亨顿船长朝着我喊道。'那你要不要把所有的乘客先转移到我船上来呢？'我大声地问他。'现在不要紧，你明天早上再来帮我好不好？'他回答道。'好吧，我尽力而为，试一试吧。可是你现在先把乘客转到我船上不是更好吗？'我问他。'你还是明天早上再来帮我吧。'他依旧坚持道。我曾经试图向他靠近，但是，你知道，那时是在晚上，夜又黑，浪又大，我怎么也无法固定自己的位置。后来我就再也没有见到过'中美洲'号。就在他与我对话后的一个半小时，他的船连同船上那些鲜活的生命就永远地沉入了海底。"亨顿船长曾经忽略了离他咫尺的机遇，然而，在他面对"死神"的最后时刻，他那深深的自责又有什么用呢？他的盲目乐观与优柔寡断使得许多乘客成了牺牲品！

其实，在我们的生活当中，又有多少像亨顿船长这样的人，只有在失去之后，才幡然悔悟，认同了那句古老的格言——"机不可失，时不再来"。然而，这时一切已经太迟了。

那些善于利用机会的人在发现机会与把握机会的时候如同撒下了种子，终有一天，这些种子会生根、发芽、结果，这将给他们自己或是别人带来更多的机会。每一个一步一个脚印、踏踏实实工作的人其实离机会与幸福也越来越近，可以选择的道路也会越来越宽、越来越平坦。其实这些道路对所有的人都是敞开的，无论是头脑清晰的科学家还是温文尔雅的学者，无论是谨慎细致的公务员还是兢兢业业的公司职员。机会的存在形式都是一样的，当然成功的机会是无限的。但是，每个机会都是稍纵即逝的，除非有人抓住它，并善加利用。每当面对困难时，不妨停下来问问自己："这个困难之下，可能藏有什么机会呢？"当你发现了机会，你就超越你的对手了。常常有人终其一生在等待一个完美的机会自动送上门，这样他们便可以拥有光荣的时刻。直到他们了解每一个机会都属于那些主动找寻的人，才后悔不该坐等机会的到来！如果你对你的未来有具体的计划，那么，别再犹豫了！别蹉跎空候，也别期望成功会自然到来，当你确定自己所要的是什么，全力以赴地去争取，只有这样你才能有成功的希望。只有不负责任的人才总是抱怨自己没有机会、没有时间；而那些永远在孜孜不倦地工作着、努力着的人能够从琐碎的小事中找到机会，并紧紧抓住细小的机会，利用它们完成自己的计划。

每个人的体内都包含了诚实的品质、热切的愿望和坚韧的品格，这些都让人们有成就自己的可能；人们的前方还有无数伟人的足迹在引导着、激励着他们不断前行；而且，每一个新的时刻都给人们带来许多未知的机遇。一个聪明的人，只要把握住这些“未知的机遇”，就能够为人生目标进行拼搏，赢得人生。

那些成功者不会等待机会的到来，而是主动寻找并抓住机会、把握机会、征服机会，让机会成为服务于他的“奴仆”。换句话说，任何机会都可以是他们手中的“金钥匙”。

习惯8 凡事留有余地

给他人留条退路，给缺憾留点空间，实际上都是给自己留有余地。

一家百货公司的一位顾客，要求退回一件外衣。她已经把衣服带回家并且穿过了，只是她丈夫不喜欢。她解释说“绝没穿过”，并要求退货。

售货员检查了外衣，发现有明显干洗过的痕迹。但是，直截了当地向顾客说明这一点，顾客是绝不会轻易承认的，因为她已经说过她没穿过，而且精心地伪装过。这样，双方可能会发生争执。于是，机敏的售货员说：“我很想知道是否你们家的某位成员把这件衣服错送到干洗店去过。我记得不久前我也发生过一件同样的事情。我把一件刚买的衣服和其他衣服堆在一起，结果我丈夫没注意，把那件新衣服和一大堆脏衣服一股脑儿塞进了洗衣机。我怀疑你是否也遇到这种事情——因为这件衣服的确看得出已经被洗过的痕迹。不信的话，你可以跟其他衣服比一比。”

顾客看了看证据——知道无可辩驳，而售货员又已经为她的错误准备好了借口，给了她一个台阶下。于是，她顺水推舟，乖乖地收起衣服走了。

故事中的售货员之所以能顺利解决这起小事件，避免起纷争，关键之处就在于她事先替那名顾客找好了借口，留足了余地。给他人留有余地，实际上都是给自己留有余地。

俗话说："人活脸，树活皮。"此话道出了人的一大特点——爱面子。可是我们不能只爱自己的面子，而忘记了他人的面子。每个人都有一道最后的心理防线，一旦我们不给他人退路，不给他人台阶下，他只好使出最后的一招——自卫。

因此，当我们遇事待人时，应谨记一条原则：给别人留点余地。

一两句体谅的话，对他人宽容一点，这些都可以减少对别人的伤害，保全他的面子，给他留点余地。

多年以前，通用电气公司面临一项需要慎重处理的工作：

免除查尔斯·史坦恩梅兹计算部门的主管之职。史坦恩梅兹在电器方面是第一等的天才，但担任计算部门主管却彻底失败。然而公司不敢冒犯他，也绝对解雇不了他——而他又十分敏感。于是他们让他担任“通用电气公司顾问工程师”——工作还是和以前一样，只是换了一个头衔——并让其他人担任部门主管。

史坦恩梅兹十分高兴，通用公司的人事部职员也很高兴。他们已平稳地调动了他们这位最暴躁的大牌明星职员，而且他们这样做并没有引起一场大风暴——因为他们让他保全了面子。

让他人保全面子，这是十分重要的，而我们却很少有人想到这一点！我们残酷地抹杀了他人的感情，又自以为是。我们在其他人面前批评一个孩子或员工，找差错，发出威胁，甚至不去考虑是否伤害到别人的自尊。然而，一两分钟的思考、一句或两句体谅的话，对他人的态度做宽容的了解，都可以减少对别人的伤害。

解雇员工或惩戒他人的时候，不要忘了这一点。

宾夕法尼亚州的弗雷德·克拉克谈到了发生在他们公司的一段插曲：

“有一次开生产会议的时候，副总裁提出了一个尖锐的问题，是有关生产过程的管理问题。由于他气势汹汹，矛头指向生产部总监，一副准备挑错的样子。为了不在同事中出丑，生产部总监对问题避而不答。这使副总裁更为恼火，直骂生产部总监是个骗子。

“再好的工作关系，都会因这样的场面而毁坏。凭良心说，那位总监是个很好的雇员。

“但从那天开始，他再也不能留在公司里了。几个月后，他转到了另一家公司，据说表现很不错。”

安娜·玛桑也谈到相同的情形，但因处理方法不同，结果也不一样。玛桑小姐在一家食品包装公司当市场调查员，她刚接下第一份差事——为一项新产品做市场调查。她说道：“当结果出来的时候，我几乎崩溃，由于计划工作的一系列错误，整个结果当然完全错误，必须从头再来。更糟的是，报告会议即将开始，我已经没有时间同老板商量这件事了。

“当他们要求我做报告的时候，我尽量使自己不致哭出来，免得又让大家嘲笑，我吓得发抖。因为过于情绪化了，我简短地说明了一下情形，并表示要改正过来，以便在下次会议时提出。坐下后，我等待老板大发雷霆。

“出人意料的是，他先感谢我工作勤奋，并表示新工作难免都会有错。他相信新的调查一定正确无误，会对公司有很大助益。他在众人面前肯定我，相信我已尽了力，并说我缺少的是经验，而非能力。

“我挺直胸膛离开会场，并下定决心不会有第二次这种情形发生。”

假如我们是对的，别人绝对是错的，我们若得理不饶人，也会因为让别人丢脸而毁了他的自尊。作家安托安娜·德·圣苏荷依写过：“我没有权利去做或说任何事以贬抑一个人的自尊。重要的并不是我觉得他怎么样，而是他觉得他自己如何，伤害他人的自尊是一种罪行。”

1922年，土耳其决定把希腊大军逐出土耳其领土。

穆斯塔法·凯末尔对他的士兵发表了一次拿破仑式的演说，他说：“你们的目的地是地中海。”于是一场战争展开了。最后土耳其获胜。当希腊两位将领——的黎科皮斯和迪欧尼斯前往凯末尔总部投降时，土耳其人对他们击败的敌人加以辱骂。

但凯末尔丝毫没有显出胜利者的骄傲。

“请坐，两位先生，”他握住他们的手说，“你们一定走累了。”然后，在讨论了投降的细节之后，他安慰他们，他以军人对军人的口气说：“战争这种东西，最厉害的人有时也会打败仗。”

在一个人已经做出一定的许诺——宣布一种坚定的立场或观点后，由于自尊的缘故，便很难改变自己的立场或观点。此时你必须顾全他的面子，为对方铺台阶，如说一些有利对方的话：

“在那种情况下，任何人都想不到。”

“当然，我理解你为什么会这样想，因为当时你并不清楚事情的经过。”

“最初，我也是这样想的，但后来我了解到全部情况，我就知道自己错了。”

每个人都要懂得给别人留点余地。

即使对方犯错，而我们是对的，如果没有给别人留点余地，就容易伤害到对方。因此，你要帮助别人认识并改正错误，务必保全他们的面子，给他们留点余地。

❀ 习惯9 想到不如做到

想象只能是空想；未来怎样要看你现在的行动；今天、现在、马上，开始行动。

如果只是空想，什么也不会得到。要想让自己的梦想成为现实，就得有一些切实的行动，来改变你的人生、改善你的生活质量。

席第先生，在第二次世界大战之后不久，进入美国海关工作。他很喜欢他的工作，但5年之后，他对于工作上的种种限制、固定呆板的上下班时间、微薄的薪水以及靠年资升迁的人事制度（这使他升迁的机会很小），越来越不满。

他突然灵机一动。他已经学到许多贸易商所应具备的专业知识，这是他在海关工作时耳濡目染的结果。为什么不早一点儿跳出来，自己做礼品玩具的生意呢？他认识许多贸易商，他们对这一行许多细节的了解不见得比他多。

自从他想创业以来，已过了10年，直到今天他依然规规矩矩地在海关上班，依然对现实不满意，依然每天都在想着自己的玩具生意。但是，只是想着，10年以来，他没有为自己的理想做过一件事，所以他仍在“想”，也仅仅是在“想”。

你的人生中有多少个10年，在一眨眼中就不见了，你这辈子有没有为理想拼搏过。千万不要幻想，千万要下定决心，因为你的人生取决于你所做的决定。

面对繁重的工作和生活，有的时候你会心情紧张，担心自己做不好，总感觉没有信心。出现这些情绪和想法是正常的，因为你有自己希望达到的目标，紧张和担心正是伴随着这个愿望出现的，这个愿望越强烈，你的紧张和担心就会越明显。如果将精力花费在消除紧张或为紧张和担心而苦恼的话，不仅浪费时间，而且与目标背道而驰。然而行动却由我们支配，况且唯有行动才有可能实现我们的目标。当你紧张时，担心没有希望时，只要将它看成仅仅是另外的一种情绪和想法而已，将精力投入到扎实的学习中，利用好每一分钟，做些实实在在的事情，比如一道习题、一个单词。想实现你的目标，紧张担心没有用，只有投入到每天的学习工作中，才有可能实现你的愿望。

青春追逐理想，信念是永恒的支撑，坎坷孕育美好的向往，磨难造就人生。

我们每个人都对明天怀有一片热忱，也会为美好洒下努力和幸福的泪水，那么从现在开始，让我们去做吧，心动不如行动，让我们用平凡而坚定的脚步去打造对行动的忠诚！

你可曾听过关于西红柿的故事？原本在我们生活中常见的西红柿，当初并不是用来做食物的，它原产自南美洲，当地人给它起了个可怕的名字——狼桃。长期以来，人们谈“狼桃”而色变，望之而生畏。相传到了16世纪，英国公爵俄罗达里去美洲旅游，回国时勇敢地摘了一颗狼桃作为礼品，带给他的情人伊丽莎白女王。从此，狼桃被欧洲人冠以“爱情的苹果”之称。18世纪，法国有位画家在为西红柿写生时，见它芙蓉秀色、浆果艳丽，逗人喜爱，动了品尝西红柿的欲念，冒险吃了一颗，食后不但没有任何不适，反觉酸甜可口，从此才开创了西红柿的食用之途。那么好吃的西红柿，现在家家户户都爱吃的蔬菜，真不能想象当初竟然被人们畏惧。如果不是当初有这位公爵与画家先生的勇敢，也许如今我们还不知道这么美味的一种食品呢！他们的勇敢，使人类的饭桌上多了一道好菜。

其实生活中好多事情都是需要尝试的，拓荒者首先要有足够的勇气和魄力，我们生活中的很多事物都是因为某些勇敢者的努力才拥有的。

任何一位伟人都是和我们一样普通和平凡的，他们之所以伟大就在于他们敢于探索。

要积极尝试新事物，就必须摈弃安于现状的观念，改变必将带来许多风险。你也许认为自己脆弱得经不起摔打，如果涉足一个陌生领域，就会碰得头破血流，这是一种错误的观点。

当你身处逆境时，你就知道你可以依靠自己战胜困难，这时你会发现消除生活中的一些单调的常规，倒会降低你精神崩溃、厌倦生活的可能性。然而，如果你不断给自己的生活寻找一些未知的因素，你的生活就增添了许多调味剂，你也会变得更加充实、上进。上进需要勇敢。

你足够勇敢吗？那就吃第一个西红柿吧。

成功的路不是别人给你预备好的，而是自己走出来的。

自己走出来的成功路会与别人的“不一样”，世界因为“不一样”而精彩，因为有这些努力创造“不一样”的人而更精彩。

如果一个人没有趁着热情高昂的时候采取果断的行动，以后他就很难再实现这些愿望了。所有的斗志都会消磨，都会湮没在日常生活的琐碎忙碌中，或者会在懒散消沉中流逝。

❀ 习惯10 永远保持虚心

一些骄傲自负的人认为，世界上如果没有了他，人们就不知该怎么办了。但实际上，这样的人避免不了失败的命运，因为一骄傲，他们就会失去为人处世的准绳，结果总是在骄傲里错失很多机会。

你有没有扬扬得意的时候？什么事使你骄傲？你见过自己骄傲时的样子没有？骄傲最后给了你什么——荣耀，还是痛苦？你研究过其中的原因吗？

生活中，一个无法回避的事实是：每一个人的能耐总是十分有限，没有一个人样样精通。所以，人人都可在某些方面成为我们的老师。当自以为拥有一些才艺时，你要记住，你还十分欠缺，而且会永远欠缺。

从前，有一位博士搭船过江。

在船上，他和船夫闲谈。

他问船夫说："你懂文学吗？"船夫回答说："不懂。"

博士又问："那么历史学、动物学、植物学呢？"

船夫仍然摇摇头。博士嘲讽地说："你样样都不懂，十足是个饭桶。"

不久，天色忽变，风浪大作，船即将翻覆，博士吓得面如

土色。

船夫就问他：“你会游泳吗？”博士回答说：“不会，我样样都懂，就是不懂游泳。”

说着船就翻了，博士大呼救命。船夫一把将他抓住，救上岸，笑着对他说：“你所懂的，我都不懂，你说我是饭桶；但你样样都懂，就不懂游泳，要不是我这个饭桶，恐怕你早已变成‘水桶’了。”

看看我们的周围，骄傲的人一定觉得自己比别人优越，有些是凭“外貌身材”，有些是靠“才华”，有些是比“思想”，有些是比“物质”、比“财产”、比“势力”，总之，就是以己之长笑人之短。

在生活中我们经常会遇到这样一种人，他们总喜欢指出别人的缺点，说人家这做得不合适、那也做得不够，似乎他什么都行，对什么都可以说出一个大道理来。其实，这是一种自满的表现，他们之所以摆出一副“万事通”的面孔来，就是怕被别人藐视，用这种习惯来显耀自己，以此来提高自己的地位。

可是这样做的结果只会让人敬而远之，甚至遭人厌恶。

南隐是日本明治时代著名的禅师。有一天，一位学者特地来向南隐问禅，南隐以茶水招待，他将茶水注入这个访客的杯中，杯满之后他还继续注入，这位学者眼睁睁地看着茶水不停地溢出杯外，直到再也不能沉默下去了，终于说道：“已经溢出来了，不要倒了。”“你的心就像这只杯子一样，里面装满了你自己的看法和主张，你不先把你自己的杯子倒空，叫我如何对你说禅？”南隐意味深长地说。

南隐禅师教导的“把自己的杯子倒空”，不仅是佛学的禅义，更是人生的至理名言。一个人如果自满，觉得自己什么都会，就必然导致什么都装不下，什么都学不进去，就像茶水溢出来一样，再也不可能学习到更新更多的知识了。

有的人总是把自己看得过于重要，但事实上，少了他，事情也可以做得一样好。所以，自大历来的后果就是成事不足、败事有余。要切记这样一个道理：自大是失败的前兆。

有一只刚做好的风筝，它的主人把它带到郊外，让它冉冉上升，升到极高的天空。

看着一望无际的天空，风筝心里十分兴奋。可是突然它发觉不能再往上升了，低头一看，原来是主人不再放手里的线。

风筝很生气，心里想：“为什么要这样抓住我？如果你再放松些，我可以飞得更高！”

于是，它挣扎着想往上再飞。当它在空中激烈地抖动时，由于用力过度，突然线断了，风筝在高空中摇摇摆摆，翻了一个大筋斗后就往地面坠落。这时，吹来一阵强风，风筝被吹到一棵大树上，此时已破得不成形了。

自大往往不是凭空而来，自大的人总有一些突出的地方作为资本。这些突出的特长，使他们较之别人有一种优越感。这种优越感达到一定程度，便使人目空一切，不知天高地厚。

一只乌龟常常羡慕老鹰可以在天空中自由翱翔，于是它请求老鹰带它一起飞上天。老鹰答应了它。

老鹰要乌龟用嘴紧紧地咬住它的脚，而且不可开口说话，当它们飞到空中时，地上许多动物啧啧称奇，不但有羡慕的眼光，更有赞美的声音，乌龟听了很得意。

它听见有人问："是谁这么聪明，想出这个好方法？"

此时，乌龟心花怒放，完全忘了老鹰的交代，迫不及待地要告诉别人这是它想到的方法，但刚要开口，便从空中摔了下来。

骄傲易招致败坏，得意就容易忘形。骄傲让人常栽跟头。

《圣经》中说："骄傲在败坏之先，狂心在跌倒之前。"历史人物当中，骄傲自大的为数不少，看着他们的事迹，对你一定有所启发。

关羽的忠勇刚强，在当时天下闻名。他屡建奇功，当世罕有能敌者。但是，"颇自负，好凌人"却是他致命的弱点。

刘备在益州时，马超从关中来降，关羽写信给诸葛亮，询问马超的才能。诸葛亮回信道："马孟起文武双全，雄烈过人，一代俊杰，是黥布、彭越一类的人物，可以和张翼德并驾齐驱，然而不及美髯公的超群绝伦。"关羽得到书信后很高兴，并把此信给宾客将吏们观看。

刘备称"汉中王"后，拜关羽为前将军、张飞为右将军、马超为左将军、黄忠为后将军。当时费诗受命将任命送往樊城前线，但关羽看不起黄忠，勃然大怒说："大丈夫决不与老兵同列。"再三不肯接受印绶。后来，因费诗极力劝说，关羽才接了前将军的印绶。

关羽之骄在襄樊之战初期达到了登峰造极的地步。

这一年，樊城地区一连下了十几天雨，汉水暴溢，将樊城团团围住，驻扎城外的曹军营屯尽被淹没。关羽乘战船猛攻曹军，将曹操派来助守樊城的大将于禁俘获，又擒杀曹军大将庞德。关羽除了猛烈围攻樊城之外，还派兵围困襄阳。曹操所置荆州刺史、南乡太守都投降了关羽，许都以南也纷纷响应，遂造成关羽“威震华夏”的声势，以致曹操也曾想将都城迁往黄河以北，以避关羽之兵锋。

关羽在这时本应加倍警觉，保持审时度势的清醒头脑，但他却因骄傲自负而麻痹轻敌，且不能很好地团结部众。东吴大将吕蒙就针对他的这一弱点，设下了一套袭取荆州的计策。关羽先是被曹操大将徐晃战败；继而吕蒙渡江袭取江陵、公安，身处江陵的南郡太守糜芳和屯公安的将军傅士仁，兵不血刃便投降了，以免受关羽所曾扬言的回师后的严惩。之后，关羽败走麦城，由于蜀军刘封、孟达都拒绝救援他，关羽最终被吴军活捉杀身。

有一个成语叫“虚怀若谷”，意思是说，胸怀要像山谷一样深而宽广。这是形容谦虚的一种很恰当的说法。只有心胸宽广，你才能容得下东西，而自满，除了你自己之外，容不下任何东西。

俗话说：“天外有天，人外有人。”保持一颗谦逊的心，更能时刻前进。

习惯11 用坚忍来对待逆境

生活对于任何一个人都并非易事，我们必须要有坚忍不拔的精神，最重要的还是我们自己要有信心。我们必须相信我们

有完成任务的才能，并且要有付出任何代价都要把这件事情完成的毅力。

有一位穷困潦倒的年轻人，身上全部的钱加起来也不够买一件像样的西服。但他仍全心全意地坚持着自己心中的梦想，他想做演员，当电影明星。

好莱坞当时共有500家电影公司，他根据自己仔细计划好的路线与排列好的名单顺序，带着为自己量身定做的剧本前去拜访。但第一遍拜访下来，500家电影公司没有一家愿意聘用他。

面对无情的拒绝，他没有灰心，从最后一家被拒绝的电影公司出来之后不久，他就又从第一家开始了他的第二轮拜访与自我推荐。

第二轮拜访也以失败而告终。第三轮的拜访结果仍与第二轮相同。

但这位年轻人没有放弃，不久后又咬牙开始了他的第四轮拜访。当拜访到第350家电影公司时，这里的老板竟破天荒地答应让他留下剧本先看一看。他欣喜若狂。

几天后，他获得通知，请他前去详细商谈。就在这次商谈中，这家公司决定投资开拍这部电影，并请他担任自己所写剧本中的男主角。不久这部电影问世了，名叫《洛奇》。

这位年轻人的名字叫史泰龙。后来他成了红遍全世界的巨星。

我们的生活里，逆境多于顺境，这是很正常的。就像航行的帆船，需要接受惊涛骇浪的考验，有波折的生活才富有创造的魅力。

学会在逆境中求生存，要在那些歧视的目光里找回你的尊严。受到压抑才知道奋战，这样的抗争才有力量。

身处逆境中是痛苦的，但也是幸运的。因为逆境的口袋里藏有非常丰富的财富，在你熬过最艰难的关口时，你会意外地得到这笔丰厚的财富。

逆境和攀登高山是一样的道理。逆行向上是艰难的，但你的位置始终在向高处移动；而下山是顺势朝下的，不用花费什么力气，但你是在走下坡路，领略不到高处美妙的风光。

在逆境中，我们很容易发现自己的弱点，这是我们身陷逆境的原因之一。

逆境也可以说是一种挫折，面对挫折时我们不能退缩，更不能埋怨挫折对你无休止的磨难，要学会用心灵打磨挫折，用热情去迎接挫折，用坚忍不拔的意志去战胜挫折。

性格坚毅的人，对挫折的反应是冷静的；性格暴躁的人，对挫折的反应是强烈的；而性格懦弱的人，对挫折的反应是听从于命的。

打磨挫折应该像执着地打磨金子的金匠那样，每一次金属的撞击声都是那么掷地有声！

挫折给人生上的最生动一课就是把你从悬崖绝壁推下去，然后，再让你头破血流地爬上来。

习惯12 独立自主

美国石油家族的老洛克菲勒，有一次带他的小孙子爬梯子玩，可当小孙子爬到不高不矮（不至于摔伤）的高度时，他原本扶着孙子的双手立即松开了，于是小孙子就滚了下来。这不是洛克菲勒的失手，更不是他在搞恶作剧，他是要小孙子的幼小心灵感受到：做什么事都要靠自己，就连亲爷爷的帮助有时也是靠不住的。

人，要靠自己活着，而且必须靠自己活着。在人生的不同阶段，尽力达到理应达到的自立水平，拥有与之相适应的自立精神。这是当代人立足社会的根本，也是形成自身“生存支援系统”的基石。因为缺乏独立自主个性和自立能力的人，连自己都管不了，还能谈发展成功吗？即使你的家庭环境所提供的“先赋地位”非常优越，你也必须先从头爬起，以平生之力练就自立自行的能力。因为不管怎样，你终将独自步入社会，参与竞争，你会遇到比学习生活要复杂得多的生存环境，随时都可能出现或面对你无法预料的难题与处境。你不可能随时动用你的“生存支援系统”，而是必须得靠顽强的自立精神克服困难，坚持前进！

待在家里、总是得到父母帮助的孩子较为缺乏独立自主的能力。而一旦当他们不得不依靠自己，不得不动手去做，或是在蒙受了失败之辱时，他们通常能在很短的时间内发挥出惊人的能力来。

抛开拐杖，自立自强，这是所有成功者的做法。其实，当一个人感到所有外部的帮助都已被切断之后，他就会尽最大的努力，以最坚忍不拔的毅力去奋斗。而结果他会发现：自己可以主宰自己命运的沉浮！

被迫完全依靠自己、绝没有任何外部援助的处境是最有意义的，它能激发出一个人身上最重要的东西，让人全力以赴。

就像十万火急的关头，一场火灾或别的什么灾难，会激发出当事人做梦都没想到过的一股力量。危急关头，不知从哪儿来的力量为他解了围。他觉得自己成了个巨人，他完成了危机出现之前根本无力做成的事情。当他的生命危在旦夕，当他被困在出了事故、随时都会着火的车子里，当他乘坐的船即将沉没时，他必须当机立断，采取措施，渡过难关，脱离险境。

一旦人不再需要别人的援助，自强自立起来，他就踏上了成功之路。一旦人抛弃所有外来的帮助，他就会发挥出过去从未意识到的力量。如果我们决定依靠自己，独立自主，就会变得日益坚强，距离成功也就越来越近。

习惯13 自信点亮人生

现实生活中，我们很容易看到别人的优点，但我们很少能看到自己的长处及自己的价值。这也许是一种传统教育下过度谦虚的表现。

因为要严于律己，所以对自己的要求与批评就很多，期望也就过高，常常造成否定自己的心态，认为自己很多地方都不够好。久而久之，就产生了自卑感，失去了自信心，认为自己的存在没什么价值，因而活得非常消沉，甚至厌世。

美国的赫里丝女士，发起了一场叫作“蓝色缎带”的运动，希望能在2000年的时候每一个美国人都能拿到一条漂亮的蓝色缎带，上面写的话语就是：我可以为这个世界创造一些价值。她到处散发这样的缎带，鼓励大家把缎带送给家人和朋友，感谢这些在我们四周的人。她也四处演讲，强调每个人的价值。结果因为这些缎带的传送，引发了许多感人的故事，也改变了许多人的命运。

其中有一个故事十分发人深省。有一次，这位女士给了一个朋友三条缎带，希望她能送给别人。这位朋友送了一条给她不苟言笑、事事挑剔的上司，她觉得由于上司的严厉使自己多学到许多东西；另外，她还多给了一条缎带，希望自己的上司能拿去送给另外一个对她有重大影响的人。

她的上司非常惊讶，因为所有的员工一向对她家长式的作风敬而远之。她知道自己的人缘很差，没想到还有人会感念她严苛的态度，把这当作是正面的影响而向她致谢，这使她的心顿时柔软起来。

这个上司一个下午都若有所思地坐在办公室里，而后她提早下班回家，把那条缎带给了她正值青少年期的儿子。他们的母子关系一向不好，平时她忙着公务，不太顾家，对儿子也只有责备，很少赞赏。那天，她怀着一颗歉疚的心，把缎带给了儿子，同时为自己以往的态度道歉。

她告诉儿子，其实他的存在带给她无限的喜悦与骄傲，尽管她平时疏忽了对他的称赞，也少有时间与他相处，但是她是十分爱他的，也以他为荣。

她说完这些话后，儿子竟然号啕大哭。他对母亲说，他以为母亲一点儿也不在乎他，他觉得自己一点儿价值都没有，他不喜欢自己，恨自己不能讨母亲的欢心，正准备离家出走，再也不回来，没想到他母亲的一番言语，让他打开了心结，也让他悬崖勒马。这位母亲吓得出了一身冷汗，自己差点失去了儿子而不自知。从此，她改变了自己的态度，调整了生活的重心，也重建了亲子关系，加强了儿子对自己的信心。就这样，

整个家庭因为一条小小的缎带而彻底改观。

蓝色缎带为什么有这么大的魔力？因为它是一个提醒；提醒我们看到自己的价值，提醒我们要接受自己、关爱自己。我们是可以创造奇迹、创造不同的人，不论我们是谁，都有这样的能力。也只有如此，我们才能看到这世界美好、光明的一面，也才能生活得愉快，真正地去爱，去创造生命。

习惯14 笑对失败

爱迪生在67岁时，由于10年来专心研究铁镍电池，耗费很大，经济相当拮据，实验费用全靠工厂的收入来维持。有一天晚上，突然工厂失火，附近的几个消防队赶来救火也无法扑灭大火。爱迪生的儿子查里斯很为父亲担心，他想：全部财产烧光了，父亲受得住这个打击吗？他已经老了，不能再从头做起了。可是当查里斯在院子里碰到父亲时，爱迪生却兴奋地向他喊道：“你妈妈在哪里？快去把她找来看看这大火。叫她把朋友们也都找来。这样的大火，百年难得一见哩！”爱迪生的这种轻松态度使他的儿子很诧异。火势控制住以后，爱迪生立即召集全体职工宣布：“我们要重建工厂！”

错误和失败是迈向成功的阶梯。任何成功都包含着失败，每一次失败是通向成功不可跨越的台阶。钱学森指出：“正确的结果，是从大量错误中得出来的。没有大量错误做台阶，也就登不上最后正确结果的高座。”

有志气、有作为的人，并不是因他们掌握了什么走向成功的秘诀，而恰恰在于他们在失败面前不唉声叹气、不悲观失望。成功与失败并没有绝对不可跨越的界限，成功是失败的尽头，失败是成功的黎明。失败的次数越多，成功的机会亦越近。成功往往是最后一分钟来访的客人。

你做一件事情失败了，这意味着什么呢？无非有三种可能：一是此路不通，你需要另外开辟一条路；二是某处故障作怪，应该想办法解决；三是还差一两步，需要你做更多的探索。这三种可能都会引导你走向成功。失败有什么可怕的呢？成功与失败，相隔只有一步。即使你认为失败了，只要有“置之死地而后生”的心理态度、自信意识，还是可以反败为胜的。有人说，过分自信也会导致失败，但所否定的只是“过分”，而不是自信本身。如果你不是怕丢面子，怕别人说三道四，那么失败传递给你的信息只是“需要再探索、再努力”，而不是“你不行”。

失败也是对人的意志的严峻考验。不明智的人，在成功面前就会骄傲自满；清醒的人，在失败面前更能锻炼自己的意志。我们在逆境中的表现是我们成熟与否和气质优劣的最好检验。真理在燧石的敲打下闪闪发光，失败就是锤炼人意志的燧石。那些献身于人类伟大事业的创造者，在接连不断的挫伤和失败面前，不但没有被压倒，反而变得更加坚强，表现出了坚定不移、向着既定目标前进的英勇气概。

失败是生活中的一个组成部分，是有所进取、求变创新和参与竞争的过程中的一个正常的组成部分。只要你进取，就必然会有失误；只要你还活着，就绝不是彻底失败！失败有什么可怕呢？物竞天择，优胜劣汰，在这个天平上，失败总是倒向害怕失败的人。强者与弱者，如果是从实力上对照比较，那么弱者还有可能扬长避短、巧用心计战胜强者；如果是从心理态度上区别较量，就是缺乏自信、害怕失败的弱者必然失败，有时甚至会被某种假象和错觉所吓倒。

成功者不一定具有超常的智能，也大都没有特殊的机遇和优越的条件，更不是没有经历过挫折、艰难与失败的人。相反，成功者大都是历经坎坷、命运多磨，是能在不幸的境遇中奋起前行的人。而且也不可否认，对成功者来说，处境的艰险、失败的打击和对于新事物没有经验、把握的特点，也会相应地给他们带来困扰、忧虑、苦恼和烦躁不安的情绪。但成功者不怕这些艰难，不会被困苦的处境压垮。成功者最可贵的信念和本事是变压力为动力，从荆棘中开辟新的成功之路。

习惯15 珍惜每一分钟

在美国近代企业界里，与人接洽生意能以最少时间产生最大效率的人，非金融大亨摩根莫属。为了珍惜时间，他招致了许多怨恨。

摩根每天上午9点30分准时进入办公室，下午5点回家。有人在对摩根的资本进行计算后说，他每分钟的收入是20美元，但摩根说好像不止。所以，除了与生意上有特别关系的人商谈外，他与人谈话绝不超过5分钟。

通常，摩根总是在一间很大的办公室里，与许多员工一起工作，他不是一个人待在房间里工作。摩根会随时指挥他手下的员工按照他的计划去行事。如果你走进他那间大办公室，是很容易见到他的，但如果你没有重要的事情，他是绝对不会欢迎你的。

摩根能够轻易地判断出一个人来接洽的到底是什么事。当你对他说话时，一切转弯抹角的方法都会失去效力，他能够立刻判断出你的真实意图。这种卓越的判断力使摩根节省了许多宝贵的时间。有些人本来就没有什么重要事情需要接洽，只是想找个人来聊天，而耗费了工作繁忙的人许多重要的时间。摩根对这种人简直是恨之入骨。

每一个成功者都非常珍惜自己的时间。无论是老板还是员工，一个做事有计划的人总是能判断自己面对的顾客在生意上的价值，如果有很多不必要的废话，他们都会想出一个收场的办法。同时，他们也绝对不会在别人的上班时间，去海阔天空地谈些与工作无关的话，因为这样做实际上是在妨碍别人的工作，浪费别人的生命。

一位作家在谈到“浪费生命”时说：“如果一个人不争分夺秒、惜时如金，那么他就没有奉行节俭的生活原则，也不会获得巨大的成功。而任何伟大的人都争分夺秒、惜时如金。”

“浪费时间是生命中最大的错误，也最具毁灭性的力量。

大量的机遇就蕴含在点点滴滴的时间之中。浪费时间是多么能毁灭一个人的希望和雄心啊！它往往是绝望的开始，也是幸福生活的扼杀者。年轻生命最伟大的发现就在于时间的价值……明天的财富就寄寓在今天的时间之中。”

人人都须懂得时间的宝贵，“光阴一去不复返”。当你踏入社会开始工作的时候，一定是浑身充满干劲的。你应该把这干劲全部用在事业上，无论做什么职业，你都要努力工作、刻苦经营。如果能一直坚持这样做，那么这种习惯一定会给你带来丰硕的成果。

歌德曾说：“你最适合站在哪里，你就应该站在哪里。”

这句话算是对那些三心二意者的最好忠告。

明智而节俭的人不会浪费时间，他们把点点滴滴的时间都看成是浪费不起的珍贵财富，把人的精力和体力看成是上苍赐予的珍贵礼物，它们如此神圣，绝不能胡乱地浪费掉。

无论是谁，如果不趁年富力强的黄金时代去培养自己善于集中精力的好性格，那么他以后一定不会有什么大成就。世界上最大的浪费，就是把一个人宝贵的精力无谓地分散到许多不同的事情上。一个人的时间有限、能力有限、资源有限，想要样样都精、门门都通，绝不可能办到，如果你想在某些方面取得一定成就，就一定要牢记这条法则。

习惯16 换个角度看问题

法国雕塑家罗丹说过："我们的生活里不是缺少美，而是缺少发现。"生活里有着许许多多美好的事物，许许多多的快乐，关键在于我们能不能发现。而要发现它，关键在自己。

有一个人，日子过得烦闷而无趣，他要去找那些快乐的人，问问快乐的秘诀。他想，国王尊贵而富足，一定快乐。他见到了国王，国王却说："我一天要面对那么多要处理的事，我还要时时操心王位是否牢固，我晚上觉都睡不安稳，哪有快乐可言？"他又想，流浪汉一天无忧无虑的，一定快乐。但流浪汉却说："我连今天晚上到哪儿睡觉都没着落，我哪会快乐？"这个人搞不懂了：世界上真没有快乐的人了吗？我上哪里能找到快乐的秘诀？这时一个老者告诉他，国王也可以快乐，只要他不被权力和金钱迷住了心灵；流浪汉也可以快乐，只要他不被贫困压倒。

快乐不快乐，在于你自己，关键是你从什么角度看待问题。

有一句禅语叫"掬水月在手"。苍天的月亮太高，凡人的力量难以企及，但是开启智慧，掬一捧水，月亮美丽的脸就会笑在掌心。

关键是人在极度的困境中，能否奋力一搏，能否有破釜沉舟的那一下。

遗憾的是，很多时候，我们的精神先于我们的身躯垮下去了。有这样一个古代的寓言：一个人经过两山对峙间的木桥，突然，桥断了，奇怪的是，他没有跌下，而是停在半空中。脚下是深渊，是湍急的涧水。他抬起头，一架天梯荡在云端。望上去，天梯遥不可及。倘若落在悬崖边，他绝对会乱抓一气的，哪怕抓到一根救命小草。可是这种境地，他彻底绝望了，吓瘫了，抱头等死。渐渐地，天梯缩回云中，不见了踪影。

云中的声音说，这叫障眼法，其实你踮起脚尖儿就可以够到天梯，是你自己放弃了求生的愿望，那么只好下地狱了。

踮起脚尖儿，就是另一条生命，另一种活法，另一番境界。

人在任何时候都不应该放弃信念和希望，信念和希望是生命的维系。只要一息尚存，就要追求，就要奋斗。其实，大自然始终在启迪着人们——在春花秋叶舞蹈般潇洒的飘落里，蕴含着信念和希望；巨大岩石的裂缝中钻出的小草，昭示着信念和希望；不断被山风修改着形象的悬崖边的苍松和手心水中的明月无不向我们展示着信念和希望。朋友，在任何时候，无论处在什么样的境遇，请不要放弃希望和信念，如果你的心灵已太久不曾有过渴望的涌动，请你轻轻地将它激活，让它焕发健康的亮色。下面，我们一起看一则关于信念的故事。

一场突然而至的沙尘暴，让一位独自穿行大漠者迷失了方向，更可怕的是连装干粮和水的背包都不见了。翻遍所有的衣袋，他只找到一个泛青的苹果。

“哦，我还有一个苹果。”他惊喜地喊道。

他握着那个苹果，深一脚浅一脚地在大漠里寻找着出路。整整一个昼夜过去了，他仍未走出空阔的大漠。饥饿、干渴、疲惫一齐涌上来。望着茫茫无际的沙海，有好几次他都觉得自己快要支撑不住了，可是看一眼手里的苹果，他抿抿干裂的嘴唇，陡然又添了些许力量。

顶着炎炎烈日，他又继续艰难地跋涉。三天以后，他终于走出了大漠。那个他始终未曾咬过的青苹果，已干巴得不成样子，他还宝贝似的握在手中，久久地凝视着。

在人生的旅途中，我们常常会遭遇各种挫折和失败，会身陷某些意想不到的困境。这时，不要轻易地说自己什么都没了，只要心灵不熄灭信念的圣火，努力地去寻找，总会找到能渡过难关的那“一个苹果”。攥紧信念的“苹果”，就没有穿不过的风雨、涉不过的险途。

所以，无论面对怎样的环境、面对多大的困难，都不能放弃自己的信念，放弃对生活的热爱。因为很多时候，打败自己的不是外部环境，而是你自己本身。

❀习惯17 不浪费每一分钱

如果你养成了节俭的习惯，那么就意味着你具有控制自己欲望的能力，意味着你已开始主宰你自己，意味着你正培养一些最重要的个人品质，即自力更生、独立自主，以及聪明机智和创造能力。换句话说，就意味着你有了追求，你很可能成为一个卓有成就的人。

洛克菲勒垄断资本集团的创始人约翰·戴维森·洛克菲勒，1839年出生于一个普通家庭，生活并不宽绰，艰难的生活使他养成了勤俭的习惯和奋发的精神。他在16岁时决心自己创业。虽然他时常研究如何致富，但始终不得要领。一天，他在报纸上看到一则广告，是宣传一本发财秘诀的书。洛克菲勒看后喜出望外，急忙沿着广告注明的地址到书店购买这本“秘书”。该书不能随便翻阅，只有买者付了钱后才可以打开。洛克菲勒求知心切，买后匆匆回家打开阅读，岂知翻开一看，全书仅讲了“勤俭”二字，他又气又失望。洛克菲勒当晚辗转不能成眠，由咒骂“发财秘书”的作者坑人骗钱，渐渐细想作者为什么全书只讲这两个字，越想越觉得该书言之有理，感到要致富确实必须靠勤俭。他大彻大悟后，从此不知疲倦地勤奋创业，并十分注重节约储蓄。就这样，他坚持了5年多的打工生涯，以节衣缩食的节俭精神，积存了800美元。经过多年的观察，洛克菲勒看清了自己的创业目标——经营石油。经过几十年的奋斗，他终于成为美国的石油大王。

19世纪的石油商人成千上万，最后只有洛克菲勒独领风骚，其成功绝非偶然。有关专家在分析他的创富之道时发现，精打细算是他取得成就的主要原因。洛克菲勒在自己的公司中特别注重成本的节约，提炼每加仑原油的成本计算到第三位小数点。他每天早上一上班，就要求公司各部门将一份有关净值的报表送上来。经过多年的积累，洛克菲勒能够准确地查阅报上来的成本开支、销售及损益等各项数字，并能从中发现问题，以此来考核每个部门的工作。1879年，他写信给一个炼油厂的经理质问："为什么你们提炼一加仑原油要花1分8厘2毫，而东部的一个炼油厂干同样的工作只要9厘1毫？"就连价值极微的油桶塞子他也不放过，他曾写过这样的信："上个月你厂汇报手头有1119个塞子，本月初送去你厂1万个，本月你厂使用9527个，而现在报告剩余912个，那么其他的680个塞子哪里去了？"洞察入微，刨根究底，不容你打半点马虎眼。正如后人对他的评价，洛克菲勒是统计分析、成本会计和单位计价的一名先驱，是今天大企业的"一块拱顶石"。

节俭不仅适用于金钱问题，而且也适用于生活中的每一件事，从合理地使用自己的时间、精力，到养成勤俭的生活习惯。节俭意味着科学地管理自己和自己的时间与金钱，意味着最明智地利用我们一生所拥有的资源。

节俭不仅是积累财富的一块基石，也是许多优秀品质的根本所在。节俭可以提升个人的品性，厉行节俭对人的其他能力也有很好的助益。节俭在许多方面都是卓越不凡的一个标志。节俭的习惯表明人的自我控制能力，同时也证明一个人不是其欲望和弱点的不可救药的牺牲品，他能够支配自己的金钱，主宰自己的命运。

我们知道一个节俭的人是不会懒散的，他有自己的一定之规。他精力充沛、勤奋刻苦，而且比起那些奢侈浪费的人更加诚实。

节俭是人生的导师。一个节俭的人勤于思考，也善于制订计划。他有自己的人生规划，也具有相当大的独立性。

习惯18 每天学一点东西

许多人最大的弱点就是想在顷刻之间成就丰功伟绩，这显然是不可能的。任何事情都是循序渐进的，只有持之以恒，只有坚持每天学一点东西，才能有助于一个人最后成功。

李嘉诚虽然年岁渐老，但依然精神矍铄，每天要到办公室中工作，从来不曾有半点懈怠。据李嘉诚身边的工作人员称，他对自己业务的每一项细节都非常熟悉，这和他几十年养成的良好的生活、工作习惯密切相关。

李嘉诚晚上睡觉前一定要看半小时的新书，了解前沿思想理论和科学技术。据他自己称，除了小说，文、史、哲、科技、经济方面的书他都读，每天都要学一点东西。这是他几十年保持下来的一个习惯。

他回忆说："年轻时我表面谦虚，其实内心很'骄傲'。为什么骄傲呢？同事去玩的时候，我去求学问，彼此同是受很少教育，你看见他们每天都保持原状，而自己的学问日渐提高。"他说，他现在仅有的一点学问，都是在他父亲去世后，几年相对清闲的时间内每天都坚持学一点东西得来的。因为当时公司的事情比较少，其他同事都爱聚在一起打麻将，而他则是捧着一本《辞海》、一本老师用的课本自修起来，书看完了卖掉再买新书。每天都坚持学一点东西。这段时间被他称为“一生中最重要的岁月”。

李嘉诚能有今日成就，绝非偶然。李嘉诚靠着自己的勤奋努力在商场上纵横驰骋，终成其大业，每天都坚持学一点东西，使他始终没有被快速发展的时代抛到后面，也使他有足够的智慧应对商场中的各种风险。

现实生活中有许多人，尽管他们的资质很好，却一生平庸，原因是他们不求进步，在工作中唯一能看到的就是薪水。

无论薪水多么微薄，你如果能时时注意去读一些书籍，去获取一些有价值的知识，这必将对你的事业有很大的助益。一些商店里的学徒和公司里的小职员，尽管薪水微薄，但他们工作很刻苦，尤其可贵的是，他们能趁着每天空闲的时候，如晚上和周末时间，到补习学校里去读书，或是自己买了书来自修，以增进他们的知识。

一个人的知识储备越多，才能越丰富，生活越充实。

有这样一个年轻人，他出门的时间比在家的时间还要多，有时乘火车，有时坐轮船，但无论到什么地方，他总是随身携带着一本书籍，以供随时阅读。一般人浪费的零碎时间，他都能用来自修、阅读。结果，他对于历史、文学、科学以及其他重要学问都有相当的见地，成了一个学识渊博的人，从而促成了自己一生的成功。但是，大多数人却在浪费自己的宝贵零碎时间，甚至在那些时间里去做对身心有害的事情。

自强不息、追求进步的精神，是一个人卓越超群的标志，更是一个人成功的征兆。

从一个人怎样利用他每天的零碎时间、怎样消磨他冬夜黄昏的时间上，就可以预言他的前途。一个人，只要能利用有限的零碎时间去学习，总会取得很大的成就。可恰恰相反，很多人却浪费了这些空闲时间，到头来等待他们的肯定不会是成功。

人类历史上教育的价值之高，不言而喻。今天的社会中，竞争非常激烈，生活更显艰难。这就更要求人们善于利用时间，来增进自己的知识。

大部分人无意多读书、多思考，无意在报纸、杂志、书本当中尽量汲取各种宝贵的知识，而是把宝贵的时间耗费在无谓的事情上，实在是一件让人最可惜、最痛心的事。他们不明白，知识是无价之宝，能使人们获得无限的财富。

❀习惯19 不要忽视细节

从前，日本东京贸易公司有一位专门负责为客商订票的小姐，她给德国一家公司的商务经理购买往来于东京、大阪之间的火车票。不久，这位经理发现了一件趣事：每次去大阪时，他的座位总是在列车右边的窗口；返回东京时又总是靠左边的窗口。经理问小姐其中缘故，小姐笑答："车去大阪时，富士山在你右边，返回东京时，山又出现在你的左边。我想，外国人都喜欢日本富士山的景色，所以我替你买了不同位置的车票。"就这么一桩不起眼的小事使这位德国经理深受感动，促使他把与这家公司的贸易额由400万马克提高到1200万马克。

在当今竞争激烈的商业社会中，公司规模日益扩大，员工更是成千上万，其分工也越来越细，其中能够从事大事决策的高层主管毕竟是少数，绝大多数员工从事的是简单烦琐的看似不起眼的小事，也正是这一份份平凡的工作和一件件不起眼的小事才构成了公司卓著的成绩。立大志，干大事，精神固然可嘉，但只有脚踏实地从小事做起，从点滴做起，心思细致，注意抓住细节，才能养成做大事所需要的那种严密周到的作风。

老子曾说："天下难事，必作于易；天下大事，必作于细。"这句话精辟地指出了想成就一番事业，必须从简单的事情做起，从细微之处入手。相类似的，20世纪世界最伟大的建筑师之一的密斯·凡·德罗，在被要求用一句话来描述他成功的原因时，他也说了一句话："魔鬼在细节。"他反复强调，如果对细节的把握不到位，无论你的建筑设计方案如何恢宏大气，都不能称之为成功的作品。可见对细节的作用和重要性的认识，古已有之，中外共见。生活的一切原本都是由细节构成的。如果一切归于有序，决定成败的必将是微若沙砾的细节，细节的竞争才是最终和最高的竞争层面。在今天，随着现代社会分工的越来越细和专业化程度的越来越高，一个要求精细化的管理和生活时代已经到来。

当零售业巨子沃尔玛的年营业总额荣登2002年美国乃至世界企业的第一把交椅时，《财富》杂志记者不无惊叹地写道："一个卖廉价衬衫和鱼竿的摊贩怎么会成为美国最有实力的公司呢？"其实，沃尔玛的成功没有秘诀，仅仅是因为注重细节。沃尔玛曾经以"天天平价"著称，但人们发现其实它的东西也并不便宜多少，但它的服务却是一流的。例如对于职员的微笑，沃尔玛规定，员工要对3米以内的顾客微笑，甚至还有个量化的标准："请对顾客露出你的八颗牙。"为提高服务，沃尔玛规定员工认真回答顾客的提问，永远不要说"不知道"。

哪怕再忙，都要放下手中的工作，亲自带领顾客来到他们要找的商品前面，而不是指个大致方向就了事。正是注重了这些入微的小事、细节，才缔造了强大的沃尔玛帝国。

成大业如烹小鲜，做大事必重细节。想做大事的人很多，但愿意把小事做细的人很少。其实，我们不缺少雄韬伟略的战略家，而缺少的是精益求精的执行者；不缺少各类管理规章制度，缺少的是对规章条款不折不扣地执行。中国有句名言，"细微之处见精神"。细节，微小而细致，在市场竞争中它从来不会叱咤风云，也不像疯狂的促销策略，立竿见影地使销量飙升；但细节的竞争，却如春风化雨，润物无声。今天，大刀阔斧的竞争往往并不能做大市场，而细节上的竞争却将永无止境。一点一滴的关爱、一丝一毫的服务，都将铸就用户对品牌的信任。这就是细节的美、细节的魅力。

习惯20 不陷入忧虑的沼泽地

“人生不如意事，十有八九”，忧虑在所难免。但人们切不可沉溺于忧虑的泥潭中不能自拔，而应尽快调整心态和情绪，采取积极的行动来改变已遭到改变的生活。

洛克菲勒在他33岁那年赚到了他的第一个100万。到了43岁，他建立了一个世界最庞大的垄断企业——标准石油公司。

那么，53岁时他又成就了什么呢？

不幸的是，53岁时，他却成了忧虑的俘虏。充满忧虑及压力的生活早已摧毁了他的健康，他的传记作者温格勒说，他在53岁时，看起来“就像个僵硬的木乃伊”。

洛克菲勒53岁时因为消化系统疾病，头发不断脱落，甚至连睫毛也无法幸免，最后只剩几根稀疏的眉毛。

温格勒说：“他的情况极为恶劣，有一阵子他只得依赖酸奶为生。”医生们诊断出他患了一种神经性脱毛病，后来，他不得不戴一顶扁帽。

洛克菲勒原来体魄强健，他是在农庄长大的，有宽阔的肩膀，迈着有力的步伐。

可是，在多数人的巅峰岁月——53岁时，他却肩膀下垂、步履蹒跚。

另一位传记作者说："当照镜子时，他看到的是一位老人。无休止地工作、操劳、体力透支、整晚失眠、运动和休息的缺乏，终于让他付出惨重的代价。"

他是世界上最富有的人之一，却只能靠简单饮食为生。他每周收入高达几万美元——可是他一个星期能吃得下的食物却花不了多少钱，医生只允许他喝酸奶，吃几片苏打饼干。他的皮肤毫无血色，那只是包在骨头上的一层皮。他只能用钱买最好的医疗，使他不至于53岁就去世。

后来，医生告诉他一个惊人的事实，他或者选择财富与忧虑，或者他的生命。他们警告他：再不退休，"就死路一条"。

他终于退休了，可惜退休前，忧虑、贪婪与恐惧已经摧毁了他的身体。

当著名的女作家艾达·塔贝尔见到他时，大吃一惊，她写道："他的脸上饱经忧患，他是我见过的最老的人。"

他的身体状况极差，以致艾达·塔贝尔感到他太可怜了，当时她正着手写一篇讨伐标准石油公司的文章，她没有任何理由同情这位一手建立起这个"超级八爪鱼"的首脑，然而，当她看见洛克菲勒时，她说："我心中涌起一种从未有过的感觉，而且那种感觉十分强烈，那就是我为他难过，我了解孤独恐惧的滋味。"

医生竭尽全力挽救洛克菲勒的生命，他们要他遵守三项原则——这三项原则，终其一生，他都牢牢记住。这三项原则是：

（1）避免忧虑，绝不要在任何情况下为任何事烦恼。

（2）放轻松，多在户外从事轻缓的运动。

（3）注意饮食，每顿只吃七分饱。

洛克菲勒严格遵守这些原则，因此他捡回一条命。

他退休了，他开始学习打高尔夫球，从事园艺，与邻居聊天、玩牌，甚至唱歌。

他开始为别人着想。

这一生他终于不再只想着如何赚钱，而开始思考如何用钱去为人类造福。总而言之，洛克菲勒开始把他的亿万财富散播出去。后来他更进一步，成立了世界性的洛克菲勒基金会——旨在消灭世界的疾病与无知。后来他活到了98岁。

❀ 习惯21 不被回忆所控制

靠怀念过去来逃避现实，确是一种无益的习惯，其结果往往是使人逃避成熟的思考，而进入一种虚无缥缈的幻想境界。

一个夏天的下午，在纽约的一家中国餐厅里，奥里森·科尔在等待着，他感到沮丧而消沉。由于他在工作中有几个地方出现错误，使他没有做成一项相当重要的项目。即使在等待见他一位最珍视的朋友时，也不能像平时一样感到快乐。

他的朋友终于从街那边走过来了，他是一名了不起的心理医生。医生的诊所就在附近，科尔知道那天他刚刚和最后一名病人谈完了话。

“怎么样，年轻人，”医生开门见山地问道，“什么事让你不痛快？”对他这种洞察心事的本领，科尔早就不意外了，因此他就直截了当地告诉他使自己烦恼的事情。然后，医生说：“来吧，到我的诊所去。我要看看你的反应。”

医生从一个硬纸盒里拿出一卷录音带，塞进录音机里。“在这卷录音带上，”他说，“一共有3个人所说的话。我没有必要说出他们的名字。我要你注意听他们的话，看看你能不能挑出支配了这3个案例的共同因素，只有4个字。”他微笑了一下。

在科尔听起来，录音带上这3个声音共有的特点是不快活。第一个是男人的声音，显示他遭到了某种生意上的损失或失败。第二个是女人的声音，说她因为照顾寡母的责任感，以至于一直没能结婚，她心酸地述说她错过了很多结婚的机会。第三个是一位母亲，因为她十几岁的儿子和警察有了冲突，而她一直在责备自己。

在3个声音中，科尔听到他们一共6次用到4个文字：“如果，只要”。

“你一定大感惊奇。”医生说，“你知道我坐在这把椅子上，听到成千上万用这几个字作开头的内疚的话。他们不停地说，直到我要他们停下来。有的时候我会要他们听刚才你听的录音带，我对他们说：‘如果，只要你不再说‘如果，只要’，我们或许就能把问题解决掉！”医生伸伸他的腿。“用‘如果，只要’这4个字的问题，”他说，“是因为这几个字不能改变既成的事实，却使我们面朝着错误的方向，向后退而不是向前进，并且只是浪费时间。最后，如果你用这几个字成了习惯，那这几个字就很可能变成阻碍你成功的真正的障碍，成为你不再去努力的借口。”

“现在就拿你自己的例子来说吧。你的计划没有成功，为什么？因为你犯了一些错误。那有什么关系？每个人都犯错误，错误能让我们学到教训。但是在你告诉我你犯了错误，而为这个遗憾、为那个懊悔的时候，你并没有从这些错误中学到什么。”

“你怎么知道？”科尔用带着一点辩护的话语气说道。

“因为，”医生说，“你没有脱离过去式，你没有一句话提到未来。从某些方面来说，你十分诚实，你内心里还以此为乐。我们每个人都有一点不太好的毛病，喜欢一再讨论过去的错误。因为不论怎么说，在叙述过去的灾难或挫折的时候，你还是主要角色，你还是整个事情的中心人……”

在医生的开导下，科尔终于意识到，自己沉浸在过去错误的阴影中，还没有真正走出自我，并用积极上进的态度去改变现在的处境。医生告诉科尔，他患上了严重的“怀旧病”，而采用“如果，只要”这类字眼是“怀旧病”的重要特征。

应该说，一个人适当怀旧是正常的，也是必要的，但是一味地沉湎于过去而否认现在和将来，就会陷入病态。

每个人都应当谨记：昨天就像使用过的支票，明天则像还没有发行的债券，只有今天是现金，可以马上使用。今天是我们轻易就可以拥有的财富，无度的挥霍和无端的错过，都是一种对生命的浪费。

这世上再也没有什么能比今天更真实了。

不要回避今天的真实与琐碎，走脚下的路，唱心底的歌，把头顶的阳光编织成五彩的云裳，遮挡风霜雨雪。每一个日子都向人们敞开心扉，让花朵与微笑回归你疲惫的心灵，让欢乐成为今天的中心。如果有荆棘刺破你匆匆的脚步，那也是今天最真实的痛苦。

只有把握今天，才能让生命感知生活的无边快乐。

习惯22 每天自省5分钟

那个名叫“失败”的妈妈，其实不一定生得出名叫“成功”的孩子——除非她能先找到那位名为“反省”的爸爸。

有一个青年，有一天在街角的小店借用电话。他用一块手帕盖着电话筒，然后说：“是王公馆吗？我是打电话来应征做园丁工作的，我有很丰富的经验，相信一定可以胜任。”电话的接线人说：“先生，恐怕你弄错了，我家主人对现在聘用的园丁非常满意，主人说园丁是一位尽责、热心和勤奋的人，所以我们这儿并没有园丁的空缺。”

青年听罢便有礼貌地说：“对不起，可能是我弄错了。”

跟着便挂了电话。小店的老板听了青年人的话，便说：“青年人，你想找园丁工作吗？我的亲戚正要请人，你有兴趣吗？”

青年人说：“多谢你的好意，其实我就是王公馆的园丁。我刚才打的电话是用以自我检查，确定自己的表现是否合乎主人的标准而已。”

在生活中，不断自我反省，才可以令自己立于不败之地。

自省是拯救自我的第一步。

自省就是反省自己，这是只有人类才能办到的事。

一般地说，自省心强的人都非常了解自己的优劣之处，因为他时时都在仔细检视自己。这种检视也叫作“自我观照”，其实质也就是跳出自己的身体之外，从“外面”重新观看审察自己的所作所为是否为最佳的选择。这样做就可以真切地了解自己，但审视自己时必须是坦率无私的。

能够时时审视自己的人一般都很少犯错，因为他们会时时考虑：我到底有多少力量？我能干多少事？我该干什么？我的缺点在哪里？为什么失败了或成功了？这样做就能轻而易举地找出自己的优点和缺点，为以后的行动打下基础。

首先，培养自省意识就得抛弃那种“只知责人，不知责己”的劣根性。当面对问题时，人们总是说：

“这不是我的错。”

“我不是故意的。”

“没有人不让我这样做。”

“这不是我干的。”

“本来不会这样的，都怪……”

这些话是什么意思呢？

“这不是我的错”是一种全盘否认。否认是人们在逃避责任时的常用手段。当人们乞求宽恕时，这种精心编造的借口经常会脱口而出。

“我不是故意的”则是一种请求宽恕的说法。通过表白自己并无恶意而推卸掉部分责任。

“没有人不让我这样做”表明此人想借装傻蒙混过关。

“这不是我干的”是最直接的否认。

“本来不会这样的，都怪……”是凭借扩大责任范围而推卸自身责任。

找借口逃避责任的人有时能侥幸逃脱。他们因逃避或拖延了自身错误的社会后果而自鸣得意，却从来不反省自己在错误的形成中起到了什么作用。

为了免受谴责，有些人甚至会选择采用欺骗手段，尤其是当他们是明知故犯的时候。这就是所谓“罪与罚两面性理论”的中心内容，而这个论断又揭示了这一理论的另一方面：当你明知故犯一个错误时，除了编造一个敷衍他人的借口之外，有时你会给自己找出另外一个理由。

其次，培养自省意识，就得养成自我反省的习惯。我们每天早晨起床后，一直到晚上上床睡觉前，不知道要照多少次镜子。照镜子就是一种自我检查，只不过是一种对外表的自我检查。相比之下，对本身内在的思想做自我检查，要比对外表的自我检查重要得多。可是，我们不妨问问自己：你每天能做多少次这样的自我检查呢？我们不妨设想一下，如果某一天我们没有照镜子，那会是一种什么结果呢？也许，脸上的污点没有洗掉；也许，衣服的领子出了毛病……总之，问题都没有发现就出了门。可是，我们如果不对内在的思想做自我检查，那么，我们就可能出言不逊而不自知，举止不雅而不自知，心术不正而不自知……那是多么的可怕！我们不妨养成这样一个习惯——就是每当夜里刚躺到床上的时候，都要想一想自己今天的所作所为，有什么不妥当的地方；每当出了问题的时候，首先从自己这个角度做一下检查，看看有什么不对；而且，还要经常地对自己做深层次、远距离的自我反省。

最后，培养自省意识，就得有自知之明。就像最有可能算计好一个人的就是他自己，而不是别人一样，最有可能完全了解一个人的就是他自己，而不是别人。但是，正确地认识自己，实在是一件不容易的事情。不然，古人怎么会有“人贵有自知之明”“好说己长便是短，自知己短便是长”之类的古训呢？自知之明，不仅是一种高尚的品德，而且是一种高深的智慧。因此，你即便能做到严于责己，即便能养成自省的习惯，但并不等于说能把自己看得清楚。就以对自己的评价来说，如果把自己估计得过高了，就会自大，看不到自己的短处；把自己估计得过低了，就会自卑，自己对自己缺乏信心：只有估算准了，才算是有自知之明。很多人经常是处于一种既自大又自卑的矛盾状态：一方面，自我感觉良好，看不到自己的缺点；另一方面，却又在应该展现自己的时候畏缩不前。对自己的评价都如此之难，如果要反省自己的某一个观念、某一种理论，那就更难了。

习惯23 不满足于现状

严冬过后的第一个春暖之日，雄鹰便翱翔于天。经过一个山区时，他看见一只鸡妈妈正领着自己的孩子们悠闲地晒太阳，于是飞了过去，落在最近的一个枝头上，问道：

"鸡妈妈，你也有翅膀，为什么不能像你的祖先一样在天上飞呢？天上很快乐！"

"哦！谢谢你！"鸡妈妈转身看着自己的孩子们，对老鹰说，"你看，我有这么多的孩子需要看护，我没时间呀！等他们长大了让他们飞吧。唉！我这辈子是没指望了！"

老鹰只好飞走了。

第二年的春天，老鹰再次飞过山区时，又发现了一只大花鸡带着她的孩子们在散步，那只大花鸡就是去年老鹰见到的鸡妈妈的一个女儿，现在她长大了，更健壮、羽翼更丰满了！

老鹰飞到她身边问道：

"大花鸡，你也有翅膀，为什么不能像你的祖先一样在天上飞呢？天上很快乐！"

"谢谢你！"大花鸡答道，"你看，我已经老了，飞不动了，还是等我的孩子们长大以后让它们飞吧！唉！我这辈子是没指望了！"

老鹰只好飞走了。

第三年，老鹰经过山区时，依旧看见一只鸡妈妈带领自己的孩子在山坡上觅食，但它再也没有下去劝说了。

上帝给了鸡和雄鹰同样的翅膀，让它们享受天空，然而，鸡只知就近觅食，目光仅仅满足于眼前的地面，将搏击长空的美丽翅膀退化成了一种装饰物。

世界上有很多人一辈子一事无成，原因就是他们太容易满足了！找到了一份稳定的工作，终其一生总是拿那么一点点薪水，每天总是做着同样的事情，一直到死。而他们竟以为人的一生所能获得的东西也就只能有这么多了。

而那些做出大事的人不喜欢听别人的奉承，他们只是以批判的态度来审视自己，把他们现在的地位和他所期待的状况来进行比较，并以此激励自己不断努力。

“现在的自己永远是有待完成的”，格斯特的这句话说的便是这个意思。格斯特经常在报纸上发表诗作，是深受读者喜爱的一个诗人。他之所以会成功，很大一部分原因就是他能常常向上望着他理想中的自我，而不满足于现实中的自我。

他还说：“在去年暑假里，我便是如此，我发觉我所希望的那个自我比现在的自我要聪明一些。在我那个远离城市喧嚣的乡间茅舍里，我列出了一个表，一方面写出我想要的东西，一方面写出我不想要的东西……这个表使我的人生变得更丰富、更快乐。”

要求自己上进的第一步，是要让自己不满足于停留在现有的位置上。不满于现状的感觉可以帮助你迈出关键的第一步。

比尔·盖茨说：“如果我们有了一点成功便觉得了不得，这是很不好的。但是假如在我们为自己的成功自鸣得意时，有一个人来教训我们一番，那我们就很幸运了。”

不满足于现状，才会对生活有所追求，才能使我们热血沸腾、干劲冲天，才会使我们加倍努力。

不管你目前的职位有多高，都不要满足于现状，应该告诉自己：“我的职位应在更高处。”

第二篇

影响人一生的思考习惯

❀习惯1 变通地运用方法解决问题

在善于变通地运用方法解决问题的人的世界里，不存在困难这样的字眼。再多的荆棘，也会被他们用变通的方法拔根而起。他们相信，凡事必有方法可以解决，而且能够解决得很完美。事实也一再证明，看似极其困难的事情，只要变通地运用方法，必定会有所突破。

《围炉夜话》中说："为人循矩度，而不见精神，则登场之傀儡也；做事守章程，而不知权变，则依样之葫芦也。"一个卓越的人必是善于变通地运用方法解决问题的人。当他发现一条路不通或太挤时，就会及时转换思路、改变方法，寻求一条更为通畅的路。

一流之人善于变通，末流之人故步自封。凡能变通地运用方法解决问题的人，都是能够主动创新的人，也是最受欢迎的人。凡世间取得卓越成就之人，无不深知变通之理，无不熟谙变通之术。

刘继明曾是一家能源公司的业务员。当时公司最大的问题是如何讨账，公司的产品不错，销路也不错，但产品销出去后总是无法及时收到货款。

有一位客户，买了公司30万元产品，但总是以各种理由迟迟不肯付款，公司派了三批人去讨账，都没能拿到货款。当时刘继明刚到公司上班不久，就和另外一位姓张的员工一起被派去讨账。他们想尽了各种方法，最后终于在3天之后，收到了那笔30万元的现金支票。

他们拿着支票到银行取钱，希望能够立刻换得现款，结果却被告知，账上只有299900元。很明显，这是那个客户故意刁难他们的小动作，给的是一张无法兑现的支票。第二天就要放年假了，如果不及时拿到钱，不知又要拖到什么时候。

遇到这种情况，小张当下就想冲回客户公司大吵一架，但是刘继明为人聪明，他突然灵机一动，主动拿出100元钱，让小张存到客户公司的账户里去。这一来，账户里就有了30万元，他立即将支票兑了现。

当他带着这30万元回到公司后，董事长对他大加赞赏。之后，他在公司不断发展，3年之后当上了公司的副总经理，后来又当上了总经理。

显然，在这个故事中，因为刘继明的智慧，一个看似难以解决的问题迎刃而解了，因为他总是变通地运用方法解决问题，才得以获得不凡的业绩，并得到公司的重用。

随着社会的发展，变通地运用方法解决问题显得越来越重要，也越来越被人们所重视。只有善于变通、勤于寻找方法的人在社会上才具有更大的价值，才是社会最需要的人。

习惯2 问题在发展，方法要更新

方法是需要不断更新的，对于同样的问题，随着时代和科技的进步，我们采用的解决方法也越来越科学。今天是最佳的方法，并不代表永远是最佳的方法，我们必须树立一种与时俱进的态度，不断学习，不断更新，永远追求更好的方法。

时代在前进，人们所掌握的知识越来越多，许多过去我们无法给出答案或是给出了错误答案的一系列问题，在今天都已不再是难题。既然问题在不断变化，人们掌握的东西也在不断发展，那方法也必定是在不断更新的。

1928年的暑假，天气格外闷热，英国伦敦赖特研究中心的弗莱明医生心情异常烦躁，他胡乱放下手中的实验，准备去郊外避暑。实验台上的器皿杂乱无章地放着，这在一向细心的弗莱明20多年的科研生涯中还是第一次。

9月初，天气渐凉，弗莱明回到了实验室。一进门，他习惯性地来到工作台前，看看那些盛有培养液的培养皿。望着已经发霉长毛的培养皿，他后悔在度假前没把它们收拾好，但是一只长了一团团青绿色霉花的培养皿却引起了弗莱明的注意，他觉得这只被污染了的培养皿有些不同寻常。

他走到窗前，对着亮光，发现了一个奇特的现象：在霉花的周围出现了一圈空白，原先生长旺盛的葡萄球菌不见了。会不会是这些葡萄球菌被某种霉菌杀死了呢？弗莱明抑制住内心的惊喜，急忙把这只培养皿放到显微镜下观察，发现霉花周围的葡萄球菌果然全部死掉了！

于是，弗莱明特地将这些青绿色的霉菌培养了许多，然后把过滤过的培养液滴到葡萄球菌中去。奇迹出现了：几小时内，葡萄球菌全部死亡！他又把培养液稀释10倍、100倍……直至800倍，逐一滴到葡萄球菌中，观察它们的杀菌效果。结果表明，它们均能将葡萄球菌全部杀死。

进一步的动物实验表明，这种霉菌对细菌有相当大的毒性，而对白细胞却没有丝毫影响，就是说它对动物是无害的。

一天，弗莱明的妻子因手被玻璃划伤而开始化脓，肿痛得很厉害——这无疑是感染了细菌。弗莱明看着妻子红肿的手背，取来一根玻璃棒，蘸了些实验用的霉菌培养液。第二天，妻子兴奋地跑来告诉弗莱明："亲爱的，你的药真灵！瞧，我的手背好了。你用的是什么灵丹妙药啊？"望着妻子消尽了红肿的手背，弗莱明高兴地说："我给它命名为盘尼西林（青霉素）！"

现实中，每天都会产生出许多新问题，也会发现许多新方法。在青霉素发明之前，人们遇到细菌感染问题采用的是另一类方法；而在青霉素被发现之后，细菌感染的问题有了新的解决办法，也是更有效的解决方法。

再举一个简单的例子。大家在电视剧里看到古代常用一种“滴血认亲”的方式来判断两者的亲属关系，我们姑且不论这个方法是否科学，但随着科技的日新月异，要解决这个问题已经不再采用古老的方法，而改用全新的科学技术，进行DNA对比。它们解决的是同一个问题，却是用了不同的方法。由于古代科学技术的限制，我们不可能要求他们能运用当今的科技。同样，因为新技术的诞生，旧的方法也必然被新技术所取代。

习惯3 拒绝说“办不到”

冲破人生难关的人一定是一个拒绝说“办不到”的人，在面对别人都不愿正视的问题或者困难时，他们勇于说“行”。他们会竭尽全力、想尽一切方法将问题解决，等待他们的也将是艰辛后的成果、付出后的收获。

在实际生活中，许多人的困境都是自己造成的。如果你勤奋、肯干、刻苦，就能像蜜蜂一样，采的花越多，酿的蜜也越

多，你享受到的甜美也越多。如果你以“办不到”来搪塞，不知进取，不肯付出半点辛劳，遇点困难就退缩，那么你就永远也品尝不到成功的喜悦。

失败者的借口通常是“我能力有限，我办不到”。他们将失败的理由归结为不被人垂青，好职位总是让他人捷足先登。

那些意志坚强的人则绝不会找这样的借口，他们不等待机会，也不向亲友们哀求，而是靠自己的勤奋努力去创造机会。他们深知唯有自己才能拯救自己，他们拒绝说“办不到”。

文杰就是这样一个人。

文杰在一家大型建筑公司任设计师，常常要跑工地、看现场，还要为不同的客户修改工程细节，异常辛苦，但她仍主动地做，毫无怨言。

虽然她是设计部唯一的女性，但从不因此逃避强负荷的工作。她从不感到委屈，反而挺自豪，她经常说：“我的字典里没有‘办不到’这三个字。”

有一次，老板安排她为一名客户做一个可行性的设计方案，时间只有3天，这是一件很难做好的事情。接到任务后，文杰看完现场，就开始工作了。3天时间里，她都处在一种异常兴奋的状态下。她食不知味、寝不安枕，满脑子都想着如何把这个方案弄好。她到处查资料，虚心向别人请教。

3天后，她虽然眼睛布满了血丝，但还是准时把设计方案交给了老板，得到了老板的肯定。

后来，老板告诉她：“我知道给你的时间很紧，但我们必须尽快把设计方案做出来。如果当初你不主动去完成这个工作，我可能会把你辞掉。你表现得非常出色，我最欣赏你这种工作认真、积极的人。”

因做事积极主动、工作认真，现在文杰已经成为公司的红人。老板不但提拔了她，还将她的薪水翻了3倍。

这个故事告诉我们，自己的命运掌握在自己手中。只要你勤奋、肯干，积极寻找问题的答案，而非一味地给自己找借口、推脱责任，你就会品尝到付出所带来的喜悦感。把“办不到”这三个字常常挂在嘴边，其实是在处处为自己寻找借口。

事实上，世上之事，不怕办不到，只怕拿借口来取代行动。

很多人遇到困难不知道去努力解决，而只是想到找借口推卸责任，这样的人很难成为优秀的人。许多成功者，他们都有一个共同的特点——勤奋。在这个世界上，勤奋的人面对问题善于主动找方法，勤奋的人拒绝借口说“办不到”，勤奋的人最易走向成功。

横跨曼哈顿和布鲁克林之间河流的布鲁克林大桥是个地地道道的机械工程奇迹。1883年，富有创造精神的工程师约翰·罗布林雄心勃勃地意欲着手这座雄伟大桥的设计，然而桥梁专家们却劝他趁早放弃这个“天方夜谭”般的计划。罗布林的儿子，华盛顿·罗布林，一个很有前途的工程师，确信大桥可以建成。父子俩构思着建桥的方案，琢磨着如何克服种种困难和障碍。他们设法说服银行家投资该项目，之后，他们怀着不可遏止的激情和无比旺盛的精力组织工程队，开始建造他们梦想中的大桥。然而在大桥开工仅几个月后，施工现场就发生了灾难性的事故。约翰·罗布林在事故中不幸身亡，华盛顿·罗布林的大脑严重受伤，无法讲话，也不能走路了。谁都以为这项工程会因此而泡汤，因为只有罗布林父子才知道如何把这座大桥建成。然而，尽管华盛顿·罗布林丧失了活动和说话的能力，但他的思维还同以往一样敏捷。一天，他躺在病床上，忽然想出一种和别人进行交流的方式。他唯一能动的是一根手指，于是他就用那根手指敲击他妻子的手臂，通过这种密码方式由妻子把他的设计和意图转达给仍在建桥的工程师们。

整整13年，华盛顿就这样用一根手指发号施令，直到雄伟壮观的布鲁克林大桥最终建成。

“办不到”是许多人最容易寻找的借口，它体现出了一个人所具有的自卑感和怯懦性，这种缺乏自信的人能否做出出色的事情呢？答案恐怕只有一个：只要有这个借口存在，他永远不可能出色。只要一个人拒绝说“办不到”，他就会显出与别人不同的工作精神和态度，从而成就出色的事业。

习惯4 只为成功找方法，不为问题找借口

制造托词来解释失败，这已是世界性的问题。这种习惯与人类的历史一样古老，是成功的致命伤！制造借口是人类本能的习惯，这种习惯是难以打破的。柏拉图说过：“征服自己是最大的胜利，被自己所征服是最大的耻辱和邪恶。”

顾凯在担任云天缝纫机有限公司销售经理期间，曾面临一种极为尴尬的情况：该公司的财务发生了困难。这件事被负

责推销的销售人员知道了，他们因此失去了工作的热忱，销售量开始下跌。到后来，情况更为严重，销售部门不得不召集全体销售员开一次大会，全国各地的销售员皆被召去参加这次会议，顾凯主持了这次会议。

首先，他请手下较为优秀的几位销售员站起来，要他们说明销售量为何会下跌。这些被叫到名字的销售员一一站起来以后，每个人都有一段令人震惊的悲惨故事要向大家倾诉：商业不景气、资金缺少、物价上涨等。

当第5个销售员开始列举使他无法完成销售配额的种种困难时，顾凯突然跳到一张桌子上，高举双手，要求大家肃静。然后，他说道："停止，我命令大会暂停10分钟，让我把我的皮鞋擦亮。"

然后他命令坐在附近的一名小工友把他的擦鞋工具箱拿来，并要求这名工友把他的皮鞋擦亮，而他就站在桌子上不动。

在场的销售员都惊呆了，他们有些人以为顾凯发疯了，开始窃窃私语。这时，只见那位小工友先擦亮他的第一只鞋子，然后又擦另一只鞋子，他不慌不忙地擦着，表现出一流的擦鞋技巧。

皮鞋擦亮之后，顾凯给了小工友1元钱，然后发表他的演说。

他说："我希望你们每个人，好好看看这个小工友。他拥有在我们整个工厂及办公室内擦鞋的特权。他的前任的年纪比他大得多，尽管公司每周补贴他的前任200元的薪水，而且工厂里有数千名员工，但他的前任仍然无法从这个公司赚取足以维持他生活的费用。

“可是这位小工友不仅不需要公司补贴薪水，还可以挣到相当不错的收入，每周还可以存下一点钱来。他和他的前任的工作环境完全相同，也在同一家工厂内，工作的对象也完全相同。

“现在我问你们一个问题，那个前任拉不到更多的生意，是谁的错？是他的错，还是顾客的？”

那些推销员不约而同地大声说：“当然是那个前任的错。”

“正是如此。”顾凯回答说，“现在我要告诉你们，你们现在推销缝纫机和一年前的情况完全相同，同样的地区、同样的对象以及同样的商业条件，但是你们的销售成绩却比不上一年前。这是谁的错？是你们的错，还是顾客的错？”

同样又传来如雷般的回答：“当然是我们的错。”

“我很高兴，你们能坦率地承认自己的错误。”顾凯继续说，“我现在要告诉你们，你们的错误在于，你们听到了有关本公司财务发生困难的谣言，这影响了你们的工作热情，因此，你们不像以前那般努力了。只要你们回到自己的销售地区，并保证在以后30天内每人卖出5台缝纫机，那么本公司就不会再发生什么财务危机了。你们愿意这样做吗？”

大家都说“愿意”，后来果然也办到了。那些他们曾强调的种种借口，如商业不景气、资金缺少、物价上涨等，仿佛根本不存在似的，统统消失了。

卓越的人必定是重视找方法的人。在他们的世界里不存在借口这个字眼，他们相信凡事必有方法去解决，而且能够解决得很完美。事实也一再证明，看似极其困难的事情，只要用心寻找方法，必定会成功。真正杰出的人只为成功找方法，不为问题找借口，因为他们懂得：寻找借口，只会使问题变得更棘手、更难以解决。

习惯5 摆脱心中的枷锁

心，可以超越困难，可以突破阻挠，可以粉碎障碍。正如一位哲人所说："世界上没有跨越不了的事，只有无法逾越的心。"心中有枷锁，便限制了人潜在能量的爆发。所以，要想开发和利用生命潜能，最关键的事情在于摆脱心中的枷锁。

很多人在成长的过程中，特别是幼年时期，由于遭受外界（包括家庭）太多的批评、打击，奋发向上的热情被上了"枷锁"，因此既对失败惶恐不安，又对失败习以为常，丧失了信心和勇气，渐渐养成了懦弱、狭隘、自卑、孤僻、不思进取、不敢拼搏的性格。

一代魔术大师、逃生专家胡汀尼有一手绝活，他能在极短的时间内打开无论多么复杂的锁，从未失手。他曾为自己定下一个富有挑战性的目标：要在60分钟之内，从任何锁中挣脱出来，条件是让他穿着特制的衣服进去，并且不能有人在旁边观看。

有一个英国小镇的居民，决定向伟大的胡汀尼挑战，有意给他难堪。他特别打制了一个坚固的铁牢，配上一把看上去非常复杂的锁，请胡汀尼来看看能否从牢里出去。

胡汀尼接受了这个挑战。他穿上特制的衣服，走进铁牢中，牢门"哐啷"一声关了起来，大家遵守规则，转过身去不

看他工作。胡汀尼从衣服中取出自己特制的工具，开始工作。30分钟过去了，胡汀尼用耳朵紧贴着锁，专心地工作着；45分钟、一个小时过去了，胡汀尼头上开始冒汗；两个小时过去了，胡汀尼始终听不到期待中的锁簧弹开的声音。他筋疲力尽地将身体靠在门上坐下来，结果牢门却顺势而开——原来，牢门根本没有上锁，那把看似很厉害的锁只是个摆设。

小镇居民成功地捉弄了这位逃生专家，门没有上锁，自然也就无法开锁，但胡汀尼心中的门却上了锁。

你的心里是否也上了一把锁？

生活中种种看似艰难异常的事情真的就无法解决吗？种种看似无法逾越的险峰真的是无法超越吗？打开心灵的枷锁吧，只有打破思维的定式，才能冲破一道道难关，才能使我们不断迈向成功。

所谓“枷锁”，其实只是心理作用，是自己给自己的心上了枷锁。

有人的生活罗盘经常失灵，日复一日，在迷宫般的、无法预测也乏人指引的茫茫人生中失去了方向。他们不断触礁，别人却技高一筹地继续航行，安然完成每天的挑战，平安抵达成功的彼岸。为了维持正确的航线，为了不被沿路上意想不到的障碍困住，你需要一个可靠的内部导引系统、一个有用的罗盘，为你在人生困境中指引出一条通往成功的康庄大道。可悲的是，太多人从未抵达终点，因为他们借助失灵的罗盘来航行。这失灵的罗盘可能是扭曲的是非感，或是蒙昧的价值观，或是自私自利的意图，或是未能设定目标，或是无法分辨轻重缓急，不胜枚举。聪明人利用罗盘，可以获得成功；卓越人士选择可靠的路线，坚定地向前行进，可以安全抵达终点。

在举重比赛当中，作为举重项目之一的挺举，有一种“500磅（约227千克）瓶颈”的说法，也就是说，以人体的体力极限而言，500磅是很难突破的瓶颈。由于工作人员的失误，499磅（约226千克）的纪录保持者巴雷里在一次比赛时所用的杠铃实际上超过了500磅。这个消息发布之后，世界上有6位举重好手在一瞬间就举起了一直未能突破的500磅杠铃。

有一位撑竿跳的选手，一直苦练都无法越过某一个高度。他失望地对教练说：“我实在是跳不过去。”

教练问：“你心里在想什么？”

他说：“我一冲到起跳线时，看到那个高度，就觉得跳不过去。”

教练告诉他：“你一定可以跳过去。把你的心从竿上摔过去，你的身子也一定会跟着过去。”

他撑起竿又跳了一次，果然跃过。

有句话是这样说的：“自己把自己说服了，是一种理智的胜利；自己被自己感动了，是一种心灵的升华；自己把自己征服了，是一种人生的成熟。大凡说服了、感动了、征服了自己的人可以凭借潜能的力量征服一切挫折、痛苦和不幸。”其实，许多人的悲哀不在于他们不去努力，而在于总爱给自己设定许多的条条框框，这些条框限制了人们想象的空间和奋进的勇气，看似一天到晚在忙碌，实际上自己已经套上了可怕的枷锁，注定碌碌无为。可见，敢于打破自我设定的障碍，多一点超越，少一点盲从，生活就会大不一样。

习惯6 遇事别钻牛角尖

一旦被现成的所谓经验或权威所左右，你可能就会使自己的逻辑推理进入一个可笑的误区，并陷入其中无法自拔。由此，在你的头脑中，自然就不会有新的思路、新的观点出现，甚至可笑到不允许有新的思维方式出现。

生活中，常有一些人顽固不化，不知权变，做事一根筋，容易钻牛角尖，不会转变。许多本来可以解决的问题，也会被他看成是无法做到、难以解决的问题。

成功者从不迷信以往的经验、传统和权威，也从不迷信自己。他们只会用开放的胸怀接纳事物，用多变的思维解决问题！

从前，A鞋厂的一位老板派两名销售员到非洲考察新鞋销售的市场潜力，两人回国后先后向老板报告。销售员甲兴味索然地说："非洲人不穿鞋子，因此市场没有开发的价值，我们不必去了。"销售员乙则兴致勃勃地指出："非洲大多数的人都还没有鞋子，因此这个市场潜力无穷，应赶快进行开发，先抢得商机。"结果销售员乙受到重用，销售员甲不久后被辞退。

为了职业发展与提高生活品质，人人都应充实自己、扩大视野，于日常生活中培养健康、合理与贴切的思考模式，作为行动的指导原则。

换一种思维方式，把问题倒过来思考，不但能使你在做事情时找到峰回路转的契机，也能使你找到生活上的快乐。

从前有一位老妇人，她有两个女儿。大女儿嫁给一个浆布的人为妻，小女儿嫁给了一个修伞的人，两家过得都不错。看着两个女儿丰衣足食的生活，老妇人原本应该高兴才对，可是她却每日都很痛苦。因为每当天气晴朗的时候，老妇人就为小女儿家的生意担忧：晴天有谁会去她那里修理雨伞呢？而到了阴天的时候，她又开始为大女儿担心了：天气阴湿或者下雨，就不会有人去她那里浆布啊！就这样，无论是刮风下雨，

还是晴朗的天气，她都在发愁，人眼见着瘦了下去。

一天，村里来了个智者，当听老妇人讲完自己的想法后，他微笑着对老妇人说："你为什么不倒过来看？晴天时，你的大女儿家浆布生意一定好；而下雨的时候，小女儿家修伞的生意就会好。这样，无论是什么样的天气，你都有一个女儿在赚钱啊！"老妇人听完之后，顿时豁然开朗。

要想成为一名杰出的成功人士，你就不能总是一根筋、死钻牛角尖，而是要勇敢地展开你思想的双翼，向左、向右，向上、向下，不断地飞翔，总有一个绝佳的方法在某个角落等待你去发现。只要你善于思考，懂得创新，敢于打破规则，就一定能突破一切瓶颈，从而走向成功。

习惯7 不畏惧问题

无论有多么棘手的问题挡在你前进的道路上，你都不应感到畏惧，而应该用积极的心态去迎接它，然后运用智慧寻找解决之道。正如日本作家有岛武郎所说："踏上人生的旅途吧。前途很远，也很暗。然而不要怕，不怕的人面前才有路。"

在工作中，你是否遇到过这种情况：某一问题就像山一样摆在你面前，要克服它似乎完全不可能。于是，一种说不出的恐惧不招自来，你很快就向山一样高大的问题屈服了。

在面对难题的时候，许多人出于各种原因，如对于失败的无法忍受，对可能遇到的挫折的逃避等，而对问题本身产生了一种畏惧心理。因为畏惧问题，所以开始寻找畏惧的理由，不断说服自己问题是多么巨大、情况是多么艰难，所以不可能找到解决问题的良方，这样我们的畏惧就会变成是正常而合理的。

但是，对于恐惧，若你能控制它们、驱除它们，它们就会自动离开你的内心；反之，你越觉得它们真实，越是对其心存畏惧，它们越是会肆无忌惮地吞噬你。面对问题也是如此，如果你畏惧问题，那你就将被问题击倒；相反，如果你迎向问题，你就有可能解决它。

20世纪50年代初，美国某军事科研部门着手研制一种高频放大管。科技人员都被高频率放大管能不能使用玻璃管的问题难住了，研制工作因而迟迟没有进展。后来，由发明家贝利负责的研制小组承担了这一任务。上级主管部门在给贝利小组布置这一任务时，鉴于以往的研制情况，同时还下达了一个指示：不许查阅有关书籍。

经过贝利小组的共同努力，终于制成了一种高达1000个计算单位的高频放大管。在完成了任务以后，研制小组的科技人员都想弄明白：为什么上级要下达不准查书的指示？

于是他们查阅了有关书籍，结果让他们大吃一惊，原来书上明明白白地写着：如果采用玻璃管，高频放大的极限频率是25个计算单位。“25”与“1000”，这个差距太大了！

后来，贝利对此发表感想说：“如果我们当时查了书，一定会对研制这样的高频放大管产生畏惧，就会没有信心和勇气去研制了。”

其实，真正的问题并不是问题本身，而是我们对问题的畏惧。

面对问题，我们不应当畏缩，不应当逃避，而应该坦然地去面对，将问题的相关方面研究清楚，将问题的根源找出来，开动自己的脑筋，寻找更多的解决之道。

看待问题时，我们不能将其放大，恰恰相反，除了要正视问题，更要“藐视”问题。

问题的出现经常出乎人的意料，但只有不被它吓倒，才有解决问题的可能。那些一开始就被问题所吓倒的人，永远不会找到出路。

富兰克林·罗斯福就任美国总统的时候，美国正处于经济大萧条时期，全国上下一片恐慌。为了振兴美国，罗斯福决定推行“新政”，但要实行“新政”，首先要振奋民心。为此，他给美国人民做了一次“战胜恐惧”的著名演讲，其中有这样

一句名言："我们唯一值得恐惧的就是恐惧本身——模糊的、轻率的、毫无道理的恐惧本身！"

罗斯福以正视问题、蔑视困难的姿态，采取果断的措施，不仅带领美国走出了经济危机，而且让美国加入反法西斯的战争，赢得了第二次世界大战的胜利。

在工作和生活中，我们经常犯这样的错误：还没有真正与问题接触，就将其无端放大，以至于很快心生恐惧、逃避，最终将自己打败。实际上，问题绝大多数时候并不如我们想象的那样严重，只要我们撕破畏惧的面纱，就能很好地解决它。

习惯8 横切苹果，会看到"星星"

创新的源泉，实质上就是突破思维定式，向新的方向多走一步。就像切苹果一样，如果不换种切法，你就永远不可能看

到苹果里面美丽的“星星”。

切苹果一般总是以果蒂和果柄为点竖着落刀，一分为二。如果把它横放在桌上，然后拦腰切开，就会发现苹果里有一个星星状的五角形图案。这不免让人感叹：吃了多年的苹果，我们却从来没有发现过苹果里面的“星星”；而仅仅换一种切法，就发现了这一鲜为人知的秘密。

换一个思路处理问题，可能会看到完全不同的景象。也许正是一个不经意的角度转换，会让你在不经意间解决了问题。毕加索说：“每个孩子都是艺术家，问题在于你长大成人之后是否能够继续保持艺术家的灵性。”

有个摄影师发现，每次拍集体照时有睁眼的，也有闭眼的。闭眼的看见照片，非常生气：“我90%以上的时间都睁着眼，你为什么偏给我照一张无精打采的照片？这不是故意歪曲我的形象吗？”

就拍照而言，形象是头等大事，但让所有人在拍集体照时保持睁眼状态也难，于是喊：“一、二、三！”但有的人在坚持了半天以后，恰巧在“三”字上坚持不住了，上眼皮找下眼皮，又是做闭目状，真难办。

后来，摄影师换了一种思路，从而解决了这一难题。他请所有照相者全闭上眼，听他的口令，同样是喊“一、二、三”，在“三”字上一起睁眼。果然，照片冲洗出来一看，一个闭眼的也没有，全都显得神采奕奕，比本人平时更精神，众人见了都非常高兴。

当遭遇困境时，一个思路行不通，就要果断地换另一种思路，只有这样，新的创意才会自然而然地产生出来，化解困境的方法也才会随之出炉。

有一位商人原来并不富有，他和妻子靠卖蛋维持生计，但身高体壮的他卖蛋却远不及瘦小的妻子。后来他终于弄明白了原委。原来他用手掌托着蛋叫卖时，由于手掌太大，人们眼睛的视觉误差导致蛋看起来很小，他立即改变了卖蛋的方式——把蛋放在一个浅而小的托盘里，出售情况果然好转。但他并不因此满足，眼睛的视觉误差既然能影响销售，那经营的学问就更大了，从而激发了他对心理学、经营学、管理学等的研究和探讨，最终创建了大公司。

无独有偶，一商家从电视上看到博物馆中藏有一个明代流传下来的被称为“龙洗”的青铜盆，盆边有两耳，双手搓磨盆耳，盆中的水便能溅起一簇簇水珠，高达尺余，甚为绝妙。该商家突发奇想：何不仿制此盆，将之摆放在旅游景点或人流量多的地方，让游客自己搓磨，经营者收费，岂不是一条很好的财路？于是他们找专家进行分析研究，试制成功后投放于市场，效果出奇得好。博物馆中的青铜盆只具有观赏价值，而此商人却换了一种思路，将之仿制推向市场，最终取得了很好的经济效益。

一个人如果受到习惯思维的影响，得出来的判断往往大同小异。这种思维不能说不对，但如果长期这样思考问题，则会抑制人创新能力的发挥。

习惯9 冷静才会想出好办法

在生活中，我们总会面临一个个困难或问题的考验，但那只不过是暂时的，只要我们保持冷静，努力寻找方法并理智地面对困难，就一定能走出黑暗，迎接新的曙光。

下面这个故事就证明了这一点。

故事发生在印度。一对官员夫妇在家中举办了一次丰盛的宴会，地点设在他们宽敞的餐厅里，那儿铺着明亮的大理石地板，房顶吊着不加任何修饰的椽子，出口处是一扇通向走廊的玻璃门。客人中有当地的陆军军官、政府官员及其家属，另外还有一名英国生物学家。

宴会中，一位年轻女士同一位上校进行了热烈的讨论。这位女士的观点是如今的妇女已经有所进步，更加冷静、稳重，不再像以前那样，一见到老鼠就从椅子上跳起来。可上校却认为妇女们没有什么改变，他说："不论碰到什么危险，妇女们总是一声尖叫，然后惊慌失措。而男人们碰到相同情形时，虽也有类似的感觉，但他们却多了一点勇气，能够适时地控制自己，冷静对待。可见，男人的勇气是最重要的。"

那位生物学家没有加入这次辩论，他默默地坐在一旁，仔细观察着在座的每一位。这时，他发现女主人露出奇怪的表情，两眼直视前方，显得十分紧张。很快，她招手叫来身后的一位男仆，对其进行一番耳语。仆人惊恐万分，他很快离开了房间。

除了生物学家，没有其他客人注意到这一细节，当然也就没有其他人看到那位仆人把一碗牛奶放在门外的走廊上。

生物学家突然一惊。在印度一些地区，地上放一碗牛奶只代表一个意思，即引诱一条蛇。这也就是说，这间房子里肯定有一条蛇。他首先抬头看屋顶，那里是蛇经常出没的地方，可那儿光秃秃的，什么也没有；再看饭厅的4个角落，3个角落都空空如也，另一个角落也站满了仆人，正忙着端菜；现在只剩下最后一个地方他还没看，那就是餐桌下面。

生物学家的第一想法便是向后跳出去，同时警告其他人。但他转念一想，这样肯定会惊动桌下的蛇，而受惊的蛇最容易咬人。于是他一动不动，迅速地向大家说了一段话，语气十分严肃，以至于大家都安静下来。

“我想试一试在座诸位的控制力有多强。我从1数到400，这会花去6分钟，这段时间里，谁都不能动一下，否则就罚他60个卢比。预备，开始！”

生物学家不急不忙地数着数，餐桌上的20个人全都像雕像似的一动不动。当数到388时，生物学家终于看见一条眼镜蛇向门外有牛奶的地方爬去。他飞快地跑过去，把通向走廊的门一下子关上。蛇被关在了外面，室内立即发出一片尖叫。

“上校，事实证明了你的观点。”男主人这时感叹道，“正是一个男人，刚才给我们做出了从容镇定的榜样。”

“且慢！”生物学家说，然后转身朝向女主人，“温兹女士，你是怎么发现屋里有条蛇的呢？”

女主人脸上露出一抹浅浅的微笑：“因为它从我的脚背上爬了过去。”

不敢想象，如果女主人和生物学家不能冷静地面对突如其来的危机，会出现什么样的后果。冷静，是一种良好的心理机制，为找到方法解决困难赢得了主动，我们每一个人都应该练就这种处变不惊的智慧。

习惯10 换个角度，你就是赢家

其实，失败与成功相隔得并不远，有时也许只有一步之遥。所以如果遭遇了失败，千万不要轻易认输，更不要急于走开，只要保持冷静，勇于打破思维的定式，转换一下看待问题的角度，积极寻找对策，成功一定很快就会到来。

有两个基督教徒一起去问牧师在祈祷时能否吸烟。其中一个教徒先上前问："在祈祷时能否吸烟？"牧师生气地回答："不可以！"这个教徒闷闷不乐地退下去。另一个教徒上前问："在吸烟时能否做祈祷？"牧师愉快地回答："当然可以！"

对于一个本质相同的问题，用两种不同的问法，会得到截然相反的回答。

所以，当我们说话时，不妨选择一个好的角度。有一个好的角度，就有了成功的一半；但若选择了一个坏的角度，你可能就得到了失败的全部。

李寻然是一家外贸公司的高级主管，他面临一个两难的境地：一方面，他非常喜欢自己的工作，也很满意工作带给他的丰厚薪水；另一方面，他非常讨厌他的上司，经过多年的忍受，他已到了忍无可忍的地步。在慎重思考之后，他决定去猎头公司重新谋一个高级主管的职位。猎头公司告诉他，以他的条件，再找一个类似的职位并不费劲。

回到家中，李寻然把这一切告诉了他的妻子。他的妻子是一个教师，那天刚刚教学生如何重新界定问题，也就是把你正在面对的问题换个角度思考，甚至完全颠倒过来——不仅要跟你以往看这个问题的角度不同，也要和其他人看这问题的角度不同。她把上课的内容讲给李寻然听，这给了李寻然很大的启发，一个大胆的创意在他脑中浮现。

第二天，李寻然又来到猎头公司，这次他是请猎头公司替他的上司找工作。不久，他的上司接到了猎头公司打来的电话，请他去别的公司高就。尽管他完全不知道这是他的下属和猎头公司共同努力的结果，但正好这位上司对于自己现在的工作也厌倦了，所以他就接受了这份新工作。

这件事最妙的地方就在于上司接受了新的工作，结果他的位置就空出来了。李寻然申请了这个职位，于是他就坐上了上司的位置。

在这个故事中，李寻然本意是想替自己找个新的工作，以躲开令自己讨厌的上司，但他的妻子教他换个角度思考，就是替他的上司而不是他自己找一份新的工作。结果，他不仅仍然干着自己喜欢的工作，而且摆脱了令自己烦心的上司，还得到了意外的升迁。

在这个世界上，从来没有绝对的失败，有时候只要调整一下思路、转换一个视角，失败就会变成成功。牛仔裤就是这样产生的。

19世纪50年代，美国西部刮起了一股淘金热。李维·斯特劳斯没有跟随大众的脚步去淘金，而是转换视角，将目光放在淘金者的日常生活需求品上，于是他便在旧金山开办了一家专门针对淘金工厂销售日用百货的小商店。一天，他看见很多淘金者用帆布搭帐篷和马车篷，就乘船购置了一大批帆布运回淘金工地出售。不想过去了很多时间，帆布却无人问津。李维·斯特劳斯十分苦恼，但他并不甘心就这样轻易失败，便一边继续卖帆布，一边积极思考对策。有一天，一位来淘金的朋友告诉他，他们现在需要大量的裤子，因为矿工们穿的都是棉布裤子，很不耐磨。李维·斯特劳斯顿时眼前一亮：帆布做帐篷卖销路不好，做成既结实又耐磨的裤子卖，说不定会大受欢迎！他领着那个淘金朋友来到裁缝店，用帆布为他做了一条样式很别致的工装裤。这位朋友穿上帆布工装裤十分高兴，逢人

就讲这条“李维牌裤子”。消息传开后，人们纷纷前来询问，李维·斯特劳斯当机立断，把剩余的帆布全部做成工装裤，结果很快就被抢购一空。由此，牛仔裤诞生了，并很快风靡全球，给李维·斯特劳斯带来了巨大的财富。

很多人一贯坚持这样一个观点：如果失败了，就应该赶快换一个阵地再去奋斗。如果按照这种观点，李维·斯特劳斯就应该把帆布锁进仓库里，或廉价甩卖出去，但幸好李维·斯特劳斯没有这么做。他没有放弃帆布，而是积极寻找解决问题的方法，终于从淘金朋友的话里获得了启示——将帆布改成帆布裤，因此获得了成功。

习惯11 换一种思维，换一片天地

有的时候，我们可能无法改变外在环境，但是我们可以改变自己的思维，适时改变一下思路，只要我们放弃盲目的执着，选择理智的改变，就有可能开辟出一条别样的成功之路。

“山重水复疑无路，柳暗花明又一村。”一扇门关上，另一扇门会打开。世界上没有死胡同，关键就看你如何去寻找出路。当你在工作中遭遇困境的时候，学着换一种眼光和思维看问题，相信你一定能够化逆境为顺境，化问题为机遇。

从前，有位秀才进京赶考，住在一个以前经常住的店里。这已经是他第五次进京赶考，所以对一切事情都小心翼翼。考试前他做了三个梦：第一个梦是梦到自己在屋顶上种南瓜；第二个梦是下雨天，他戴了斗笠还打伞；第三个梦是梦到跟心爱的未婚妻躺在一起，但是背靠着背。

这三个梦似乎有些深意，秀才第二天就赶紧去找算命的解梦。算命的一听，连拍大腿说：“你还是回家吧！你想想，屋顶上种南瓜不是白费劲吗？戴斗笠打雨伞不是多此一举吗？跟未婚妻躺在一张床上却背靠背，不是没戏吗？”

秀才一听，心灰意冷，回店收拾包袱准备回家。店老板非常奇怪，问：“不是明天才考试吗，你怎么今天就回乡了？”

秀才把算命先生的解梦说了一番，店老板乐了：“哟，我也会解梦的。我倒觉得，你这次一定要留下来。你想想，屋顶上种南瓜不是“高中”吗？戴斗笠打雨伞不是说明你这次有备无患吗？跟你未婚妻背靠背躺在床上，不是说明你翻身的时候就要到了吗？”

秀才一听，觉得更有道理，于是精神振奋地去参加考试，居然中了榜眼。

换一种思维方式，能使你在做事情、遭遇困境时找到峰回路转的契机，同时赢得一片新的天地。

在一个家电公司的会议上，高层主管们正在为自己新推出的加湿器制订宣传方案。

在现有的家电市场上，加湿器的品牌已经多如牛毛，而且每一个厂家都挖空了心思来推销自己的产品。怎样才能在如此激烈的竞争中，将自己的加湿器成功地打入市场呢？所有的主管都为此一筹莫展。

这时，一个新上任的主管说道：“我们一定要局限在家电市场吗？”所有的人都愣住了，静听他的下文。“有一次，我在家里看见妻子做美容用喷雾器，于是就想，我们的加湿器为什么不可以定位在美容产品上呢……”

他还没有说完，总裁就一跃而起，说道：“好主意！我们的加湿器就这样来推销！”

于是，在他们新推出的广告理念中，加湿器就被作为冬季最好的保湿美容用品。他们的口号是——加湿器：给皮肤喝点水。

新的加湿器一上市，就成功抢占了市场。当然，这和他们新颖的创意宣传是分不开的。

在家电市场竞争日益激烈的销售战中，几乎每一种品牌都在尽力地使人们记住他们的产品，在这种情况下，如果依然在家电圈子里打主意，意义就不大了。

重新为自己的产品定位，给自己的产品一个新的角度，该家电公司的这一全新的理念，为自己赢来了一个新的市场。这样的创新，不仅使消费者耳目一新，重新认识了加湿器，也使他们避开了激烈的家电市场竞争，成功地推销了自己的产品。

习惯12 不能改变环境，就学着适应它

适应环境需要许多条件，但最重要的是你的信心与智慧，它们相辅相成、缺一不可，有了适应环境的决心和勇气，肯定能够想出解决问题的好方法。

人的生存离不开环境，环境一旦变化，我们必须随时调整自己的观念、思想、行动及目标以适应这种变化，这是生存的

客观法则。

但是，有时环境的发展，与我们的事业目标、兴趣、爱好等发展是不合拍的，有时甚至会阻碍、限制我们目标和能力的发展。在这个时候，如果我们有能力、有办法来适应环境，使之满足我们能力和目标的发展需求，则是最难能可贵的。

毕业于某高校音乐学院的小李，被分配到一家国企的工会做宣传工作。刚开始时，他很苦恼，认为自己的专业与工作不对口，在这里长期干下去，不但会耽误自己的前途，而且自己的才华也可能被荒废。于是他四处活动，想调到一个适合自己发展的单位，可是几经周折，终未成功。之后，他便死心塌地地待在这个工作岗位上，并发誓要改变“英雄无用武之地”的状况。他找到单位工会主席，提出了自己要为企业筹建乐队的计划。正好这个企业刚从低谷走出来，开始进入高速发展时期，自然也想大张旗鼓地宣传企业形象，提高产品的知名度，就欣然同意了他的计划。他来了精神，跑基层、寻人才、买乐

器、设舞台、办培训，不出半年，就使乐队初具规模。两年以后，这个企业乐队的演奏水平已成为全市一流，而且堪与专业乐团相媲美，而他自己也成了全市知名度较高的乐队经理。通过自己的努力，他完全改变了自己所处的环境，化劣势为优势，不但开辟出了自己施展才能之地，而且提升了自己的管理才能，为他以后寻求更大的发展奠定了坚实的基础。

但在现实生活中，有的人却不这样做，他们改变不了环境，也不利用环境去努力寻找、创造新的机遇，而是怨天尤人、自暴自弃，把自己逼到了死角，一生难有作为。

其实，我们经常会身处一个陌生、被动的环境中，而环境本身往往又是不容易被改变的。这时正确的做法就是适应环境，在适应中改变自己、提升自己。

正如一句话所说："自己的命运掌握在自己手中。"当你无法改变身处的环境时，就应该以一种积极、向上的态度去适应它，在你付出勤奋、敬业后，便会发现成功已悄然来临。如果有一天你实现了自己的人生目标，你应该自豪地对自己说："我掌握了命运，这都是我适时调整自己的结果。"

习惯13 打破常规，推开虚掩之门

成功不是命，而是创造性思维的结果。每个人都渴望成功，但唯有打破常规思维，才能突破常规生活。只要我们积极思考，发挥创新思维，在平凡的生活中也能实现成功的梦想。

1968年，在墨西哥奥运会百米赛道上，美国选手吉姆·海因斯冲过终点后，转过身子看运动场上的记分牌，当指示灯打出9.95的字样后，海因斯摊开双手自言自语地说了一句话，这一情景后来通过电视网络，被全世界至少几亿人看到，但当时他身边没有话筒，海因斯到底说了什么，谁都不知道。直到1984年洛杉矶奥运会前夕，一个名叫戴维·帕尔的记者在办公室回放奥运会资料时好奇心大发，他找到海因斯询问此事时这句话才被公布出来。原来，自欧文创造了10.3秒的成绩后，医学界断言，人类的肌肉纤维承载的运动极限不会超过10米每秒。所以当海因斯看到自己9.95秒的纪录之后，自己都惊呆了，原来10秒这个门不是紧锁的，它虚掩着，就像终点那根横着的绳子。于是兴奋的海因斯情不自禁地说："上帝啊！那扇门原来是虚掩着的。"

犹太谚语说："打开成功之门，必须勇敢地推或者拉。"成功就好比一扇虚掩着的门，只要我们鼓起勇气，勇敢地打破思维上的定式，就一定能拥有意外的收获。

一般情况下，人们总是惯用常规的思维方式，因为它可以使我们在思考同类或相似问题的时候，省去许多摸索和试探的步骤，不走或少走弯路，从而可以缩短思考的时间，减少精力的耗费，又可以提高思考的质量和成功率。但是，这样的思维定式有时会起一种妨碍和束缚的作用，它会使人陷在旧的思维模式的无形框框中，难以进行新的探索和尝试，因此，我们应当具有敢于打破常规的精神，摆脱束缚思维的固有模式。

一位心理学家曾经说过："只会使用锤子的人，总是把一切问题都看成是钉子。"就好像卓别林主演的《摩登时代》里的主人公一样，由于他的工作是一天到晚拧螺丝帽，所以一切和螺丝帽相像的东西，他都会不由自主地用扳手去拧。

错误的习惯往往会使人习惯错误，过去的成功经验也会使人故步自封，以至于妨碍人生的发展。如果你已习惯于常规的思维方法，就只会从普通的角度来思考问题，不愿也不会转个方向、换个角度想问题，这也是很多人的一种“难治之症”。

成功就是打破思维框框，绝不自我设限。要成功，绝没有借口；有借口，绝不会成功。只有失败者才会为掩饰自己失败的行为而四处寻找借口，成功者永远只会专注于找方法。

现在，让我们来共同做一道题，请你思考一下：回形针有多少种用途？

你的第一反应也许是：夹文件。

待打开思路之后，或许你能想出更多的用途：做绳子、钉

子、导线、纽扣、首饰、发夹、鱼钩、牙签……日本有一个科学家，宣布他已列出回形针2400种用途。我国武汉市一位中学生宣称，他能列出1万多种！回形针到底有多少种用途？只要你愿意去找，你是否同意答案是：无数种！一根小小的回形针既然能有无数种用途，那解决一个难题，怎么就不会有“无数种”方法呢？

我们再来观察魔术表演，其实不是魔术师有什么特别的高明之处，而是我们的思维过于因循常规，想不通，所以“上当”了。比如人从扎紧的袋子里奇迹般地出来了，我们总习惯于想：他怎么能从扎紧的布袋里钻出来？但很少有人去想，布袋可以做文章，下面可以装拉链。

如果我们总是经年累月地按照一种既定模式运行，从不去尝试新方法，这就容易衍生出消极厌世、疲惫乏味之感。所以，不转换思路，生活也就会变得乏味。

很多人不敢打破常规的思维方式，所以他们走不出宿命般的可悲结局；而一旦摆脱了思维定式，也许可以看到许多别样的人生风景，甚至可以创造新的奇迹。

习惯14 不学盲从的毛毛虫

缺乏自信心，盲从他人，往往会给自己带来损失或伤害。要想在生活中、事业上有所成就，就必须善于用自己的头脑思考问题，想人之未想，见人之难见，为人之不能为，并坚信自己终究会达到目的，方能获得成功。

法国科学家约翰·法伯曾做过一个著名的实验，人们称之为“毛毛虫实验”。

法伯把若干只毛毛虫放在一只花盆的边缘上，使其首尾相接围成一圈，在离花盆不远的地方撒了一些毛毛虫喜欢吃的松叶，毛毛虫开始一只跟着一只，绕着花盆，一圈又一圈地走。

一个小时过去了，一天过去了，毛毛虫还在不停地爬行，一连走了7天7夜，终因饥饿和筋疲力尽而死去。而这其中，只需任何一只毛毛虫稍微改变其行走路线，就能轻而易举地吃到松叶。

毛毛虫不懂得变通，只会盲目地跟着前面的毛毛虫走，所以它们又叫“游行毛毛虫”，只会一只跟着一只转圈，而没有一只摆脱原来的路，去走一条新路，最后只能死去。

许多失败者就像毛毛虫一样，放弃主宰自己的命运，总是

按别人的意愿过日子。这种“最大的失败者”的突出特点就是盲从，他们没有目标，他们就像一艘没有舵的船，永远漂流不定，只会到达失望、失败和丧气的海滩。

“永远不可能靠着盲目而成为世界第一名，想要成为世界第一名，就得要立异、要创新。”宝马汽车公司总裁曾如此说。

当时，宝马公司发现，奔驰车设计得越来越高档，而且看起来很气派、高贵，适合重要人物使用。一向生产高档车的宝马决定抓住这个商机，走年轻人的路线，走时髦的路线，使车型开始趋向于流线型跑车。与众不同的设计使宝马获得了成功。

的确，因循守旧，踩着别人的脚印前进，只会使你陷入思想的沼泽地。只有挣脱思维模式的桎梏，才能欣赏到别人看不到的风景。

生活中，我们总是盯着“阳关道”，人们互相推着、挤着，结果很多时候弄得头破血流，却一无所获。但如果你能试着摆脱“毛毛虫”思维枷锁的限制，换一条人生之路，也许会走得更顺畅。

2000年，王斌第三次高考落榜，这一次，他拒绝了父母让他再复读的建议，决定去做点别的。王斌的父母都是知识分子，他的哥哥、姐姐也都考上了大学，父母觉得一个人如果上不了大学，那他就永远也不能出人头地，因此，王斌的想法在家里引起了轩然大波。但是，王斌没有理会家人的反对，他开始了自己的创业历程，他相信成功的路不止一条，自己没有必要非往高考的窄门里挤。王斌从事过很多工作：卖服装、开报刊亭、办搬家公司……但都没有成功。2003年夏天，他在某报纸上看到了一则诚招加盟某高级干洗连锁店的广告，经过分析，他认为前景不错，便果断地投入资金办起连锁店。3年过去了，王斌的生意越做越大，手下已经拥有7间分店，并被当地评为“十大杰出青年”，他的父亲感慨地说：“真没想到，这小子走‘独木桥’竟然走出了名堂！”

王斌在第三次落榜后，就决定放弃自己的大学梦，另闯一条适合自己的路，这绝不是意气用事，而是在人生路口上从另一种思路出发做出的新选择。但是，值得说明的是，这种选择并不是以消极的或者被动的方式进行的——像有的人那样，一旦在自己的人生路上遇到点挫折和坎坷，不是悲观消极、怨天尤人，就是不思进取、自暴自弃；而是以一种“山重水复疑无路，柳暗花明又一村”的乐观、豁达的人生态度，独辟蹊径，走向人生的另一境界。

习惯15 不要迷信权威

做任何事情，都不要迷信权威，不要生活在他人的阴影之下。因为权威并非是万能的，只要你坚定自己的信念，走自己认为正确的道路，很快就能实现自己的理想。

“人微言轻，人贵言重。”在我们的心灵深处，都有对权威的崇拜情结。很多人出于对权威的过分信任，认为有权威存在，所以自己不用去思考，免得浪费时间，凡事跟随权威就行。

霍金曾说：“你向权威妥协一小步，就离真理远了一大步。判断一些理论观点和科学成果不在于权威的声名，而在于你对科学的认真。你一认真，事情就可能是另外一个样子。”挑战权威，也是挑战自我，只有勇于挑战，才有辉煌的成就。

小泽征尔是世界上著名的交响乐指挥家，他在一次世界级音乐指挥家大赛的决赛中，按照评委会给他的乐谱指挥演奏时，发现有不和谐的地方。他认为是乐队演奏错了，就停下来重新演奏，但还是不如意。这时，在场的所有作曲家和评委会的权威人士都郑重地说明乐谱没有问题，而是小泽征尔的错觉。面对这些音乐大师和权威人士，他经过再三地思考，坚定地说：“不，一定是乐谱错了！”话音刚落，评委台上立刻响起了热烈的掌声。

原来，这是评委们精心设下的圈套，以此来检验指挥家们在发现乐谱错误并遭到权威人士“否定”的情况下，是否能坚持自己的正确判断。前两位参赛者虽然也发现了问题，但终因屈服于权威而遭淘汰。小泽征尔则不然，因此，他在这次音乐指挥家大赛中夺取了桂冠。

历史就是在不断地否定中实现进步的。只有率先向权威挑战的人，才会较早地得到成功的垂青。

1879年大发明家爱迪生改进了电灯，但输电网的建设因直流电的局限而进展缓慢，与此同时，乔治·威斯汀豪斯组织了一个科研班子，专门研制新的变压器和交流输电系统。

爱迪生认为应用交流电是极其危险的，他极力反对这件事情。为了阻止威斯汀豪斯的创新，爱迪生花费数千美元，向外界宣传交流电如何可怕，使用它将会给人类带来多么大的危险。在维斯特莱金研究所，爱迪生召见新闻记者，当众用1000伏交流电做电死动物的表演；他还为此发表一篇名为《电击危险》的权威性文章，表达了自己反对研究和应用交流电的观点。

面对爱迪生这位权威，威斯汀豪斯丝毫没有气馁，对围攻交流电的宣传也不甘示弱，他竭尽全力为交流电的推广奔走、努力，并且针锋相对地在杂志上发表了《回驳爱迪生》的文章，对爱迪生的观点进行了质疑。

但是，正当威斯汀豪斯为交流电推广奔走时，令他做梦也想不到的事情发生了，纽约州法庭下令把交流电用在美国第一把执行死刑的电椅上，这给威斯汀豪斯带来致命的一击。可是，对爱迪生来说，这真是上天赐给他的最好机会，他借着电椅大做文章，再次把恐怖气氛煽动起来。而受到意外打击的威斯汀豪斯，虽然在大名鼎鼎的爱迪生这个权威面前处于劣势，但他并不气馁，始终坚信交流电的应用将给世界带来新的光明。

1893年，美国在芝加哥准备举办纪念哥伦布发现美洲大陆400周年的国际博览会。会上的精彩展品之一就是点亮25万只电灯，为此，很多企业争相投标，以获取这名利双收的“光彩工程”。

爱迪生的通用电气公司以每盏灯出价13.98美元投标，并满怀信心地认为能拿下这笔生意。

威斯汀豪斯闻讯赶来，以每盏灯5.25美元的极低标价与通用电气公司竞争，这大大出乎所有人的意料，博览会的负责人吃惊地问他：“你投下如此的低价，能获利吗？”

“获利对我来说并不重要，重要的是让人看到交流电的实力。”威斯汀豪斯坦然地回答。对威斯汀豪斯的话，人们将信将疑。

国际博览会隆重开幕了，人们发现数万盏电灯在夜幕下光彩夺目，非常壮观。人们也争先传颂，是威斯汀豪斯用交流电照亮了世界。

望着无比灿烂的灯光，爱迪生这才低头沉思，并对自己的失误深感遗憾，同时也对后来居上的创新者表示敬佩。

假如威斯汀豪斯迷信权威，对爱迪生的多次攻击束手无策，交流电绝不会迅速在社会上崛起，也不可能有威斯汀豪斯电气公司的辉煌。

人们总是羡慕发明创造者，觉得上天太宠幸他们，给了他们那么多机遇，实际上，我们身边也有许多创新机会，就看你善不善于捕捉它。捕捉创新的机遇，取得意想不到的创新成果，往往取决于我们有没有捕捉机会的敏锐头脑，有没有善于

从司空见惯的现象中发现问题、捕捉疑点的慧眼，有没有在权威下过“结论”、做过“论断”的所谓“终极真理”面前敢于质疑的勇气。

习惯16 标新立异也可赢

可以说，标新立异就是人的智慧凝结而成的一种创意展示。在这里，通过活跃的思维、合适的手法，使精彩的创意表现得淋漓尽致。而这正是标新立异的妙处所在。

“枪打出头鸟”是墨守成规者的生活警言，他们谨记这句格言，不敢越雷池半步。

然而在今天，传统的“老枪”已不那么好用了，“出头鸟”太多了，老枪顾此失彼。而且几乎每只不畏枪击的出头鸟都在独享一份飞翔的自由，独享一片蔚蓝的天空。他们个性里标新立异的优势得以充分地施展，这使他们出人意料地走在了众人的前面，争得了本来就属于他们的那种曾经深埋的幸运。

让我们来看看下面这个经典广告之作：

主角：乔·铃木（由著名美国喜剧演员大卫饰演）

乔·铃木一本正经地对着镜头吹牛：

（镜头一）有人将铃木轿车开上了圣母峰。

（旁白）他说谎。

（镜头二）铃木轿车跑在市区里，一加仑（约4.55升）汽油跑94英里（约151千米）；在高速公路上，每小时可跑112英里（约180千米）。时速最高为300英里（约483千米）。

（旁白）他说谎。

（镜头三）铃木轿车被《汽车与驾驶人》杂志评为“车王之王”。

（旁白）他说谎。

（镜头四）如果你明天来看车，将免费送你一栋房屋。

（旁白）他说谎。

（镜头五）我绝对不说谎。

（旁白）他说谎。

这则广告幽默、夸张又带点儿自嘲，推翻了一般将产品形象强加于观众的广告手法，而站在观众的角度将自己的吹嘘取笑一番，来获得观众的共鸣。虽然看不到一句真正夸奖自己产品的好话，但是却将观众的目光紧紧抓住，建立了品牌知名度。

这种标新立异的表达方式，主要目的在于抓住别人的目光，即使让人搞不清楚为什么会这样，最起码喜剧性地表现了一下，也可以令人印象深刻，收到了广告的预期效果。

在现代竞争激烈的商界，标新立异显得尤为重要。有这样一个故事，德国有一家公司，每天业务都很繁忙，节奏也很快，往往是上午对方的货刚发出来，中午账单就传真过来了。随后就是速递过来的发票、运单等。会计的桌子上总是堆满了各种讨债单。

讨债单太多了，都是千篇一律的要钱，会计常常不知该先付谁的好，经理也一样，总是大略看一眼就扔在桌上，说：“你看着办吧。”但有一次，经理马上说：“付给他。”仅有的一次。

那是一张从巴西传真来的账单，除了列明货物、价格、金额外，大面积的空白处写着一个大大的“SOS”，旁边还画了一个头像，头像正在滴着眼泪，线条简单，但很生动。这张不同寻常的账单一下子引起会计的注意，也引起了经理的重视，他看了便说：“人家都流泪了，以最快的方式付给他吧。”

经理和会计心里都明白，这个讨债人未必在真的流泪，但他却成功了，一下子以最快速度讨回了大额货款。因为他多花了一点儿心思，把简单的“给我钱”换成了一个富含人情味儿的小幽默，仅此一点，就从千篇一律中脱颖而出。

“沿着你自己最深刻的倾向和最强烈的特性的路线前进，并仍然忠实于体现自己人性的可能。”这是莫里斯对“标新立异”的注释，他认为“立异”是人与人之间的差别。他说：

“个人之间的差别很大，很顽强，也很重要。”差异性是人的生命力的个体标志。在我们与人打交道时，在我们为群体、为他人服务时，并不意味着你该把自己等同于别人，也没必要强求自己完全化解到人群里去。即使要体现人的共性，还是要以你自己认为最合适的方式表达为好，这样才能把自己的具有“深刻倾向”和“强烈特性”的自我发展与社会发展融为一体，才能使自己更加与众不同，使自己成为一个健康、完整、独立的成功者。

习惯17 创新帮你解决棘手难题

创新思维是开放的思维，也是开拓的思维。它不会拘泥于某一种形式，而是一种方式不行就换另一种，一条路不通就走另一条，直至找到最佳的解决方法为止。

生活中，我们每天都要面对各种各样的问题，可以说，人生的过程就是解决问题的过程。

面对难题，我们通常会有三种态度：

（1）逃避。认为自己无法解决，所以选择不面对，避而远之。

（2）随便解决。尽管解决了，但并没有找到最佳途径。

（3）找到最好的解决办法。这才是面对问题最好的态度：不仅要解决，而且要通过最好的方法来解决。

那如何才能找到最好的方法来解决棘手难题呢？

创新无疑是至关重要的。很多时候，创新能帮助你解决难题，而且能帮你找到最好的解决方法。

韩国现代集团创始之时，其创始人郑周永投资创建了蔚山造船厂，目标是造10万吨级超大油轮。很快，船厂就建起来了，但由于当时很多人对韩国人自己造这么大吨位的油轮持怀疑态度，因此几个月过去了，竟然连一个客户都没有。

这下可急坏了郑周永。因为建造船厂的大量资金用的是银行贷款，一旦长时间接不到订单，不仅银行的巨额贷款无法偿还，甚至会使自己陷入破产的境地。

该怎么办呢？郑周永苦思冥想，突然，他从自己收藏的一堆发黄的旧钞票中，看到了一张500元纸币，纸币上印有16世纪朝鲜民族英雄李舜臣发明的龟甲船。龟甲船是古代的一种运兵船，当时李舜臣就是用它粉碎了日寇的侵略，捍卫了国家的尊严。

郑周永意识到这是一个绝好的机会，他一面叫人根据这张旧钞的内容制造了大量宣传品，一面拿着这张旧钞四处游说，宣传朝鲜在约400年前就已经具备了造船能力，因此现在完全有能力建造现代化大油轮。

经过反复宣传，郑周永很快拿到了两张各为13万吨级油轮的订单。

郑周永的创新不仅使自己的船厂绝处逢生，走进世界造船业的前列，而且也为国家争得了荣誉。

打破常规，突破传统思维的束缚，哪怕是一个小小的突破，也会产生非凡的效果。日本东芝电气公司的一个小员工，就因为一个不太起眼的创意，为公司的发展做出了巨大贡献。

1952年前后，日本的东芝电气公司曾一度积压了大量的电扇卖不出去，几万名员工为了打开销路，费尽心机地想办法，依然进展不大。

有一天，一个小员工向当时的董事长提出了改变电扇颜色的建议。在当时，全世界的电扇都是黑色的，东芝公司生产的电扇自然也不例外。这个小员工建议把黑色改为浅色，经过研究后，公司采纳了这个建议。

第二年夏天，东芝公司推出了一批浅蓝色电扇，大受顾客欢迎，市场上甚至还掀起了一阵抢购热潮，几十万台电扇在几个月之内一销而空，解决了产品积压这一棘手问题。从此以后，在日本乃至全世界，电扇就不再是一副统一的黑色面孔了。

此实例具有很强的启发性。只是改变了一下颜色，就能让大量积压滞销的电扇，在几个月之内迅速成为畅销品！而提出它，既不需要有渊博的科技知识，也不需要有丰富的商业经验，为什么东芝公司的其他几万名员工就没人想到，没人提出来？为什么日本以及其他国家有成千上万的电气公司，以前也都没人想到，没人提出来？

这显然是因为行业惯例使然。电扇自问世以来就以黑色示人，各厂家彼此仿效，代代相袭，渐渐地形成一种传统，似乎电扇只能是黑色的，不是黑色的就不称其为电扇。这样的惯例与常规，反映在人们头脑中，便形成一种心理定式。时间越长，这种定式对人们创新思维的束缚力就越强，要摆脱它的束缚也就越困难，越需要做出更大的努力。东芝公司这位小员工所提出的建议，从思考方法的角度来看，其可贵之处就在于，突破了“电扇只能漆成黑色”这一思维定式的束缚。

突破思维定式，进行创新思考，是你找到解决问题的最佳办法的源泉，也将是你成功的法宝。

难题是阻碍我们前进的障碍，也是帮助我们成长的基石。

当难题摆在我们面前时，弱者会选择逃避，强者则会迎难而上。虽然解决难题的方法有很多，但创新无疑是解决棘手难题的最佳办法之一。

习惯18 先找靶心后射击

当我们遇到问题，渴望通过方法来解决问题的时候，我们必须明确自己解决问题的真正目的和渴望通过解决问题所达到的目标，明确究竟什么才是我们真正想要的。一旦我们能清楚地知道这些，并且围绕着这些展开寻找解决之道，那将能省去许多走弯路所花费的精力和时间，也能使自己不钻入思维的死角。

著名的人力资源培训专家吴甘霖曾说过：“要解决问题，首先要对问题进行正确界定。弄清了‘问题到底是什么’就等于找准了应该瞄准的‘靶心’。否则，要么劳而无功，要么南辕北辙。”

面对问题，人们的第一感觉就是巴不得立即找到好的方法解决问题。这样的想法无可厚非，但是，如果连自己真正面对的问题是什么，自己通过解决这个问题将获得什么都无法确定或是没有想清楚，那无疑是操之过急了。

有这样一个故事：一群伐木工人走进一片树林，开始清除矮灌木。当他们费尽千辛万苦，好不容易清除完这一片树林中的矮灌木，直起腰来准备享受一下完成一项艰苦工作后的乐趣时，却猛然发现：他们需要清除的不是这片树林，而是旁边的那片树林！

生活中有许多人，就如同这些清除矮灌木的工人一样，常常只知道埋头干活，却不清楚自己的工作方向和目的，不知道自己所面临之问题的“靶心”所在。

1926年，英国皇家学院院士肯·莱文在沙漠中发现一个叫比塞尔的小村庄，从这里走出沙漠只需要3天，可这里却从来没有人走出去过。

调查之后，肯·莱文终于发现，那里的人之所以走不出沙漠，是因为他们不认识北斗星，不能在茫茫的大漠中准确地辨识方向。他们所走的路线实际上不是直线，而是一条弧线，因而无论向哪个方向走，最后都会回到原地。

肯·莱文教会了一个叫阿古塔儿的当地人在沙漠中根据北斗星的位置辨识方向，阿古塔儿就成了那里第一个走出沙漠的人。

我们的生命旅途中也有这样的沙漠，很多人走不出去，并不是因为沙漠太大，而是因为我们没有选定方向、找准目标。做事之前，如果不选定方向，行动起来就会偏离目标，自然也就很难达到预期的效果。只有对准“靶心”，才能射中目标；只有认准目标、选对方法，才能做好事情。

第二次世界大战时期，苏联红军正准备趁天黑向德军发动进攻。一切都筹备好了，可那天晚上偏偏天空中有星星，大部队在星空下很难做到高度隐蔽而不被发现。这该怎么办？一切都已经准备妥当，这是一个绝佳的时机，难道因为天空中有星星就放弃吗？苏军元帅朱可夫苦苦思索，但始终不得其解。

忽然，他停了下来，他意识到自己犯了个致命的错误，被这个错误带入了错误的思考领域。“我们真的需要天黑吗？不是，我们选择天黑仅仅是希望借着夜色掩护部队，让德军看不到自己。我们真正要做的是让敌人看不见，我们的目的也是让敌人看不见我们的部队！”

有了这样的观念，朱可夫不再死死钻在“天黑”的牛角尖里寻找办法，而是将视线转移到真正的目的——“让对手看不见”——上来。他思考了很久，突然有了一个主意。一定是黑暗让人看不见吗？光亮同样能！他立即发出指示：将全军所有的大探照灯都集中起来，并立即准备向德军发起进攻。当苏军进攻时，140台大探照灯同时射向德军阵地。

极强的亮光使得隐蔽在防御工事里的德军根本睁不开眼。不能睁开眼睛，也就什么也看不见，只能挨打而无法还击。苏军势如破竹，很快突破了德军的防线。

只有方向正确才能减少干扰，要把自己的精力放在最重要的事情上。事实上，天下的事是永远做不完的，最难的不是不知道怎么去做，而是不知道做什么。如果只顾低头做事，却不知抬头看路，就会累得半死不活，却得不到什么实质性的效果。

习惯19 抓住问题的关键点

治病要讲究对症下药，解决问题也是一样的道理，要找对关键点，抓住问题的“症结”。当你在工作中遭遇难题，一筹莫展的时候，不妨让自己冷静下来，仔细分析一下问题，找到“症结”，对症下药，问题就可以顺利解决。

新加坡著名作家尤今有这样一段经历：当她还是一名记者时，一次，她托一位同事代买圆珠笔，并再三叮嘱他：“不要黑色的。记住，我不喜欢黑色，暗暗沉沉，肃肃杀杀。千万不要忘记呀，12支，全部不要黑色。”第二天，同事把那一打笔交给她时，她差点昏过去：12支，全是黑色的。

她的同事却振振有词地反驳："你一再强调黑色的、黑色的，我忙了一天，当我昏昏沉沉地走进商场时，脑子里印象最深的两个词是：12支，黑色。于是我就一心一意地只找黑色的买了。"其实，只要言简意赅地说"请为我买12支蓝色的笔"，相信同事就不会买错了。从此以后，尤今无论说话还是撰文，总是直入核心，直切要害，不去兜无谓的圈子。

由此可见，无论是工作、学习，还是处理生活问题，都要讲究方法。只有抓住关键问题，切中问题的要害，才能使我们的工作和学习事半功倍。

有一家核电厂在运营过程中遇到了严重的技术问题，导致整个核电厂生产效率的降低。核电厂的工程师虽然尽了最大的努力，但还是没能找到问题所在。于是，他们请来了一位顶尖的核电厂建设与工程技术顾问，看看他是否能够确定问题的所在。顾问穿上白大褂，带上写字板，就去工作了。在两天的时间里，他四处走动，在控制室里查看数百个仪表、仪器，记好笔记，并且进行计算。

临离开前，顾问从衣兜里掏出笔，爬上梯子，在其中一个仪表上画了一个大大的"×"。"这就是问题所在。"他解释说，"把连接这个仪表的设备修理、更换好，问题就解决了。"顾问走后，工程师们把那个装置拆开，发现里面确实存在问题。故障排除后，电厂完全恢复了原来的发电能力。

大约一周之后，电厂经理收到了顾问寄来的一张1万美元的"服务报酬"账单。电厂经理对账单上的数目感到十分吃惊，尽管这个设备价值数十亿美元，并且由于机器的故障损失数额巨大，但是以电厂经理之见，顾问来到这里，只是到各处转了两天，然后在一个仪表上画了一个“×”就回去了。对于这么一项简单的工作收费1万美元似乎太高了。

于是，电厂经理给顾问回信说：“我们已经收到了您的账单。能否请您将收费明细逐项分列出来？好像您所做的全部工作只是在一个仪表上画了一个‘×’，1万美元相对于这个工作量似乎是比较高的价格。”

过了几天，电厂经理收到顾问寄来的一份新的清单，上面写道：“在仪表上画‘×’：1美元；查找在哪一个仪表上画‘×’：9999美元。”

这个简单的故事向我们揭示了一个深刻的道理：一个人，如果想在生活中获得成功，一条最重要的定律就是必须知道其生活中的每一个阶段的关键点何在。这是我们完成每一件事情的至关重要的决定因素。从重点问题突破，是高效能人士思考的习惯之一。如果一个人没有重点地思考，就抓不住事物的关键，那么他做事的效率必然会十分低下。相反，如果他抓住了主要矛盾，解决问题就变得容易多了。

习惯20 在变化中化解问题

不通则变，一心求变的人要知道，变的极限是毁，用到思维上就是不破不立。学会变通地去应对工作中的困难，在变化中粉碎困难，我们定能做到无往不利。

从哲学的角度来讲，唯一不变的东西是变化本身。我们生活在一个瞬息万变的世界里，应当学会适应变化。尤其是职场中人，在竞争日益激烈的今天，要培养“以变化应万变”的理念，勇于面对变化带来的困难，才能做到卓越和高效。

在一次培训课上，企业界的精英们正襟危坐，等着听管理学教授关于企业运营的讲座。门开了，教授走进来，矮胖的身材、圆圆的脸，左手提着个大提包，右手擎着个圆鼓鼓的气球。精英们很奇怪，但还是有人立即拿出笔和本子，准备记下教授精辟的分析和坦诚的忠告。

“噢，不，不，你们不用记，只要用眼睛看就足够了，我的报告非常简单。”教授说道。

教授从包里拿出一只开口很小的瓶子放在桌子上，然后指着气球对大家说：“谁能告诉我怎样把这只气球装到瓶子里去？当然，你不能这样，嘭！”教授滑稽地做了个气球爆炸的姿势。

众人面面相觑，都不知教授葫芦里卖的什么药，终于，一位精明的女士说：“我想，也许可以改变它的形状……”

“改变它的形状？嗯，很好，你可以为我们演示一下吗？”

“当然。”女士走到台上，拿起气球小心翼翼地捏弄。她想利用其柔软可塑的特点，把气球一点点塞到瓶子里。但这远远不像她想的那么简单，很快她发现自己的努力是徒劳的，于是她放下手里的气球，说道：“很遗憾，我承认我的想法行不通。”

“还有人要试试吗？”

无人响应。

“那么好吧，我来试一下。”教授说道。他拿起气球，三下两下便解开气球嘴上的绳子，“嗤”的一声，气球变成了一个软耷耷的小袋子。

教授把这个小袋子塞到瓶子里，只留下吹气的口儿在外面，然后用嘴巴衔住，用力吹气。很快，气球鼓起来，胀满在瓶子里，教授再用绳子把气球的吹气口扎紧。“瞧，我改变了一下方法，问题迎刃而解了。”教授露出了满意的笑容。

教授转过身，拿起笔在写字板上写了个大大的“变”字，说道：“当你遇到一个难题，解决它很困难时，那么你可以改变一下你的方法。”他指着自己的脑袋，“思想的改变，现在你们知道它有多么重要了。这就是我今天要说的。”

精英们开始交头接耳，一些人脸上露出顽皮的笑意。教授按下双手示意大家安静，然后说：“现在，我们做第二个游戏。”他用目光将众人扫视一遍，指着一个戴眼镜的男子说：“这位先生，你愿意配合我完成这个游戏吗？”

“愿意。”戴眼镜的男子走到台上。

教授说：“现在请你用这只瓶子做出5个动作，什么动作都可以，但不能重复。好，现在请开始。”

男子拿起瓶子，放下瓶子，扳倒瓶子，竖起瓶子，移动瓶子，5个动作瞬间就完成了。教授点点头，说道：“请你再做5个，但不要与刚才做过的重复。”

男子又很轻易地完成了。

“请再做5个。”

等到教授第五次发出同样的指令时，男子已经满头大汗、狼狈不堪。教授第六次说出“请再做5个”时，男子突然大吼一声：“不，我宁愿摔了这瓶子也不要再让它折磨我的神经了。”

精英们笑了，教授也笑了，他面向大家，说道：“你们看到了，变有多难，连续不断地变几乎使这位亲爱的先生发疯了。

可你们比我还清楚商战中变有多么重要。我知道那时你们就是发疯也要选择变，因为不变比发疯还要糟糕，那意味着死亡。”现在，精英们对这场别开生面的讲座品出点味道来了，他们互相交换着目光。

停了片刻，教授又开口了：“现在，还有最后一个问题，这是个简单的问题。”他从包里拿出一只新瓶子放到台上，指着那只装着气球的瓶子说：“谁能把它放到这只新瓶子里去？”

精英们看到这只新瓶子并没有原来那个瓶子大，直接装进去是根本不可能的。但这样简单的问题难不住头脑机敏的精英们，一个高个子的中年男人走过去，拿起瓶子用力向地上掷去，瓶子碎了，中年人拾起一块块残片装入新瓶子。

教授点头表示称许，精英们对中年人采取的办法并没有感到意外。

这时教授说：“先生们、女士们，这个问题很简单，只要改变瓶子的状态就能完成。我想你们大家都想到了这个答案，但实际上我要告诉你们的是：一项改变最大的极限是什么。瞧！”教授举起手中的瓶子，说：“就是这样，最大的极限是完全改变旧有状态，彻底打碎它。”

教授看着他的听众，补充道：“彻底的改变需要很大的决心，如果有一点点留恋，就不能够真的打碎。你们知道，打碎了它就是毁了它，再没有什么力量能把它恢复得和从前一模一样。所以当你下决心要打碎某个事物时，你应当再一次问自己：我是不是真的不会后悔？”

讲台下面鸦雀无声，精英们琢磨着教授话中的深意。教授收拾好自己的包，说：“感谢在座的诸位，我的讲座结束了。”然后飘然而去。

有句话这样说：“只在河滩上沉思，永远得不到珍珠。”所以，要想得到珍珠一定要运用方法，而方法总是在变化中产生，尽管此种变化也可能蕴藏着一种危机，但没有危机也就没有变化得出的方法。

身处职场，你只有在不断变化中努力寻求解决问题的办法，才能最大限度地引爆自我，做出超人的成绩。

❀习惯21 用吃牛排的方式解决问题

当一个人无法将整块牛排吞下去的时候，该怎么办？会认为我们根本无法吃下那块牛排吗？当然不。我们会用工具，将牛排切成小块，这样我们便能顺利进食，问题也就得以解决了。

中国有句俗语：“一口吃不成个胖子。”解决问题也同样如此。我们常常十分急躁地埋头于解决问题的过程中，希望尽快地摆脱困境。这并没有错，但是当你并没有认真了解这个问题，只是一心想着要快速解决问题的时候，这对最终的结果有害而无利。

我们常常被一个问题的复杂和棘手所吓倒，认为解决它几乎是“不可能完成的任务”。但你是否尝试过将这个吓倒了你的大问题分解成一个个小问题来解决呢？

1872年，“圆舞曲之王”约翰·施特劳斯应美国当地有关团体之邀在波士顿指挥音乐会。但谈演出计划的时候，他被这个规模惊人的音乐会吓了一跳。

原来，美国人想创造一个世界之最：由施特劳斯指挥一场有2万人参加演出的音乐会。而一个指挥家一次指挥几百人的乐队就是一件很不容易的事了，何况是2万人？

施特劳斯想了想，居然答应了。到了演出那天，音乐厅里坐满了观众。施特劳斯指挥得非常出色，乐队奏起了优美的乐曲，观众听得如痴如醉。

原来，施特劳斯担任的是总指挥，下面有100名助理指挥。总指挥的指挥棒一挥，助理指挥紧跟着相应指挥起来，千余件乐器齐鸣，合唱队的和声响起。

现实中的问题常常是错综复杂的，我们很难将问题一下完美解决。这时，我们就可以尝试将一个大问题分割成不同的小问题，各个击破。这样远比毫无头绪地寻找一个最佳方案要来得实际和有用。1979年诺贝尔和平奖得主特蕾莎修女就运用了这样的方法。

特蕾莎本是欧洲人，后来由于想“以爱心治疗贫困”，毅然来到贫穷落后的印度。她救助了4.2万多个被人遗弃的人，其中不少是很多人不敢接触的麻风病患者。这个数字，在许多人眼中是一个天文数字。

在谈到如何能创造这一奇迹时，特蕾莎说：

“我从来不觉得这一大群人是我的负担。我看着某个人，一次只爱一个，因为我一次只能喂饱一个人，只能一个、一个、一个……就这样，我从收留第一个人开始。

“如果我不收留第一个人，就不会收留4.2万个人，这整个工作，只是海洋中的一个小水滴。但是如果我不把这滴水放进大海，大海就会少了一滴水。

“你也是这样，你的家庭也是一样，只要你肯开始……一滴一滴。”

在别人看来是不可能达到的目标，特蕾莎却做到了。只因为她学会了将问题和压力分解，“一次只爱一个”地去做！

许多人就是由于恐惧压力，所以向难题投降。战胜难题和压力的重要方法之一，就是善于把大难题化作小难题，将大的压力分解为小的压力。

分解问题有助于解决问题。当一个原先令你畏惧的问题被分解成一个个小问题放在你面前时，你就能够轻而易举地征服它们。所以，尝试用吃牛排的方式来对待你的问题，你会发现那要容易得多。

习惯22 把问题消灭在萌芽状态

“千里之堤，溃于蚁穴。”在工作中，我们不要忽视任何一个小问题，更不能姑息它们由小变大。解决问题和困难最好的时机，莫过于在它们刚刚萌生之时。如果一个问题在它萌芽之时没有得到及时解决，那它就有可能像雪球一样越滚越大，最终一发不可收拾。

著名的人力资源培训专家吴甘霖先生在他的讲座中经常提到这样一个故事：

日本剑道大师冢原卜传有三个儿子，都向他学习剑道。一天，冢原卜传想测试一下三个儿子对剑道掌握的程度，就在自己房门帘上放置了一个小枕头，只要有人进门时稍微碰动门帘，枕头就会正好落在头上。

他先叫大儿子进来，大儿子走近房门的时候，就已经发现枕头，于是将之取下，进门之后又放回原处。二儿子接着进来，他碰到了门帘，当他看到枕头落下时，便用手抓住，然后又轻轻放回原处。最后，三儿子急匆匆跑进来了。当他发现枕头向他飞来时，情急之下竟然挥剑砍去，在枕头将要落地之时，将其斩为两截。

家原卜传对大儿子说道："你已经完全掌握了剑道。"并给了他一把剑。然后他对二儿子说道："你还要苦练才行。"最后，他把三儿子狠狠责骂了一通，认为他这样做是他们家族的耻辱。

家原卜传以什么标准给三个孩子不同的评价呢？其中的一点，就是对问题的觉察能力。大儿子能够以最敏锐的思维觉察到问题，并且将问题消灭在萌芽状态；二儿子发现问题晚，但当问题发生时，能够妥善地处理；三儿子根本没有发现问题，当问题出现时，便采取极端的应急方式进行处理，结果把不应该砍掉的枕头砍掉——不但没有解决问题，反而又制造了新的问题。所以，一个优秀的人，总能在第一时间察觉问题，并将其消灭在萌芽状态。

对个人是这样，对公司而言也是如此。如果发现公司有不合理的问题，要立刻解决。对产品同样不要因为是自己做的，有了毛病就讳而不言，等到消费者发觉时，很可能连整个公司的名誉、信用都要受到影响。

爱立信在中国"黯然神伤"的案例便是最佳的教材。

有着百年辉煌历史的爱立信与诺基亚、摩托罗拉并世称雄于世界移动通信业。但自1998年开始的3年里，爱立信在中国的市场销售额却一日千里地下滑，最终不但退出了销售三甲，而且还排在了新军三星、飞利浦之后。

2001年，在中国手机市场上，大家去买手机时，都在说爱立信如何如何不好。当时，它一款叫作"T28"的手机存在质量问题，这本来就是一种错误，但更大的错误是爱立信漠视这

一错误。“我的爱立信手机的送话器坏了，送到爱立信的维修部门，问题很长时间都没有解决。最后，他们告诉我是主板坏了，要花700块钱换主板。而我在个体维修部那里，只花25元就解决了问题。”这位消费者确切地说出了爱立信存在的问题。那时，几乎所有媒体都注意到了“T28”的问题，似乎只有爱立信没有注意到。爱立信一再地辩解自己的手机没有问题，而是一些别有用心的人在背后捣鬼。然而，市场不会去探究事情的真相，也不给爱立信以“申冤”的机会，就无情地疏远了它。

对质量和服务中的缺陷没有第一时间解决掉，使爱立信输掉了它从未想过要放弃的中国市场。

习惯23 化问题的压力为前进的动力

也许你的生存压力不小，烦恼也不少，但切忌陷入自我忧虑中，而要化这些压力为前进的动力，冷静思考，理清思路，全面评估现状，找到应对策略和行动方案。记住，你的动力远远要比压力大得多。

琼斯在威斯康星州经营农场，有限的收入只能勉强维持全家人的生活。他的身体强健，工作认真勤勉，从来不敢妄想拥有巨大的财富。在一次意外事故中，琼斯瘫痪了，躺在床上动弹不得。亲友都认为他这辈子完了，事实却不然。

他决定让自己活得充满希望、乐观，做一个有用的人，继续养家糊口，而不至于成为家人的负担。

他把自己的构想告诉了家人。“我的双手不能工作了，我要开始用大脑工作，由你们代替我劳作，我们的农场全部改成玉米，用收获的玉米养猪，趁着乳猪肉质鲜嫩的时候灌成香肠出售，一定会很畅销。”

“琼斯乳猪香肠”果然一炮打响，成为家喻户晓的美食。

生活抛给我们一个问题，也一定会赋予我们解决问题的能力。

人生不总是一帆风顺的，各种各样的挫折都会不期而遇。

幸运和厄运，各有令人难忘之处，不管我们得到了什么，都没有必要张狂或沉沦。

当你面对巨大的压力时，不要沉沦。你应该保持镇静，理智地应对，要相信自己有解决任何问题的能力。

琼斯的身体瘫痪了，对于他来说，这无疑是其人生中一种莫大的压力，可他的意志丝毫没受影响，他化这种压力为前进的动力，乐观地面对残酷的现实。他利用自己的大脑，然后借用别人的手，依然干出了自己的一番事业。

现实生活中，每个人都不必总乞求阳光明媚、微风习习。

要知道，随时都有可能狂风大作、乱石横飞，无论是哪块石头砸到了你，你都应有迎接厄运的气度，在打击和挫折面前做个勇者，跌倒了再爬起来，以勇者的姿态迎接命运的挑战。

也许沙尘迷过你的眼睛，但沙尘过后，举目一望，不依然是春花烂漫、阳光和煦吗？不经历风雨怎么见彩虹？喋喋不休地诅咒，只能证明自己心胸狭窄和不成熟，与其如此，倒不如对它说声谢谢，感谢挫折和压力，是它让我们变得更坚强。

人生苦短，由此不难让我们联想到，云南大理白族的三道茶，就是“一苦二甜三淡”，象征了人生的三重境界。苦尽才能甘来，随之才有潇洒的人生，才会不屈服于挫折的压力，开创大业，走向人生的辉煌。

第三篇

影响人一生的工作习惯

❀习惯1 在行动前设定目标

在这个世界上有这样一个现象，那就是“没有目标的人在为有目标的人达到目标”。因为没有目标的人就好像没有罗盘的船只，不知道前进的方向；有明确、具体目标的人就好像有罗盘的船只一样，有明确的方向。在茫茫大海上，没有方向的船只只有跟随着有方向的船只走。

IBM公司的创始人托马斯·约翰·沃森说过：“有两种人永远无法超越别人：一种人是只做别人交代的工作；另一种人是做不好别人交代的工作。”哪一种情况更令人丧气，实在很难说。总之，他们会成为第一个被裁员的人，或是在同一个单调而卑微的工作岗位上耗费终生的精力。

沃森先生所指的两种人的心中都没有十分明确的目标，等待他们的将是卑微的职位和庸碌的人生。阿尔伯特·哈伯德先生说过，如果你并不想从工作中获得什么，那么你只能在漫长的职业生涯里无目的地漂流；只有目标在前方召唤，才会有进取的动力。在《爱丽丝梦游仙境》中，小爱丽丝问小猫咪：

“请你告诉我，我应该走哪条路呢？”

猫咪说：“这在很大程度上取决于你要去什么地方。”

“去哪儿我都无所谓。”爱丽丝说。

“那么你走哪条路都可以。”猫咪回答道。

“这……那么，只要能到达某个地方就可以了。”爱丽丝补充道。

“亲爱的爱丽丝，只要你一直走下去，肯定会到达那里的。”

现实中，像爱丽丝那样去哪里都无所谓的员工大有人在。他们在工作中标榜“努力工作，勤奋学习”，但却从来没有一个工作目标，更谈不上职业规划。他们机械地工作，这种工作状态是永远无法达到最高效率的。可以毫不过分地说，他们个人的发展会因此走更多的弯路，因为一个人从平凡到卓越的前提是确定工作的目标。

世界一流效率提升大师博恩·崔西说：“成功最重要的前提是知道自己究竟想要什么。成功的首要因素是制订一套明确、具体而且可以衡量的目标和计划。”

我们每个人都渴望成功，都渴望实现财务自由，都渴望干自己想干的事，去自己想去的地方。但是要成功就要达成自己设定的目标或是完成自己的愿望；否则，成功是不现实的。成功就是实现自己有意义的既定目标。

有目标未必能够成功，但没有目标的人一定不能成功。博恩·崔西说：“成功就是目标的达成，其他都是这句话的注解。”现实中那些顶尖的成功人士不是成功了才设定目标，而是设定了目标才成功。

美国哈佛大学对一批大学毕业生进行了一次关于人生目标的调查，结果如下：

27%的人，没有目标；60%的人，目标模糊；10%的人，有清晰而短期的目标；3%的人，有清晰而长远的目标。

25年后，哈佛大学再次对这批学生进行了跟踪调查，结果是：

那3%的人，25年间始终朝着一个目标不断努力，几乎都成为社会各界成功人士、行业领袖和社会精英；10%的人，他们的短期目标不断实现，成为各个领域中的专业人士，大都生活在社会中上层；60%的人，他们过着安稳的生活，也有着稳定的工作，却没有什么特别的成绩，几乎都生活在社会的中下层；剩下27%的人，生活没有目标，并且还在抱怨他人，抱怨社会不给他们机会。

生命是可贵的，但是只有在它还有一些价值的时候去做应该做的事，去实现自己的目标，人生才会有意义。

在生命中没有一个中心目标的人，很容易受到一些不足为惧的诸如忧虑、恐惧、烦恼和自怜等情绪的困扰。所有这些情绪都是软弱的表现，都将导致无法回避的过错、失败、不幸和失落。在竞争日趋激烈的现代化社会，这只会导致一个人工作效能和生活质量的下降，甚至会影响到一个人的身体健康。一位美国的心理学家发现，在为老年人开办的疗养院里，有一种现象非常有趣：每当节假日或一些特殊的日子，像结婚周年纪念日、生日等来临的时候，死亡率就会降低。他们中有许多人为自己立下一个目标：要再多过一个圣诞节、一个纪念日、一个国庆日，等等。等这些日子一过，心中的目标、愿望已经实现，继续活下去的意志就变得微弱了，死亡率便立刻升高。

习惯2 发现问题的关键

在许多领导者看来，高效能人士应当具备的最重要的能力就是发现问题的关键的能力，因为这是通向解决问题的必经之路。正如微软公司创始人比尔·盖茨所说："通向最高管理层的最迅捷的途径，是主动承担别人都不愿意接手的工作，并在其中展示你出众的创造力和解决问题的能力。"

然而，就像人们常说的那个"钥匙圈"的故事那样，任意抽出一把钥匙，并问道："这是什么地方的钥匙？""开家门的。""它可以用来开你的汽车吗？""当然不行。""为什么不能用这把钥匙开车门呢？"答案显而易见，问题不在钥匙本身，而在你的选择和使用。解决问题也一样，最为紧要的是要找到问题的关键所在。

当我们谈到解决问题，很多人可能会说：好啊，赶快告诉我们解决问题的技巧吧，让我在最短时间内成为一个解决问题的高手，从而让我的业绩翻番，方方面面都能出色。

现实中有很多问题亟待我们解决，但是，如果你首先就冲着快点解决问题的目标而去，而不着眼于发现问题，那么你很可能会像足球运动员一瞄准球门就匆忙射门一样，结果只能是白费力气。

1920年，阿道夫·阿迪·达斯勒在德国的一个小镇上，在他母亲20平方米的洗衣房里手工制成了第一双运动鞋。1927年，达斯勒怀着生产1000双完美运动鞋的目标将工厂迁往达斯勒大厦。当时，他的事业刚刚起步。为了在短时期内取得最好的效果，他组织了一个研究班子，制作了几种款式新颖的鞋子投放市场。结果订单纷至沓来，工厂生产忙不过来。

为了解决这个问题，工厂想办法招聘了一批生产鞋子的技工，但还是远远不够。这可怎么办？如果鞋子不能按期生产出来，工厂就不得不给客户一大笔赔偿金。

于是达斯勒召集大家开会研究对策。主管们讲了很多办法，但都不行。这时候，一位名字叫作杰克的年轻小工举手要求发言。

“我认为，我们的根本问题不是要找更多的技工，其实不用这些技工也能解决问题。”

“为什么？”

“因为真正的问题是提高生产量，增加技工只是手段之一。”

大多数人觉得他的话不着边际，但达斯勒很重视，鼓励他讲下去。

杰克涨红了脸，怯生生地说：“我们可以用机器来做鞋。”

这在当时可是一件新鲜事，立即引起哄堂大笑：“孩子，用什么机器做鞋呀？你能制作这样的机器吗？”

杰克面红耳赤地坐下去了，但是他的话却深深触动了达斯勒。他说：“这位小兄弟指出了我们的一个思想盲区。我们一直认为我们的问题是招更多的技工，但这位小兄弟却让我们看到了真正的问题是要提高效率。尽管他不会发明机器，但他的思路很重要。因此，我要奖励他500马克。”

那可是一笔不小的奖金，相当于小工半年的工资。但这笔奖励是值得的。老板根据小工提出的新思路，立即组织专家研究生产鞋子的机器。4个月后，机器生产出来了，为公司日后成为世界知名品牌奠定了良好的基础。

后来，达斯勒在自传中谈到这个故事时，特别强调说：“这位员工永远值得我感谢。这段经历，使我明白了一个十分重要的道理：遇到难题，首先是对问题进行界定。假如不是这位员工给我指出我的根本问题是提高生产率而不是找更多的工人，我的公司就不会有这样大的发展。”

的确如此，正如著名思想家杜威所说：“一个界定良好的问题，已经将问题解决一半了。”毫无疑问，从解决各种工作中的问题到创造发明，甚至到治国安邦，界定问题都是解决问题的前提。

下面的几条方法，能帮助我们更好地掌握界定问题的艺术。

1. 发现问题的真正目的

解决问题的关键就是要对问题有一个正确的界定，也就是要找准“靶子”。找不准靶子，就会无的放矢。靶子找准了，靶心突出了，解决问题就有了基本的保证。

20世纪50年代，全世界都在研究制造晶体管的原料——锗，大家认为最大的问题是如何将锗提炼得更纯。日本的江崎玲于奈博士也在对此进行探索，但无论采用什么方法，锗里还是会混进一些杂质，而且每次测量都显示了不同的数据。后来他们反思：研究这一问题的目的，无非是要让锗能制造出更好的晶体管。于是，他们去掉原来的前提，而另辟新径，即有意

地一点一点添加杂质，看它究竟能制造出怎样的锗晶体来。

结果在将锗的纯度降到原来的一半时，一种最理想的晶体产生了。这一研究的结果成为隧道二极管发明的基础。隧道二极管的发明一举轰动世界，江崎博士由此获得诺贝尔物理学奖。

在我们的生活和工作中，常常会出现这样的情况，即我们在执行的过程中，并没有检查自己最初的出发点是否需要修正，而是一味地向前走，这样，我们很可能就会偏离自己最初的目的。在这个例子中，对问题错误的界定是将锗提纯，而正确的界定是制造出更好的晶体管。这才是解决问题的根本目的。

2. 提升要界定问题的层次

对问题的根本的界定往往很难，但也有诀窍：尝试改变界定问题的层次。层次提高了，就会适当扩大问题解决的范围。成功、高效的人往往善于从大处着眼，立意于问题的根本，因此就能抓住问题的关键。

20世纪80年代，罗伯特·戈伊苏埃塔当上了可口可乐的CEO。这时候，可口可乐与百事可乐的竞争已达到了白热化的程度，可口可乐的一部分市场已被百事可乐蚕食。怎样才能收复失地，占领更大的市场？罗伯特·戈伊苏埃塔的下属管理者，都把焦点集中在如何与百事可乐竞争上，千方百计与它争夺可乐的市场占有率。

罗伯特·戈伊苏埃塔却从更深的层面来思考这个问题，他让下属弄清这样一些问题：

“美国人一天平均的液体食品消耗量为多少？”

答案是64盎司。

“那么，可口可乐在其中占多少？”

答案是2盎司。

一听到这样的答案，罗伯特·戈伊苏埃塔便宣布：我们的竞争对象不是百事可乐，我们需要做的是在饮料市场上提高占有率，要争取水、茶、咖啡、牛奶及果汁等的市场份额。当大家想要喝一点什么时，就应该去找可口可乐。可口可乐要将市场份额指标纳入到世界液体饮料市场上来，为此，可口可乐采取了一些新的竞争战略，如在每个街头摆上贩卖机。结果销售量因此节节上升，再次将百事可乐远远抛在了后面。

《哈佛商业评论》（中文版）中，杰米和勒尼两位教授的一项研究表明：业绩较为逊色的公司在战略思维上往往被一种思想所支配，即务必在竞争中保持领先地位，而与此形成鲜明对比的是，高增长公司对于赶超或打败对手并不感兴趣。相反，它们通过利用“价值创新”的一种战略逻辑，大力拓展行业的边界，让竞争对手变得无关紧要。

这种“价值创新”就是一种提升解决问题层次的重要方法，在这种方法中，更容易找到解决问题的根本。

习惯3 培养重点思维

一个人只有养成了重点思维的习惯，才能在实际中避免眉毛胡子一把抓，从而赢得经营上的成功和丰厚的利润，也才会在日后的工作中取得良好的成绩。

从重点问题突破，是高效能人士思考的习惯之一，如果一个人没有重点地思考，就等于无主要目标，做事的效率必然会十分低下。相反，如果他抓住了主要矛盾，解决问题就变得容易多了。

查尔斯是一个具有重点思维习惯的人。他于1970年加入了凯蒙航空公司从事业务工作，3年以后，美国西南航空公司出资买下了这家公司，查尔斯先后担任了市场调研部主管和公司经理。他由于熟悉业务，并且善于解决经营中的主要问题，使得这家公司发展成北美第一流的旅游航空公司。

查尔斯的经营才能得到了公司高层领导的高度重视，他们决定对查尔斯进一步委以重任。

航联下属的一家国内民航公司购置了一批喷气式客机，由于经营不善，连年亏损，到最后就连购机款也偿还不起。1978年，查尔斯调任该公司的总经理。担任新职的查尔斯充分发挥了擅长重点思维的才干，他上任不久，就抓住了公司经营中的问题症结：国内民航公司所定的收费标准不合理，早晚高峰时间的票价和中午空闲时间的票价一样。查尔斯将正午班机的票价削减一半以上，以吸引去瑞典湖区、山区的滑雪者和登山野营者。此举一出，很快就吸引了大批旅客，载客量猛增。查尔斯任主管后的第一年，国内民航公司即扭亏为盈，并获得了丰厚利润。

查尔斯认为，如果停止使用那些大而无用的飞机，公司的客运量还会有进一步的增长。一般旅客都希望乘坐直达班机，但庞大的“空中巴士”无法实现他们的这一愿望，尽管DC-9客机的座位较少，但如果让它们从斯堪的纳维亚的城市直飞伦敦或巴黎，就能赚钱。但是原来的安排是DC-9客机一般到了哥本哈根客运中心就停飞，旅客只好去转乘巨型“空中客车”。查尔斯把这些“空中客车”撤出航线，仅供包租之用，开辟了奥斯陆-巴黎之类的直达航线。

与此同时，查尔斯的另一举措也充分显示了他的重点思维能力，这就是“翻新旧机”。

当时市场上的那些新型飞机引不起查尔斯的兴趣，他说，就乘客的舒适程度而言，从DC-3客机问世之日起，在这方面并无多大的改进。他敦促客机制造厂改革机舱的布局，腾出地盘来加宽过道，使旅客可以随身携带更多的小件行李。查尔斯不会想不到他手下的飞机已使用达14年之久，但是他声称，秘诀在于让旅客觉得客机是新的。西南航空公司拿出1500万美元（约为购买一架新DC-9客机所需要费用的六分之一）来给客机“整容”，更换内部设施，让班机服务人员换上时尚新装。公司的DC-9客机一直使用到1990年。靠着那些焕然一新的DC-9客机，招徕越来越多的旅客，当然，滚滚财源也随之而来。

习惯4 把问题想透彻

很多人解决问题，只是把问题从系统的一个部分推移到另一部分，或者只是完成一个大问题里面的一小部分。比如，工厂的某台机器坏了，负责维修的师傅只是做一下最简单的检查，只要机器能正常运转了，他们就停止对机器做一次彻底清查；只有当机器完全不能运转了，才会引起人们的警觉。这种只满足于小修小补的态度如果不转变，将会给公司和个人带来巨大的损失。正确的做法是把问题想透彻，找出合理的方案，将问题一次性地彻底解决。

把问题想透彻，是一种很好的思维品质。只有把问题想透彻了，才能知道问题到底是什么，才能找到解决问题最有效的手段。

马博是某食品公司的业务主管。有一次，他从一个用户那里考察回来后，敲响了经理办公室的门。

“情况怎样？”经理劈头就朝马博问道。

马博坐定后，并不急于回答经理的问话，而是显得有些心事重重的样子。因为他十分了解经理的脾气，如果直接将不利的情况汇报给他，经理肯定会不高兴，搞不好还会认为自己没尽力去办。

经理见马博的样子，已经猜出了肯定是对公司不利的情况，于是改用了另一种方式问道：“情况糟到什么程度？有没有挽救的可能？”

“有！”这回马博回答得倒是十分干脆。

“那谈谈你的看法吧！”

马博这才把他考察到的情况汇报给经理：“我这次下去了解到，这个客户之所以不用我们厂的产品，主要是因为他们已经答应从另一个乡镇食品厂进货。”

“竟有这样的事！那你怎么看呢？”

“我想是这样的，我们公司的产品应该比乡镇企业的产品有优势，我们的产品不但质量好，而且价格也很公道，在该省已经具有了一定的知名度。”

“就是嘛，一个小小的乡镇企业怎么能和我们相比呢？”经理打断了马博的汇报。

“所以说，我们肯定能变不利为有利。最重要的是，当地的客户多年来使用我们公司的产品，与我们有很好的合作基础，这是我们的优势所在。但该客户答应与那个乡镇企业订货，主要是因为那个乡镇企业距离他们较近，而且可以送货上门。这一点，我们不如那家乡镇企业，但我们可以直接到每个乡镇去走访，在每个乡镇找一个代理商，这样问题就解决了。”

“小马，你想得真周到，不但找到了症结所在，还想出了解决的办法，要是公司里的员工都像你这样有责任心就好了。”

“经理过奖了，为公司分忧是我的责任。经理您工作忙，我就不打扰您了。”

不久，马博被调到了销售科专门从事产品营销，公司的销量节节上升，马博也越来越受到重视，很快成了公司的业务骨干。

如果你也能在事情已经濒临危机的情况下，做一番缜密的思考，甚至把某一小点当作中心，便有了解决问题的“王牌”。其实，真正的“王牌”不是你处世的方法，而是你的细心和智慧。

许多人有一种把工作做了一会儿，或是只完成工作的某部分，就把工作停止、放在一边的习惯。而且他们充分相信，他们已经完成了工作。

事实果真如此吗？这样做，犹如足球运动员在临门一脚的刹那收回了脚，前功尽弃，白白浪费力气。有些时候，它甚至会耽搁人们发现错误与危险，导致危害的大规模爆发。

对于有志于做一名成功的高效能人士的你来说，有始无终的工作恶习最具破坏性，也最具危险性。它会吞噬你的进取之心，会使你与成功失之交臂。一个人一旦养成了有始无终、半途而废的坏习惯，他永远不可能出色地完成任何任务。

在一些知名的效率专家看来，衡量一个人工作效能高低的一个重要标准就是看他能否将问题彻底地解决。一个做事高效的人应当是一个勇于承担责任的人，是个言出必行的人。了解做事的事理，把事情做得彻彻底底，才算是一名真正的高效能人士。

如果你有能力，业绩却远远落后于他人，不要疑惑，不要抱怨，问问自己是否能把工作进行到底，答案如果是否定的，这就是你无法取胜的原因。对于任何一件工作，要么干脆别动手，要么就有始有终，彻底完成。有一句话说得好：“笑到最后的，才是最聪明的。”

❀ 习惯5 运用80/20法则

1897年，意大利经济学家帕累托偶然注意到英国人的财富和收益模式，于是潜心研究这一模式，并于后来提出了著名的“80/20法则”，即二八法则。

帕累托研究发现，社会上的大部分财富被少数人占有了，而且这一部分人口占总人口的比例与这些人所拥有的财富数量，具有极不平衡的关系。帕累托还发现，这种不平衡的模式会重复出现，而且也是可以提前预测的。

这样，我们可以得到一个让很多人不愿意看到的结论：一般情况下，我们付出的80%的努力，也就是绝大部分的努力，都没有创造收益和效果，或者是没有直接创造收益和效果。而我们80%的收获却仅仅来源于20%的努力，其他80%的付出只

带来20%的成果。

很明显，二八法则向人们揭示了这样一个真理，即投入与产出、努力与收获、原因和结果之间，普遍存在着不平衡关系。小部分的努力，可以获得大的收获；起关键作用的小部分，通常就能主宰整个组织的产出、盈亏和成败。

现实世界中，只要你用心去体会，就会发现存在许多二八法则的情况：

20%的罪犯所犯的案占所有犯罪案的80%；20%的粗心大意的司机，引起80%的交通事故；20%的产品，或20%的客户，涵盖了公司约80%的营业额；20%的产品，或20%的客户，通常占该公司的80%的赢利；占公司人数20%的业务员，其营业额占公司总营业额的80%；占出席会议人数20%的与会者，发言率占所有发言的80%；20%的地毯面积可能集中了整个地毯80%的磨损；80%的时间里，你只穿你衣服的20%。

也就是说，重要的东西只占了很小的部分，它的比例大概是20%，因此，你只要集中精力处理工作中比较重要的20%的那部分，就可以解决全部工作的80%。

研究二八法则的专家理查德·科克认为：凡是洞悉了二八法则的人，都会从中受益匪浅，有的甚至会因此改变命运。

理查德·科克在牛津大学读书时，学长告诉他千万不要上课："要尽可能做得快，没有必要把一本书从头到尾全部读完，除非你是为了享受读书本身的乐趣。在你读书时，应该领悟这本书的精髓，这比读完整本书有价值得多。"这位学长想表达的意思实际上是：一本书80%的价值，已经在20%的页数中就已经阐明了，所以只要看完整部书的20%就可以了。

理查德·科克很喜欢这种学习方法，而且之后一直在采用。牛津并没有一个连续的评分系统，课程结束时的期末考试就足以裁定一个学生在学校的成绩。他发现，如果分析了过去的考试试题，把所学到知识的20%，甚至更少的与课程有关的知识准备充分，就有把握回答好试卷中80%的题目。这就是为什么专精于一小部分内容的学生，可以给主考官留下深刻的印象，而那些什么都知道一点但没有一门精通的学生却不能让考官满意。这项心得让他并没有披星戴月终日辛苦地学习，但依然取得了很好的成绩。

理查德·科克到壳牌石油公司工作后，在炼油厂内服务。他很快就意识到，像他这种既年轻又没有什么经验的人，最好的工作也许是咨询业。所以，他去了费城，并且比较轻松地获取了沃顿商学院工商管理的硕士学位，随后加盟一家顶尖的美国咨询公司。上班的第一天，他领到的薪水是在壳牌石油公司的4倍。

就在这里，理查德·科克发现了许多二八法则的实例。咨询行业几乎80%的成长，来自专业人员不到20%的公司。而80%的快速升职也只有在小公司里才有——有没有才能根本不是主要的问题。

当他离开第一家咨询公司，跳槽到第二家的时候，他惊奇地发现：新同事比以前公司的同事工作时更有效率。

怎么会出现这样的现象呢？新同事并没有更卖力地工作，但他们做业务时充分利用了二八法则。他们明白，80%的利润是由20%的客户带来的，这条规律对大部分公司来说都行之有效。而这样一个规律意味着两个重大信息：关注大客户和长期客户。大客户所给的任务大，这表示你更有机会运用更年轻的咨询人员；长期客户的关系造就了依赖性，因为如果他们要换另外一家咨询公司，就会增加成本，而且长期客户通常不在意价钱问题。

对大部分的咨询公司而言，争取新客户是工作重点；但在他的新公司里，尽可能与现有的大客户维持长久关系才是明智之举。

不久后，理查德·科克确信，对于咨询师和他们的客户来说，努力和报酬之间也没有什么关系，即使有也是微不足道的。聪明人应该看重结果，而不是一味地盲目地努力；应依照一些有真理性的见解做事，而不是像头老黄牛单纯地低头向前。另一方面，仅仅凭着脑子聪明和做事努力，也不见得就能取得顶尖的成就。

二八法则无论是对企业家、商人，还是电脑爱好者、技术工程师和其他任何人，其意义都十分重大。这条法则能促进企业提高效率、增加收益；能帮助个人和企业以最短的时间获得更多的利润；能让每个人的生活更有效率、更快乐；它还是企业降低服务成本、提升服务质量的关键。

闻名全球的IBM公司，它的成功绝不是偶然的。早在20世纪60年代，IBM公司睿智的管理人员就通晓二八法则，并将其运用于电脑开发创新之中。在1963年，IBM的电脑系统专家发现，一部电脑约80%的使用时间，是花在20%的执行指令上的。当时，基于这一重要的发现，公司立刻重写它的操作软件，让大部分的人都能容易接近这20%，进而轻轻松松使用。因此，与其他竞争者的电脑相比，IBM制造的电脑更易操作、更有效率、速度更快。这令IBM电脑一时风靡全球，成了电脑行业中的佼佼者。

习惯6 合理利用零碎时间

所谓零碎时间，是指不构成连续的时间或一个事务与另一事务衔接时的空余时间。这样的时间往往被人们毫不在乎地忽略过去。零碎时间虽短，但倘若一日、一月、一年地不断积累起来，其总和将是相当可观的。凡是在事业上有所成就的人，几乎都是能有效地利用零碎时间的人。

争取时间的唯一方法是善用时间。

高效能人士善于将零碎的时间有机地运用起来，从而最大限度地提高工作效率。比如在车上时、在等待时，可一边学习、思考或简短地计划下一个行动，等等。充分利用零碎时间，短期内也许没有什么明显的感觉，但经年累月，将会有惊人的成效。

本杰明·富兰克林曾说过："世界上真不知有多少可以建功立业的人，只因为把难得的时间轻轻放过而默默无闻。"

滴水成河。用"分"来计算时间的人，比用"时"来计算时间的人，时间多59倍。

美国近代诗人、小说家和出色的钢琴家艾里斯顿利用零散时间的方法和体会颇值得借鉴。他写道：

其时我大约只有14岁，年幼疏忽，对于爱德华先生那天告诉我的一个真理，未加注意，但后来回想起来真是至理名言，从那以后我就得到了不可限量的益处。

爱德华是我的钢琴教师。有一天，他给我教课的时候，忽然问我每天要练习多少时间钢琴，我说每天三四小时。

“你每次练习，时间都很长吗？是不是有个把钟头的时间？”

“我想这样才好。”

“不，不要这样！”他说，“你将来长大以后，每天不会有长时间的空闲的。你可以养成习惯，一有空闲就几分钟几分钟地练习。比如在你上学以前，或在午饭以后，或在工作的休息余闲，5分钟5分钟地去练习。把小的练习时间分散在一天里

面，如此弹钢琴就成了你日常生活中的一部分。”

当我在哥伦比亚大学教书的时候，我想兼从事创作。可是上课、看卷子、开会等事情把我白天、晚上的时间完全占满了，差不多有两个年头我不曾动笔写一字，我的借口是没有时间。后来才想起了爱德华先生告诉我的话。到了下一个星期，我就把他的话实践起来，只要有5分钟左右的空闲时间我就坐下来写作一百字或短短的几行。

出乎意料，在那个星期结束时，我竟积累了相当多的稿子。

后来我用同样积少成多的方法，创作长篇小说。我的教授工作虽一天繁重过一天，但是每天仍有许多可以利用的短短余闲。我同时还练习钢琴，发现每天小小的间歇时间，足够我从事创作与弹琴两项工作。

利用短时间，其中有一个诀窍：你要把工作进行得迅速。如果只有5分钟的时间给你写作，你切不可把4分钟消磨在咬你的铅笔尾巴上。思想上事前要有所准备，到工作时间来临的时候，立刻把心神集中在工作上。实际上，迅速集中脑力，并不像一般人所想象的那样困难。

艾里斯顿的经历告诉我们，生活中有很多零散的时间是大可利用的，如果你能化零为整，那你的工作和生活将会更加轻松。

富兰克林在有效利用零碎时间方面堪称楷模，他曾说：“我把整段时间称为‘整匹布’，把点滴时间称为‘零星布’。做衣服有整料固然好，整料不够就尽量把零星的用起来。天天二三十分钟，加起来，就能由短变长，派上大用场。”这是成功者的秘诀，也是我们学习借鉴的好方法。

伟大的生物学家达尔文也曾说：“我从来不认为半小时是一段微不足道的时间。”物理学家奥托·雷曼的体会更加具体，他说：“每天不浪费、不虚度或不空抛剩余的那一点时间。即使只有五六分钟，如果利用起来，也一样可以有很大的成就。”把时间积零为整，精心使用，这正是古今中外很多科学家取得辉煌成就的奥妙之一，也是我们应该从他们身上学到的优点之一。

习惯7 善于借助他人力量

俗话说：孤掌难鸣，独木不成桥。无论是游刃职场，还是自主创业，我们必须寻求他人的帮助，借他人之力，方便自己。

有一句歌词唱得好，“千金难买是朋友，朋友多了路好走”。这说的就是人脉。人脉就是人际关系网，就是你结交的好人缘，就是你在需要时，可以毫不犹豫开口求助的那些人。

这是一个团队合作的年代，如果你要成为一名高效能的人士，就必须养成善于借助他人力量的习惯，利用他人的优势来弥补自己的不足。

在中国，“他人”是一个泛泛的概念，没有一个明确的界定，而且这些“他人”大多都是你的陌路人、不太熟悉的人、关系很一般的人，他们大多不能实际地帮助你。“他人”中只有一部分人能够实际地帮助你，那就是——亲人朋友。你的亲朋好友总是给你各种各样的帮助。你遇到危难，总是他们帮你排忧解难，渡过难关；或者当你吉星高照时，也是他们为你抬轿唱喏。朋友，是一个特定的圈子，圈子虽小，作用却难以估测。其实，社会的本质和特点就是朋党相携、相互帮助。

一个人，无论在工作、事业、爱情哪方面，都离不开这种人与人之间的相互帮助。朋友之间更是如此。因为各人的能力有限，人际关系也有所不同，所以有必要相互帮助，彼此取长补短。在自然界中也是这样，动物们相互协作，有利于防备捕猎、取暖和生殖。

就社会和自然状况来看，独自一人是斗不赢彼此协作的团体的。一个人在社会中，如果没有朋友，没有他人的帮助，他的境况会十分糟糕。普通人如此，一个成就大事业的人更是如此。如果失去了他人的帮助，不能利用他人之力，任何事业都无从谈起。

有一位资深的人力资源管理家说过，以前企业招募人才时，专业知识、学习能力是首要条件，但渐渐地，在知识经济时代，由于技术、知识迅速更新，光靠一个人的力量无法完成任务。一个人只有善于借助他人的力量，才能更好地提高自己工作效能。

花旗银行是世界上最大的金融服务公司之一，在这个由许多“第一名”聚集而成的金字塔组织中，55岁的程耀辉、曹中仁两人曾是企业金融处最年轻的副处长暨副总裁，也是高层刻意培养的接班人。他们两人，一个主管电子中、下游产业的客户关系，另一个主管电子上游产业客户关系，平日往来的对象都是各大电子业的老板与财务长们。一位花旗银行资深主管评论道：“论聪明、论专业，大家都是一时之选，但是，他们的人脉竞争力却高人一筹。对内，可以服众；对外，则可以取得客户的信任。这是他们出线的原因。”

杨力是一家跨国公司的财务主管，他将人脉看成自己事业成功的一个重要的桥梁。从边陲小镇到美国硅谷发展，杨力没有显赫的学历与家世背景，但如今他的身价已突破亿元，并身兼十几家科技公司董事长。问他成功的秘诀，他说，就是靠朋友，朋友越聚越多，机会也越来越多。很多的机会当初自己没想过，也没看到。这些，都是机缘。杨力口中的“机缘”，在朋友眼中，其实是由重义气累积而来的。

习惯8 向竞争对手学习

欣赏、理解、包容自己的对手，看淡结果的得与失，那么你的心也会因这份平和而充满宁静和宽容。这样一来，在面对竞争对手的时候，你也可以微笑着气定神闲地迎接挑战：胜利了，赢得辉煌；失败了，同样也可以让你学到很多东西。

对于很多人来说，学习并不是什么难事，向书本学习、向朋友学习已经成为不少人的良好习惯。然而向竞争对手学习却并不是人人都能够做得到。一名知名的企业家曾经说过：“对手是一面镜子，可以照见自己的缺陷。如果没有了对手，缺陷也不会自动消失。对手，可以让你时刻提醒自己，没有最好，只有更好。”对于一名高效能人士来讲，培养向竞争对手学习

的胸怀和习惯在当今显得尤为重要。如今资源共享、智慧共享已经成为现实和社会的发展趋势，我们只有顺应这样的潮流，虚心吸纳对手的长处，在学习中竞争，在合作中竞争，才能不断形成自己的优势，始终保持前进的动力。

20世纪60年代，在美国兴起了众多的零售商店，经过40多年的争斗搏杀，沃尔玛从美国南部阿肯色州的本顿维尔小城崛起，最终发展成为年收入数千亿美元、商店总数达万家的大企业，创造了一个企业界的神话。

沃尔玛的成功得益于其创始人沃尔顿先生积极向竞争对手学习的习惯。沃尔玛的竞争对手斯特林商店开始采用金属货架代替木质货架后，沃尔顿先生立刻请人制作了更漂亮的金属货架，并成为全美第一家百分之百使用金属货架的杂货店。

沃尔玛的另一竞争对手富兰克特特许经营店实施自助销售时，沃尔顿先生连夜乘长途汽车到该店所在地明尼苏达州去考察，回来后开设了自助销售店，当时沃尔玛是全美第三家。

与沃尔顿先生一样，李嘉诚先生也是一名积极向竞争对手学习的人。李先生是国内外知名的企业家，曾被评为亚洲最有影响力的人。一般人只知道李先生是一个能够在商场中纵横自如的超级富豪，然而很少人知道李嘉诚事业的转折点竟是从做塑胶花开始的。

1957年春天，李嘉诚为了了解塑胶花产品的生产工艺，登上飞往意大利的班机去考察。

他在一间小旅社安下身，就迫不及待地去寻访那家在世界上开风气之先的塑胶公司的地址。经过两天的奔波，李嘉诚来到该公司门口，但如何获取该公司的技术还是一大难题。

他知道任何一个厂家对于新产品的技术都是严格保密的。也许可以名正言顺购买技术专利，然而，这样做的可行性很小。一来，长江厂小本经营，绝对付不起昂贵的专利费；二来，厂家绝不会轻易出卖专利，它往往要在充分占领市场，赚得盆满钵溢，直到准备淘汰这项技术时方肯出手。

情急之中，李嘉诚想到一个绝妙的办法。这家公司的塑胶厂招聘工人，他去报了名，被派往车间做打杂的工人。李嘉诚的主要工作是负责清除废品废料，他推着小车在厂区各个工段来回走动，双眼却恨不得把生产流程吞下去。李嘉诚收工后，急忙赶回旅店，把观察到的一切记录在笔记本上。

整个生产流程都熟悉了，可是属于保密的技术环节还是不得而知。有一天，李嘉诚邀请数位新结识的朋友，到城里的中国餐馆吃饭，这些朋友都是某一工序的技术工人。李嘉诚用英语向他们请教有关技术，佯称他打算到其他的厂应聘技术工人。李嘉诚通过眼观耳听，大致悟出塑胶花制作配色的技术要领。

几个月后，李嘉诚满载而归。随机到达的，还有几大箱塑胶花样品和资料。临行前，塑胶花已推向市场，李嘉诚跑了好多家花店，了解销售情况。他发现绣球花最畅销，立即买下好些绣球花做样品。

李嘉诚回到长江塑胶厂，不动声色地把几个部门负责人和技术骨干召集到办公室，他宣布，长江厂将以塑胶花为主攻方向，一定要使其成为本厂的拳头产品，使长江厂更上一层楼。

李嘉诚在香港快人一步研制出塑胶花，填补了香港市场的空白。按理说，物以稀为贵，卖高价在情理之中，但是李嘉诚明察秋毫，他认为塑胶花工艺并不复杂，因此，长江厂的塑胶花一面市，其他塑胶厂势必会在极短时间内跟着模仿上市。倒不如在人无我有、独家推出的极短的第一时间，以适中的价位迅速抢占香港的所有塑胶花市场，一举打响长江厂的旗号，掀起新的消费热潮。卖得快，必产得多，“以销促产”比“居奇为贵”更符合商界的游戏规则。这样，即使其他厂家迅速跟进，长江厂也早已站稳了脚跟，而长江厂的塑胶花也深深植入了消费者心中。

李嘉诚走物美价廉的销售路线，大部分经销商都非常爽快地按李嘉诚的报价签订供销合约。有的为了买断权益，主动提出预付50%订金。

李嘉诚掀起了香港消费新潮流，长江塑胶厂由默默无闻的小厂一下子蜚声香港塑胶界。

李嘉诚的成功固然与他独到的眼光和富有前瞻性的决策分不开，但是如果不积极向竞争对手学习，他也不可能取得那么骄人的成就。

习惯9 换位思考

在沟通中，换位思考的习惯十分重要。有句英国谚语说："要想知道别人的鞋子合不合脚，穿上别人的鞋子走一英里。"工作中因为某件事发生了冲突，有人会说"你坐那个位置看看，也要这样做"，说的也是换位思考的习惯。

在人际相处和沟通里，"换位思考"扮演着相当重要的角色。用"换位思考"指导人的交往，就是让我们能够易地而处，能设身处地理解他人的情绪，感同身受地明白及体会身边人的处境及感受，并可迫切地回应其需要。要充分体会他人情感和在交流中的需要，正确地表达自己的意图，能够从他人的角度理解问题，才会有真正意义上的沟通。

"同理心"是一个重要的心理学概念。它的基本意思是说，你要想真正了解别人，就要学会站在别人的角度来看问题。同理心是同情、关怀与利他主义的基础，具有同理心的人能从细微处体察到他人的需求。下面我们来看一个故事，或许有助于你对同理心的理解：

一位母亲在圣诞节带着5岁的儿子去买礼物。大街上回响着圣诞赞歌，橱窗里装饰着彩灯，盛装可爱的小精灵载歌载舞，商店里五光十色的玩具琳琅满目。

“一个5岁的男孩将以多么兴奋的目光观赏这绚丽的世界啊！”母亲毫不怀疑地想。然而她绝对没有想到，儿子紧拽着她的大衣衣角，呜呜地哭出声来。

“怎么了？宝贝，要是总哭个没完，圣诞精灵可就不到咱们这儿来啦！”

“我……我的鞋带开了……”

母亲不得不在人行道上蹲下身来，为儿子系好鞋带。母亲无意中抬起头来，啊，怎么什么都没有？——没有绚丽的彩灯，没有迷人的橱窗，没有圣诞礼物，也没有装饰丰富的餐桌……原来那些东西都太高了，孩子什么也看不见。落在他眼里的只是一双双粗大的脚和妇人们低低的裙摆，在那里互相摩擦、碰撞……

真是可怕的情景！这是这位母亲第一次从5岁儿子目光的高度眺望世界。她感到非常震惊，立即起身把儿子抱了起来……

从此这位母亲牢记，再也不要把自己认为的“快乐”强加给儿子。“站在孩子的立场上看待问题”，母亲通过自己的亲身体会认识到了这一点。

我们没有必要把自己的想法强加给别人，但是却必须学会从别人的立场来看待问题，这样可以避免很多不必要的冲突。

我们有这样一种喜欢匆匆忙忙以好的建议来解决问题的倾向，但我们往往不能首先花一些时间进行诊断，去深入了解问题的症结所在。

同理心是一种换位思考的习惯，强调一个人要站在别人的角度来考虑问题。然而，仅仅站在别人的角度来理解是不够的，同理心还有着更深层面的东西。我们可以把同理心分为两个层次。表层的同理心就是站在别人的角度上去理解，了解对方的信息，听明白对方在说什么。做到这一点，就达到了表层的同理心。而深层次的同理心是理解对方的感情成分，理解对方隐含的成分，才是真正听懂了对方的“意思”，才是深层的同理心。

在沟通中，光有表层的同理心是远远不够的，我们还要有深层的同理心，这样才能真正听懂对方的“意思”。尤其是我们中国人，不习惯表达自己的思想和观点，很多情况下是向对方暗示，让对方“猜”。如果不知道通过“感情成分”和“隐含成分”来了解真实的信息，就会造成沟通的障碍。

1. 将心比心，感同身受

“人非草木，孰能无情？”沟通中，“设身处地”是第一步，就是我们所要强调的同理心，先站在别人的立场上去感受和体会，即所谓的“感同身受”；然后，在此基础上加以“表达”，也就是让别人明白“我感同身受”。只要有心，不管从大处还是小处，均可以学习和运用同理心，不知不觉中你会变成沟通高手，你的人际关系会变得更和谐。

哈佛大学的心理学博士萨尔森默说：“我始终不明白，为什么要有‘机器人’这个说法。只要词语中带有人字，无疑意味着人为地拔高了物质的高度。我认为应该把机器人称为机器鬼，这样就不至于把机器和人搅和在一起。反正机器人这个说法令人觉得别扭。”

既然他人不是机器人，他人理所当然应该受到你的尊重。而尊重他人的基础应该是将心比心。将心比心就是推己及人，是一种根据自身的情况来推断他人的情况的沟通技巧，是为了保全他人自尊时采取的一种比较含蓄的，不直接指责、指使他人的方法，也就是间接地让人做出你希望他做的事。将心比心可以让人心甘情愿地和你沟通。

在工作和生活中，我们每个人都要求得到承认。我们有情感，希望被喜欢、被爱、被尊重，要求别人不把我们看作是机器人。作为一个“人”，每个人都有自己特有的抱负、渴望和情感。你的下级会说：“我没有你那么高的权位，没挣你那么多的钱，没有你那么大的房子，也没受过你那么高的教育程度，但和你一样，我也是人。我有家庭，当和孩子闹翻后，我心里难过，心猿意马，无法专心工作。当孩子获得奖学金时，我感到自豪，想站在屋顶上大喊。”

因此在沟通的过程中， 我们应该重视别人的心理需要，将心比心，这样才不至于在别人眼里成为一个“自以为是的家伙”。

例如，你的同事小陈，是个很优秀的业务员，在公司业绩领先。但他最近有点消沉，下班以后，在办公室，他找你聊天。

小陈说：“我用了整整一周的时间经营这个客户，但客户的销售量还是不高。”

这时你怎么理解这句话，怎样来回应呢？你是建议他怎么做吗？你是点头倾听吗？你是一起来抱怨销售政策吗？其实表达同样的这句话，其中蕴藏了很多种不同的感情成分，有抱怨、无奈、表达建议、征求建议、希望指导等。能听懂他表面的意思是初级水平，关键的是听懂他说这句话背后可能隐藏的内容。下面是用不同的方式说“用了一周的时间，客户的销量还是不高”的事实，看看不同的说话方式所表达的意思是否相同。

小陈说：“嗨，我用了整整一周的时间经营这个客户，也不知道怎么搞的，客户的销售量还不高。”这样的说法，对方可能表达的是无奈，小陈不知道怎样来经营这个客户，他已经没有办法了。

小陈说："看来是麻烦了，我用了整整一周的时间经营这个客户，客户的销量还是不高。"这样的说法，可能是想切换这个客户了，可能小陈心中已经有候选客户了。

小陈说："说来也奇怪，我用了一周的时间经营这个客户，销量还是不高。"这样的说法，可能小陈想从你这里得到建议，希望和你探讨一下，怎样做这个客户。

也就是说，对方表达的"信息"是同样的，但是因为表达的语气不同，所以带给你的感受是不一样的。在实际工作中，我们给对方回应最多的是"给出建议"。当对方仅仅是向你抱怨的时候，你给出了指导的建议。这时小陈心里会怎么想呢？他可能想："就你厉害，就你能，难道我不知道怎么做业务吗？你又不是销售经理，上个月你的销售额还没我的高呢，凭什么指导我？"但是他不会和你说，表面上他会附和你的说法，很可能其中有很多不耐烦。最后的结果是你好心帮他，可是还落下了坏的印象和一个"好为人师"的标签，这样是很不值得的。

当小陈在抱怨时，他其实自己知道怎么做，就只是想发泄一下而已。这个时候他需要一个很好的倾听者，你只要听着就可以了，适当的时候也可以发表一些无关痛痒的抱怨。

当对方无奈的时候，可能对客户的能力有怀疑，可能需要和你分析一下客户的实际情况和公司的策略，这个时候你只要安慰和一起分析就可以了。

当对方想切换客户时，可能是对直接切换的信心不足，需要你给他鼓励。这个时候你只要鼓励他，并分享你曾经切换客户的经验就可以了。

当对方是真正寻求你的帮助的时候，你可以和他一起来分析这个市场的情况，给出你的建议，但是要说明，仅仅是你的建议而已。

2. 正确地表达自己

表达自己在换位思考中也是至关重要的。了解别人固然重要，但我们也有义务让自己被人了解，这通常需要相当的勇气。

古希腊人认为，人生以品格（ethos）第一，情感（pathos）居次，理性（logos）第三。表达自己也应该因循这三阶段进行。有些人在表达意见时直接诉诸左脑主管的理性，却不见得具有说服力。

有一位朋友曾向我抱怨，他向上级主管谏言，提醒他注意改进管理方式，但对方对此并没有接受。

他问我："虽然那个人对自己的缺点十分清楚，为什么却死不认错？"

"你觉得你的话具有说服力吗？"

"我认为我已经说了我应该说的话。"

"果真这样吗？天下哪有这种道理，推销不成反而要顾客自我检讨？推销员应该想办法改进销售技术。你有没有设身处地为他着想？有没有多做点准备，设法表达得更令人信服？你愿意花这么大的功夫吗？"

他反问："我凭什么要这样？"

"你希望他大幅改变，自己却舍不得花费心力？"

他认为自己实在无法认真地去了解一个让自己反感的人，

觉得这样投资太大，不值得付出。

另一位朋友在某一个大学任教，愿意付出代价，也尝到了成功的果实。他先向我求助：

“我手边的计划不符合院系领导的思路，申请经费极为困难，怎么办？”

“如果是我，我会想一套有力的说词。先从评审教授偏好的研究方向入手，而且要比他们了解得还透彻，证明我很明了他们的立场，然后再说明要求辅助的理由。”

他接受了建议，并且和我演练了一番。

在系务会议上，他开门见山地说：“本人首先就本系发展重点以及各位对本计划的顾虑提出说明，再谈个人的意见。”

事后证明他的确正中评审教授的下怀。由于他表现出体谅与尊重，会议尚未结束，研究计划就过关了。

表达自己并非自吹自擂，而是根据对他人的了解来诉说自己的意见，有时候甚至会改变初衷。因为在了解别人的过程中，你也可能产生新的见解。

因此，你可以在办公室尝试与员工个别交谈，多听多了解他们的心声。也可以设立员工与股东表达意见的平台，接收来自顾客、员工、供应商等各方面的真切回馈，重视人更甚于重视财务与技术。

当我们真正深刻地相互了解时，差异将不再是交流和发展的阻碍，相反，它们成了通往合作的阶石。

3. 同理心训练表

下面是一张同理心训练活动表，可以帮助你培养自己的同理心，让你的交际能力随着同理心的增强而更趋圆熟。

活动名称	同理心训练
活动目标	通过小组讨论，使自我明白他人的重要性，有必要了解他人、尊重他人，进而产生信任。
活动时间	根据实际情况自定。
活动过程	1. 以两人为一组，分成若干组，两人一组面对面坐下，以互相交谈方式，先由一人介绍自己及家庭状况、兴趣及“五最”——最喜欢的事、最得意的事、最难忘的事、最害怕的事、最脸红的事。 2. 当一人说完后，换另一人来介绍自己，以彼此了解对方的个性。双方介绍以10 分钟为限。 3. 在进行小组介绍后，则大家围成一圆圈，依序对大家介绍自己的伙伴，若不充分时，则由被介绍者自行补充。轮流介绍至全部轮完为止。 4. 最后进行“回馈”活动，请参与的每一个人轮流发表对这项活动的感觉、心得。
活动过程	1. 人员以10～12 人为宜，采取任意分组方式。活动进行时，领导者也可以一起参与，以增加对他人的了解。 2. 地点室内、室外皆可，只要团体成员感觉舒适即可，但尽量以安静的地点为优先选择。 3. 讨论：（1）在双方有误解（沟通不良）时，自己是否能多替别人着想。（2）在此活动进行完毕后，自己是否会站在别人的立场替别人着想，是否更能宽恕别人。

习惯10 树立团队精神

团队合作是高效能人士的一个重要习惯。团队精神在一个公司、在一个人的事业发展中都是不容忽视的。

作为一项工作中的个体，只有把自己融入整个团队之中，凭借整体力量，才能把自己所不能完成的棘手的问题解决好。当你来到一个新公司，你的上司很可能会分配给你一个你难以独立完成的工作。上司这样做的目的就是要考查你的合作精神，他要知道的仅仅是你是否善于合作、勤于沟通。如果你不言不语，一个人费劲地摸索，这对你个人事业的发展是非常不利的。明智且能获得成功的捷径就是充分利用团队的力量整体作战。

事实上，一个人的成功不是真正的成功，团队的成功才是最大的成功。对于一个高效能人士来说，谦虚、自信、诚信、善于沟通、团队精神等一些传统美德是非常重要的。

A公司是一家国内知名的生物科技公司，在市场部的一次人力资源招聘中，有9名优秀应聘者经过初试，从上百人中脱颖而

出，闯入了由公司老板亲自把关的复试。

老板看过这9个人的详细资料和初试成绩后，都相当满意，但此次招聘只有3个工作岗位，所以老板给大家出了最后一道题。

老板把这9个人随机分成3个小组，指定甲组去调查婴儿用品市场，乙组调查妇女用品市场，丙组调查老年用品市场。为了避免他们盲目开展调查，老板还给每人准备了一份相关行业的资料。

两天后，9个人都把自己的市场分析报告送到了老板那里。老板看完后，走向丙组的3个人，向他们恭喜道："你们已经被本公司录用了。"

看着另外6个人大惑不解的表情，老板呵呵一笑说："我给各位的资料都不一样，甲组的3个人得到的分别是婴儿用品市场过去、现在和将来的分析资料，其他两组的资料也按这种方式分配。但丙组的人最聪明，互相借用了对方的资料，补全了自己的分析报告。而甲、乙两组的人却分别行事，抛开队友，自己做自己的。"直到此时，被淘汰的6个人才明白，老板考核最后一道题的目的是想看看大家有没有团队合作意识。甲、乙两组失败了，原因是他们没有合作，忽视队友的存在。要知道，团队合作精神才是现代企业成功的保障。

例如，微软公司在开发Windows 2000系统时，动员了超过3000名研发工程师和测试人员，写出了5000多万行代码。如果没有高度统一的团队精神，没有全部参与者的默契与分工合作，这项工程是根本不可能完成的。

微软公司所营造的团队合作的企业文化使其数以百计的“富翁员工”在赚取百万身价以后，却仍继续留在微软“卖命”工作。在某些人看来，这也许有点不可思议，但微软公司的“富翁员工”们却并不这样认为。

微软公司的工作条件并不安逸，相反，工作强度常常比同行业的其他公司要大得多。据该公司的一位前任副总裁透露，原董事长比尔·盖茨因公出差时，总是自己开车去机场，而且坐的是二等舱。

那么，是什么神奇的吸引力，竟使这帮百万富翁在取得经济独立后仍然如此卖命地工作呢？答案只有一个，那就是，完全超越了自我的团体意识。这种团体意识，已在微软公司落地生根。微软人认为，他们不属于自己，而是从属于某种特别的东西——“微软”这个团体。比尔·盖茨在谈到这种团队意识时曾说了一段耐人寻味的话：“这种共创卓越的团队意识营造了一种刻苦向上的创造氛围，在这种氛围中，人们的开拓性思维不断涌现，员工的潜能得以充分发挥。”在微软，你不但享有公司的全部资源，同时还拥有一个能使自己大显身手、发挥重要作用的小而精的班级或部门。每一个人都有自己的主见，而能使这些主见变成现实的则是微软这个团队。

事实上，我们考察一些世界知名企业，从海尔到华为，从星巴克到微软，那些业绩长青的企业都具有共创卓越的团队意识，甚至可以说，是否拥有这种团队精神乃是企业能否永续光辉的根本。展望全球，世界500强公司都在着力追求和培养把个人的创造力融于集体协作中的团队精神。

近年来，有一种叫拓展训练的员工培训模式在我们国家十分风行，主要是通过体验式训练和模拟场景训练来提升团队合作精神，其中有一个叫“盲阵”的游戏十分常用。在一块空地上，将一队人蒙上眼睛，交给他们一根长绳子，要他们在规定时间内把绳子拉成一个正方形。起初大家往往会乱成一团，各有自己的主张，自由走动，你推我撞，你叫我喊，乱成一片。经过一段纷乱无谓的争吵后，大家渐渐明白：必须确立一名优秀者为团队领袖，以智者为助手，统一意志、统一目标、统一行动，大家都能自觉地做到令行禁止，各负其责，才能完成这个简单的游戏。

习惯11 专注于目标

奥林匹克运动会十项全能金牌获得者詹姆斯·卡特为了实现自己的目标，用运动器械装备了整个寓所，以便每天提醒他去实现自己的目标。他将十项全能每个项目的器械放在他不训练时也能看到的地方：跨高栏是他最差的一项，他就将一个栏放在起居室的正中央，每天必须跨越30次；他的制门器是个铅球；杠铃就放在室外廊檐下；撑竿跳高用的杆子和标枪在沙发后竖立着；壁橱里放着他的运动制服、棉织套服和跑鞋。詹姆斯说这种不寻常的陈设在他准备在奥运会夺冠的过程中，帮助他改善了他的竞技状态。

如果你想让自己成为一个高效能人士，也应当像詹姆斯·卡特那样始终专注于目标，为你的目标创建一种经常提醒自己的方式。比如，将你确定的目标和实施计划写在便笺上或是记事本上，并将它们有计划地放置在你的家中和办公室里，使你能够常常看到它们；或者将你对自己目标和实现计划的陈述录音，在你开车、做杂务、休息或思考时播放它们；将你的实施计划编辑在你的电脑屏幕保护屏上；或者，将你应首要实施的计划输入电脑，并用装饰纸打印出来，然后将这些纸悬挂在办公室、卧室的镜子上，甚至是冰箱上。这样，你的目标和计划就常常出现在你的眼前，帮助你始终将注意力放在这些最重要的事情上面。

你也可以让你的梦想始终环绕着你，通过多种方法来建立自己的提示途径。采取什么方法并不重要，重要的是行动！

美国明尼苏达矿业制造公司的口号是："写出两个以上的目标就等于没有目标。"这句话不仅适用于公司经营，对个人工作也有指导作用。"年轻人事业失败的一个根本原因，就是做事没有固定的目标，他们的精力太过分散，以至于一无所成。"这是戴尔·卡耐基在分析了众多个人事业失败的案例后得出的结论。事实的确如此，生活中的许多失败者几乎都在好几个行业中艰苦地奋斗过，然而如果他们的努力能集中在一个方向上，就足以使他们获得巨大的成功。

"瞧这儿，"一个农场主对他新来的帮手汤米说，"你这种犁法是不行的，你都犁歪了，在这样弯曲的犁沟中，玉米会长得很混乱。你应该让你的眼睛盯住田地那边的某样东西，然后以它为目标，朝它前进。大门旁边的那头奶牛正好对着我们，现在把你的犁插入土地中，然后对准它，你就能犁出一条

笔直的犁沟了。”

“好的，先生。”

10分钟以后，当农场主回来时，他看见犁痕弯弯曲曲地遍布整块田地。

“停住！停在那儿！”

“先生，”汤米说，“我绝对是按照你告诉我的在做，我笔直地朝那头奶牛走去，可是它却老是在动。”

因为目标总是在变动，你就不得不在这个目标和那个目标之间疲于奔命，这是一种没有目的、缺少头脑，而且非常笨拙的工作方法。

1. 专注于目标方能成为专业人才

福威尔·伯克斯顿把自己的成功归因于勤奋和对某个目标持之以恒的毅力。在追求某个目标时，他从来都是全身心地投入。正是对自身奋斗目标的清楚认识和执着追求，造就了他最后的成功。正如人们所说的："持之以恒，锲而不舍，则百事可为；用心浮躁，浅尝辄止，则一事无成。"

一个人只有专注于自己的目标，他才会成为某一行业的专家人才。你也许会注意到，针尖虽然细不可见，剃刀或斧头的刀刃虽然薄如纸片，然而，正是它们在披荆斩棘中起着决定性的开路先锋的作用。如果没有针尖或刀刃，那么针或刀都无法发挥作用。在生活中，能够克服艰难险阻，最后顺利到达成就巅峰的人，也必是那些能够在某一领域学有所专、研有所精，因而有着刀刃般锐利锋芒的人。

尤其是在专业化程度越来越高的现代社会，工作对个人的知识和经验不断提出更高、更广、更深的要求。一个做事时总是摇摆不定、变来变去的人，只会将自己长时间积累的职业经验和资源都舍弃了，无法强化自己的专业知识，无法形成自己的核心能力，也就无法超越他人。这样的人在社会上是没有立足之地的。

日本有句谚语叫作"滚石不生苔"，是指不在一个地方稳定下来而一直四处打转的话，就不会得到现实的收获。这里的"苔"指的是经验、资产、技巧、信用等。

一个人离开原来的工作转而从事新的工作，他的损失是相当大的，如多年来他所积累的资历、职位、经验和人际关系网络等，也就是说，过去花费在这份工作上的时间成本可能变得完全无用了。另外，人都是有行为定式和心理惰性的，到了一定的年龄，经验增长了许多，锐气却也消磨了不少，这是一种资源损失，也能使很多人缺乏面对新挑战的勇气和决心。

2. 专注于目标才能脱颖而出

一个人只有集中精力于自己的目标，才会在事业上脱颖而出，取得骄人的成就。拿破仑·希尔认为，衡量一个人做事是否成功，并不在于他们各自做了多少工作，而是在于他是否专注于自己的工作和人生目标，并从中挖掘出多少自身的价值，来为这个目标服务。

一个高效能人士做事时会专注于某个目标，并全身心投入，这样他们往往会创造出事业上的奇迹。

当麦肯利还是一名从俄亥俄州来的国会议员时，胡佛总统便对他说："为了取得成功，获得名誉，你必须专注于某一个特定方向的发展。你千万不可以一有某种情绪或者方案，就立即发表演说，把它表达出来。你固然可以选择立法的某一个分支作为你学习的对象，但是，你为什么不选择关税作为你的学习对象呢？这个题目在接下来的几年中都不会被解决，所以，它将为你提供一个广阔的学习天地。"

这些话语一直回荡在麦肯利的耳边。从此，他开始研究关税，不久以后，他就成为这个课题上最顶尖的权威之一。当他的关税方案被参议院通过时，他达到了自己事业上的顶峰。

一个人，假如想实现自己的人生价值，却把精力分散到许多事情上，这样的人是不会成功的。要知道，没有任何一个获得成功的人不是把他所有的精力都集中于一个特定的事情上的。

习惯12 重在执行

在一个企业中，老板、管理人员与员工必须共同面对的现实是：无论预想多么完美，结果往往与目标之间有很大的差距。“想法没有得到实施”“方案没有得到执行”，常常是企业缺乏执行力的表现。

喜欢足球的朋友都知道，德国国家足球队向来以作风顽强著称，因而在世界赛场上成绩斐然。德国足球成功的因素有很多，但有一点却是不容易忽视的，那就是德国队队员在贯彻教练的意图、完成自己位置所担负的任务方面执行得非常得力，即使在比分落后或全队困难时也一如既往，全力以赴。你可以说他们死板、机械，也可以说他们没有创造力，不懂足球艺术，但成绩说明一切，至少在这一点上，作为足球运动员，他们是优秀的，因为他们身上流淌着执行力文化的特质。无论是足球队，还是企业、一个团队、一名队员或员工，如果没有完美的执行力，就算有再多的创造力也不可能取得好的成绩。

巴德森是美国橄榄球运动史上一位伟大的橄榄球队教练。在他的带领下，美国绿湾橄榄球队成了美国橄榄球史上最令人惊异的球队，创造出了令人难以置信的成绩。看看巴德森的言论，能从另一个方面让我们对执行力有更深刻的理解。

巴德森告诉他的队员：“我只要求一件事，就是胜利。如果不把目标定在非胜不可，那比赛就没有意义了。不管是打球、工作、思想，一切的一切，都应该‘非胜不可’。”“你要跟我工作，”他坚定地说，“你只可以想三件事：你自己、你的家庭和球队。按照这个先后次序。”“比赛就是不顾一切，你要不顾一切拼命地向前冲。你不必理会任何事、任何人，接近得分线的时候，你更要不顾一切。没有东西可以阻挡你，就是战车或一堵墙，无论对方有多少人，都不能阻挡你，你要冲过得分线！”正是有了这种坚强的意志和顽强的信心，绿湾橄榄球队的队员们拥有了完美的执行力。在比赛中，他们的脑海里除了胜利还是胜利。对他们而言，胜利就是目标，为了这个目标，他们奋勇向前，锲而不舍，没有抱怨，没有畏惧，没有退缩。正是这种近乎完美的执行精神，使他们成为所有渴望在工作有中有所成就的人的榜样。

习惯13 善于休息

心理学家们认为，疲倦的感觉是生理自然反映出来的警告，提醒我们身体某部位超过负荷。如果置之不理，将会进一步增加身体的负担。所以，一旦出现了警告信息，让负担过重的部位恢复正常才是明智之举。

休息可以使一个人的大脑恢复活力，提高一个人的工作效能。“曾经有一段时间，我也认为休息太过于浪费时间，但是后来我发现不注意休息的直接后果是工作效率的低下，”斯蒂芬感慨地说，“中国古人讲：‘文武之道，一张一弛。’身处激烈的竞争之中，每一个人如上紧发条的钟表。因此，一名高效能人士应当注意工作中的调节与休息，不但于自己健康有益，对事业也是大有好处的。”

高效能人士不会固执于解决不了的问题。学会搁置问题，把问题先放一放，不失为一个休息放松的好方法。相反，太固执于一时无法解决的难题，容易产生垂直思考的弊害。这里，有一个以水平思考解决问题的小故事：

有一位债主向债务人讨价，逼迫他说：“不还钱没关系，拿你的女儿来抵债！”说着，便从地上黑白交杂的石堆里捡起两颗石子来，狡猾地笑着说：“来吧！我两手中有一边是黑石头，一边是白石头，你选一个。如果选中白石头的话，欠的钱无限期延期；如果选中黑石头的话，嘿嘿，就拿你的女儿来抵债！”

其实，债务人已清楚地看到债主拾起的两颗都是黑色的石子，不论选择哪一边，女儿都得给人家，但又没有拒绝选择的余地……终于，债务人勉强地伸出手来指着其中的一个拳头，做了抉择。但在要接过石子的时候，他抖着手故意不小心把石子掉到地上去。地上满是黑白石子，谁也找不出到底哪一个才是掉下去的石头，这时，债务人一副抱歉万分的神情："对不起，我把石头弄掉了。你手中的石头是什么颜色的呢？"

结果聪明的读者当然能猜出来。因为留在债主手中的是黑石子，所以债务人选的就是白石子，化险为夷了。像这种情形，如果一味绕着"选或不选"的问题伤脑筋的话，是无法找出解决对策的，必须重新思考，才能从另一个角度发现解决的方法。

而解决工作上的问题也是同样的道理，在垂直思考之外，也要加进水平的思考才能找出解决办法来。所以，为了避免陷于垂直思考的僵局，在碰钉子的时候，不妨暂且搁置问题，让头脑静下来，或许办法就在你将问题放置在一旁的时候悄然来临。

我们来把前面所提的事项做个整理：

（1）遇上一时无法解决的难题时，不妨把它记录下来，暂且搁置一旁。

（2）把问题"存档"于潜意识中，有时可以从别的事物上意外地得到解决的线索。

（3）切不可为问题"牵肠挂肚"，这样不仅妨碍你的休息，对于问题的解决也是十分不利的。

"记录问题"不仅可以留待日后找出好的方法，还有一个作用：当你把问题详细记录下来之后，由于不必担心忘记它，便能放心地把它暂时从记忆中完全撤离，把脑子清理出一大片的“净土”，如此可以安心地全力去做另一项工作。否则，虽然是搁置问题，但因为无法暂时遗忘而心有旁骛，做起其他的事来势必效率不彰、事倍功半。

佛院里，那些已达上乘悟境的禅僧，打禅时仍不免会有若干杂念产生。许多禅僧因此在打禅时随身备妥纸笔，一旦杂念浮现便立即画写下来，然后画上一笔将杂念勾销，而能继续打禅。

为解决难题而撇下手边的其他工作是最不明智的举动。建议你把它记下来，让脑筋重回白纸的状态，以便全力进行其他的工作。

习惯14 责任重于一切

生存意味着责任。每一个人都有自己的责任和使命，责任是一个人的立身之本，责任可以保证一个人的工作绩效和生活质量。

我们在工作和生活中常常发现，只有那些能够勇于承担责任的人，才能够赢得老板的赏识，才有可能被赋予更多的使命，才有资格获得更大的荣誉。一个缺乏责任感的人，或者一个不负责任的人，首先失去的是社会对自己的基本认可，其次失去了别人对自己的信任与尊重，甚至也失去了自身的立命之本——信誉和尊严。

社会学家戴维斯说：“放弃了自己对社会的责任，就意味着放弃了自身在这个社会中更好生存的机会。”

责任是一种生存的法则。无论对于人类还是对于动物界，这都是一条不变的法则。

有这样的一个故事：

动物园里有三只狼，是一家三口。这三只狼一直是由动物园饲养的。为了恢复狼的野性，动物园决定将它们送到森林里，任其自然生长。首先被放回的是那只身体强壮的狼父亲，动物园的管理员认为，它的生存能力应该比其他两只强一些。

过了些日子，动物园的管理员发现，狼父亲经常徘徊在动物园的附近，而且看起来很饿，无精打采。但是，动物园并没有收留它，而是将幼狼放了出去。

幼狼被放出去之后，动物园的管理者发现，狼父亲很少回来了。偶尔带着幼狼回来几次，它的身体好像比以前强壮多了，幼狼也没有挨饿的样子。看来，公狼把幼狼照顾得很好，而且自己过得也很好。为了照顾幼狼，狼父亲必须得捕到食物，否则幼狼就会挨饿。管理员决定把剩下的那只母狼也放出去。

这只母狼被放出去之后，这三只狼再也没有回来过。动物园的管理员想，这一家三口看来是在森林里生活得不错。后来，管理员解释了这三只狼为什么能重返大自然生活。

“公狼有照顾幼狼的责任，尽管这是一种本能，正是这种责任让它俩生活得好一些。母狼被放出去后，公狼和母狼共同负有照顾幼狼的责任，而且公狼和母狼还需要互相照顾。这三只狼互相照顾，才能够重回自然，重新开始生活。”

由此可见，责任是生存的基础，无论是动物还是人。

❀习惯15 把工作变得简单

通用电气的前总裁杰克·韦尔奇有一句名言："管理效率出自于简单。"简单式管理已成为很多企业奉行的管理模式。同样，简化自己的工作也就成了高效能人士必备的一项重要习惯。

日常工作中，我们经常会遇到这样的现象：某位员工就某件事情汇报了半天，领导却不得要领，不知其说的重点是什么；某位员工就某件事写了一篇文字材料，洋洋数千言，可这件事到底是怎么回事，看了半天也不明白。这就是效率低下的普遍表现。

主要从事组织沟通管理咨询的艾森克·胡德曾对美国企业进行了一项以"简单管理"为专题的调查研究，长期观察企业员工的工作模式，探讨造成工作过量、效率低下的原因。最初的调查对象包括了来自500家企业的2500名人士，之后逐渐扩大到800多家企业，人数达到35万人，其中包括了美国银行、通用电气、迪士尼等国际知名的大型企业。

随后，艾森克将"简单"的理念运用到日常的工作实务上。根据他多年的研究调查结果，现代人工作变得复杂而没有效率的最重要原因就是"缺乏焦点"。因为不清楚目标，总是浪费时间，重复做同样的事情或是不必要的事情；遗漏了关键的信息，却浪费太多时间在不重要的信息上；抓不到重点，必须反复沟通同样的一件事情。

职场人士往往会有这样的体会：最初创业时，只有老板（包括合伙人）和被雇用者两个层级，那时候上下级之间的关系非常简单，工作效能也很高；然而，当发展成为大公司后，关系越来越复杂，管理也越来越困难了。这是什么原因？著名的管理大师彼得·德鲁克说过：“最好的管理是那种交响乐团式的管理，一个指挥可以管理250个乐手。”他通过调查和研究得出的结论是，对企业而言，管理的层级越少越好，层级之间的关系越简单越高效。

同样，一名职场中的高效能人士必须想尽办法，化繁为简，将牵绊工作效率的障碍毫不足惜地甩掉。“简单一些，不是要你把事情推给别人或是逃避责任，而是当你焦点集中、很清楚自己该做哪些事情时，自然就能花更少的力气，得到更好的结果。”艾森克在接受杂志记者访问时如此说道。简化问题，从细节入手，避免冗繁是我们简化工作的重要途径。

美国管理学家唐纳德·C.伯纳姆在《时间管理》一书中提

出自己提高效率的一项重要原则：在做每一件事情时，应该问自己三个“能不能”：

（1）能不能取消它？

（2）能不能把它与别的事情合并起来做？

（3）能不能用更简便的方法来取代它？

在这三个原则的指导下，善于利用时间的人就能把复杂的事情简单化，办事效率有很大提高，不至于迷惑于复杂纷繁的现象，处于被动忙乱的局面。无论在工作中，还是在生活中，为了提高效率，就必须决心放弃不必要或者不太重要的部分，并且把重要的事情也进行有序化。

简化问题是我们简化工作的一个重要原则。正确地组织安排自己的活动，首先就意味着准确地计算和支配时间，虽然客观条件使得你一时难以做到，但只要你尽力坚持按计划利用好自己的时间，并就此进行分析总结，然后采取相应的改进措施，你就一定能赢得效率。

习惯16 只做适合自己的事

很多的成功人士都有这样的经历：从早先的工作中解脱出来去做适合自己的事而取得了更大的成就。

例如，福勒制刷公司的创办人阿尔费·雷德就是一个典型的例子。阿尔费·雷德出身于穷苦的农场家庭，工作似乎与他无缘，两年中他虽然努力认真，却失去了三份工作。而自从接触了与刷子相关的工作后，他才发现他是多么不喜欢以前的那几份工作，而那些工作对他又是多么不合适。

刚开始，雷德销售刷子时，就有一个感觉：他会把这个销售工作做得出色。因为他喜爱这个工作，所以他把自己所有思想集中于从事世界上最好的销售工作。

雷德成了一个成功的销售员。他又立下自己的目标：创办自己的公司。这个目标十分适合他的个性。他停止了为别人销售刷子，这时候他比过去任何时候都高兴。

他在晚上制造自己的刷子，第二天又把刷子卖出去。销售额开始上升时，他租了一栋旧房子，雇用一名助手为他制造刷子，他本人则专注于销售。

这个曾经失去三份工作的人，最终成立了他自己的福勒制刷公司，并拥有几千名销售员和数百万美元的年收入。

拿破仑·希尔认为，你选择的工作如果很对自己的兴趣，那么你就很容易获得成功。因为从某种意义上来说，一个人特别感兴趣的工作就是适合他自己的工作。

许多年前，莱斯曾在一家大公司工作，担任地区副总裁的行政助理。

公司里大多数职员平日都是一副西装笔挺的富有人士形象，只有意大利人汤姆例外。他好像从来都不修边幅，看上去总是像刚从码头上干完活儿回来的。

汤姆也认为自己属于那种其貌不扬的精英类型，即便他与其他职员穿着一样的蓝条纹制服，可看上去就是不像样子。但汤姆所具有的洞察力却是莱斯所少见的。

有一次，他突然对莱斯说："你不该待在这儿。你跟这儿格格不入。”

“你这是什么意思？”莱斯问。虽然有点生气，但他的话却引起了莱斯极大的兴趣。

“你懂我的意思，”汤姆边点雪茄边说，“你有开拓能力，你喜欢与人打交道，为何非在这鬼地方浪费你的时间和才华，整天写什么部门材料、预算报告？”

莱斯永远忘不了汤姆这些富有见地的话，正是这些话使莱斯清醒过来。

从那时起，莱斯的心里就不断重复着这样的想法：我正在不属于自己的位置上从事着不适合自己的工作。

后来，莱斯按汤姆的建议辞去了工作，开始做些更有意义的尝试。

从那家公司跳出来以后，莱斯创办了自己的公司。

现在，莱斯拥有许多过去无法想象的商业机会，经济上更为成功。此外，莱斯还经常在广播和电视节目中露面。如果莱斯还在那家公司做职员的话，这一切都是无法想象的。

同样，一个人要成为一名高效能人士首先要像雷德和莱斯一样，找到适合自己的事，并全力以赴地做好它。只有这样，才能在事业上取得突出的成就。

❀习惯17 及时化解人际关系矛盾

人际交往是高效能人士必备的一项技能。处理好人际交往过程中出现的人际关系难题是维持良好人际交往的关键。

著名社会专家戴维博士说过，我们一来到这个世界，便坠入了错综复杂的社会关系网络中，扮演着不同的角色。在家中，你是子女，又是父母；在企业中，你是下属，又是上级；在社会中，你是小辈，又是长辈；在交往中，有熟悉的，也有不熟悉的。在这个巨大的网上，你个人就像是一个关节点，从个人出发，像水纹一样，形成一圈圈以个人为中心的人际关系网。

有人的地方，就会有问题出现，这在我们的工作和生活中十分常见。卡耐基先生曾形象地指出，在现代人的工作中，误解、矛盾等人际“顽疾”像企业出现财务危机、破产等种种问题一样，是不可避免的。一位“办公室政治”专栏作家曾一针见血地说：“‘办公室政治’这场游戏，要是你不愿上场，那就不要抱怨升职无期，薪金原地踏步，人家对你视若无睹，甚至被裁掉。”由此可见，在工作中，我们会不可避免地卷入公司的人际圈里，不可避免地要接受一些情愿或者不情愿的东西。对此，逃避是无法解决问题的，唯一的办法就是主动行事，通过自己的行为和态度积极地去改善自己的人际关系，为自己的工作奠定良好的基础。

一个人能否成为高效能人士不仅取决于其本职工作的完成质量，更大程度上还取决于其人际关系处理得成功与否。尽管在为人处世中存在着许多技巧，并且还包括非常复杂的心理因素和行为因素，但并不是高深莫测，成功处世必有其原则和方法。只要我们积极面对，必能达到轻松处世、人际关系和谐的境地，你也必定能够成为一个在工作和人际上相得益彰的高效能人士。

与人交往是一种艺术，如果你曾为办公室人际关系的难题而苦恼，无法忍受主管的反复无常，看不惯主管的假公济私，那么你一定要尝试学习如何与不同的人相处，提高自己化解人际矛盾的能力。交际中虽然需要很多的理念做指导，但它更大程度上是一种实践活动，就像音乐、美术一样，需要大量的实践，需要不断地补充经验，才能够真正掌握其要领。

习惯18 有效沟通

有效沟通是高效能人士的一项重要的能力。提高沟通能力，主要有两方面：一是提高理解别人的能力；二是增加别人理解自己的可能性。

人与人交往需要沟通，在公司内，无论是员工与员工、员工与上司、员工与客户，都需要沟通。良好的沟通能力是工作中不可缺少的，一个高效能的人士绝不会是一个性格孤僻的人，相反，应当是一个能设身处地为别人着想、充分理解对方、不以针锋相对的形式对待他人的人。

在有效的沟通中我们可以得到很多工作之外的东西。例如，在沟通中，我们除了和大家一起工作外，还可以和大家一起去参加各种活动，或者礼貌地关心一下他人的生活。我们可以使每个人觉得，我们不仅是工作上的好搭档，在工作之外也是很好的朋友。

在一个团队中，沟通应当遵循简单的原则，人与人之间的沟通应直截了当，心里想到什么说什么，不要把简单的问题复杂化，这样可以减少沟通中的误会。言不由衷，会浪费大家的宝贵时间；瞻前顾后，生怕说错话，会变成谨小慎微的懦夫；更糟糕的是还有些人，当面不说，背后乱讲，这样对他人和自己都毫无益处，最后只能是破坏了集体的团结。正确的方式是提供有建设性的正面意见，在开始讨论问题时，任何人都不要拒人千里之外，大家把想法都摆在桌面上，充分体现每个人的观点，这样才会有一个容纳大部分人意见的结论。

沟通对于整个团队工作效能的提升十分重要。如果员工之间处于一种无序和不协调的状态之中，双方之间互相推诿责任致使各种力量被互相抵消，“既然我做不成，那么我也不让你做成”，这样的内耗既消耗了别人的力量，也消耗了自己的实力，在这种团队之中也不可能出现什么高效能人士。我们要实现双方合作关系，就必须杜绝自己有上述想法或行为出现，争取在不损害自己利益的基础上也充分保证对方的利益。

一个高效能的人士应当具备出色的沟通能力。为此，他必须是一个“话题高手”，善于谈论他人感兴趣的话题。

凡拜访过罗斯福的人，都很惊叹他知识的渊博。“无论是牧童、野骑者、纽约政客，或外交家，”布莱特福写道，“罗斯福都知道同他谈什么。”

他是怎么做的呢？

答案极为简单。

无论什么时候，罗斯福每接待一位来访者，他会在前一个晚上迟一点睡觉，以便阅读客人特别感兴趣的话题。因为罗斯福同所有的领袖一样，知道赢得人心的秘诀，就是与他谈论他最感兴趣的事情。

曾任教哈佛大学的和蔼的鲁克教授早年就得到过这方面的经验。

鲁克教授在他的一篇文章中写道：

当我8岁时，一个周末去拜访住在附近的姑母，并在她家度过假期。一天晚上，一个中年人来拜访，与姑母寒暄之后，他的注意力集中到我身上。那时候，我正对船感兴趣，这位客人对这个话题似乎特别感兴趣。他走后，我非常高兴地谈论他，说他是多么好的一个人！对船多么感兴趣！我的姑母告诉我说，他是一位纽约律师，平常他对船的事情毫不关心，对于船的问题也毫无兴趣。但为什么他始终谈论船的事呢？

“因为他是一个高尚的人。他见你对船感兴趣，他知道谈论船能使你高兴，同时也使他自己成为受欢迎的人。”姑母说。

我永远不会忘记我姑母的话。

约克是某食品公司的业务员，他在一段时期曾想将面包卖给纽约一家酒店。

4年来，每个星期他都去拜访经理，他甚至还在这家酒店开了房，住在那里，以得到生意，但他失败了。

“后来，”约克说，“在研究人际关系之后，我决定改变策略。我决定找出这个人感兴趣的是什么，什么会引起他的兴趣。”

“我发现他是美国旅馆服务员协会的会员。他不但是会员，由于他的热心，他现在还是该会的会长和国际服务员协会的会长。不论在什么地方举行大会，他都会飞过崇山峻岭，越过沙漠、大海，参加大会。

“所以第二天见到他的时候，我首先开始谈论关于服务员协会的事，效果很好——他对我讲了半小时关于服务员协会的事，他的声音有力、高亢，我可以清楚地看出这确实是他的业余嗜好，是他生活中的热情所在。在我离开他的办公室以前，他劝我加入该协会。

“这个时候，我仍然没有提任何关于面包的事。但几天后，他旅馆的主管打电话要我带着货样和价目单去。

“‘我不知道你对那位老先生做了些什么，’主管对我说，‘但他真的被你搔到痒处了。’

“试想一想，我对这人紧追了4年——费力得到他的生意，我如果没有最后费劲去找出他感兴趣的、他喜欢谈的，我还要死追，不知道追多少年才能成功。”

所以，如果我们想在沟通中更好地影响他人，就应当养成谈论他人感兴趣的话题这个好习惯。

习惯19 积极倾听

善于倾听是一个人沟通成功的出发点。倾听既是我们取得关于他人第一手信息、正确认识他人的重要途径，同时也是我们对他人表示尊重的最好方式。美国哈佛大学原校长劳伦斯·萨默斯说过：“生意上的往来，并无所谓的秘诀……最重要的是，要专注眼前同你谈话的人，这是对他人最大的尊重。”

古希腊的哲学家苏格拉底，作为有名的对话大师，认为自己是一个“助产师”，是帮助别人形成自己正确看法的人。通过倾听，我们可以帮助对方形成与完善他的想法。即使想表达自己的某种看法，也应当借用对方的话作一引申，如“就像你刚才说的”“正如你所指出的那样”等，一方面表明你重视并记住了他的话；另一方面也使对方感到你是在作一种补充说明，说明你不仅在听，而且在思考。

在人际交往中，需要养成倾听的习惯。

一次成功的商业会谈的秘诀是什么？注重实际的学者以利亚说："关于成功的商业交往，没有什么神秘——专心致志对你讲话的人极为重要。没有别的东西会如此使人开心。"你无须读MBA（工商管理硕士）也可以发现这一点。

我们知道，如果一个商人租用豪华的店面，陈设橱窗珠光宝气，为广告花费成千上万元钱，然后雇用一些不会静听他人讲话的店员——中止顾客谈话、反驳他们、激怒他们，甚至几乎要将客人驱出店门的店员——他的店面布置再豪华，恐怕过不了多久也是要关门的。

杰克是美国一家百货商店的经理，良好的倾听习惯是他解决客户抱怨的关键。

有一天，一名叫乌顿的先生在杰克负责的百货商店买了一套衣服。这套衣服令人失望：上衣褪色，把他的衬衫领子都弄黑了。

后来，乌顿将这套衣服带回该店，找到卖给他衣服的店员，告诉他事情的情形。他想诉说此事的经过，但被店员打断了。"我们已经卖出了数千套这种衣服，"这位售货员反驳说，"你还是第一个来挑剔的人。"

正在激烈辩论的时候，另外一个售货员加入了。"所有黑色衣服起初都要褪一点颜色，"他说，"那是没有办法的，这种价钱的衣服就是如此，那是染料的关系。"

"这时我简直怒不可遏，"乌顿先生说，"第一个售货员

怀疑他的诚实，第二个暗示我买了一件便宜货。我恼怒起来，正要与他们争吵，此时，一名叫杰克的经理走了过来，他懂得他的职责，正是他使我的态度完全改变了。”杰克将一个恼怒的人，变成了一位满意的顾客。他是如何做的？他采取了三个步骤：

第一，他静听乌顿先生从头至尾讲述事情的经过，不说一个字。

第二，当乌顿先生说完的时候，售货员们又开始要插话发表他们的意见，他站在乌顿先生的立场上与他们辩论。他不仅指出领子是明显地为衣服所染污，并且坚持说，不能使人满意的东西就不应由店里出售。

第三，他承认他不知道毛病的原因，并率直地对乌顿先生说：“你要我如何处理这套衣服呢？你说什么，我都照办。”

就在几分钟以前，乌顿先生还预备告诉他们留下那套可恶的衣服。但他现在回答说："我只要你的建议，我要知道这种情形是否是暂时的，是否有什么办法解决。"

他建议乌顿先生再试一个星期。"如果到那时仍不满意，"他应许说，"请您拿来换一套满意的。让你这样不方便，我们非常抱歉。"

乌顿先生满意地走出了这家商店。到一星期后这衣服没有毛病，乌顿先生对于那商店的信任也就完全恢复了。

柔能克刚。杰克的经历告诉我们，始终挑剔的人，甚至最激烈的批评者，常会在一个有忍耐和同情心的静听者面前软化投降。

费城电话公司数年前应付过一个曾咒骂接线生的顾客。他咒骂、发狂，并恫吓要拆毁电话，他拒绝支付某种他认为不合理的费用，他写信给报社，还向公众服务委员会屡屡投诉，并使电话公司被提起数起诉讼。

最后，公司的一位最富技巧的"调解员"被派去访问这位暴戾的顾客。这位"调解员"静静地听着，并对其表示同情，让这位好争论的老先生发泄他的牢骚。

"他喋喋不休地说着，我静听了差不多3小时，"这位"调解员"叙述道，"以后我再到他那里，继续听他发牢骚，我共访问他4次，在第四次访问完毕以前，我已成为他正在创办的一个组织的会员，他称之为'电话用户保障会'。我现在仍是该组织的会员。有意思的是，就我所知，除老先生以外，我是唯一的会员。"

“在这几次访问中，我静听，并且同情他所说的任何一点。我从未像电话公司其他人那样同他谈话，他的态度也变得友善了。我要解决的问题，在第一次访问时没有提到，在第二、第三次也没有提到，但在第四次，我圆满地结束了这一事件。他把所有的账都付清了，并在他与电话公司为难的诉讼中，他第一次撤销了他向公众服务委员会的申诉。”

案例中这位老先生自认为公义而战，保障公众权利，不受无情的剥削，但实际上他要的是“被人看作重要人物”的感觉。他先经由挑剔抱怨得到这种感觉，但在他从公司代表那里得到满足后，他的不切实际的“冤屈”即消失得无影无踪了。

习惯20 合理应对压力

现代社会，人们面临着各种各样的压力，为了更好地生活，应该养成良好的处理压力的习惯。一般来说，处理压力有多种方法，例如，保持身体健康，时刻记着寻找乐趣，工作中注意自立，学会与他人沟通，学会怎样应付他人，善用人际关系，等等，但这些都是一些理念层面的指导，下面为大家介绍几种行之有效的压力处理方法，对压力的处理做进一步的工具性指导。下面主要介绍的压力处理方法有倒数、冥想、NLP法、生物反馈法和呼吸调节法等。

1. 倒数

倒数是一种常见的放松方法，它的做法如下：闭上眼睛，放松了肌肉后，再开始从10倒数到1。

倒数时，想象自己正在下降——在一个下降的电梯里，正在下楼梯，或是从云端下降。

下降时，想象每一个你数的数。

每数几个数字，就要暗示自己："我正在放松。当我数到0时，我将完全放松。"

按自己的节奏进行。按自己所感觉的放松节奏下降。

到达最低点时，想象一片平静、优美的景色。这就是你所想到的地方。

经过练习，应当减少倒数的数字，也许可以从5数到0，有些人甚至可以减少到3个数字。

2. 冥想

上面介绍的倒数是一种浅层次的放松状态，这里我们为你提供一种深层次的冥想放松方式，这种方式在东方宗教里已经沿用了几千年，而且被证明是行之有效的。事实上，冥想对于减缓压力有百益而无一害。

先使自己放松。

关注你的呼吸。呼吸时，平静地重复一个词或是短语（比如"啊"或"平静"）。

当其他思想涌入脑中时，镇静地将它们赶走，并回到你重复的词上来。

开始从10或15往回数；在更加熟练后，你可能会希望延长自己的冥想。

通过几星期的练习后，大部分人都说他们在冥想后不但感到更放松，而且对压力的反应也更为冷静。

但是，冥想并不适用于每个人。有些人只需要睡会儿觉就可以做到，而有些人则把自己限制得很死，因为他们不懂休息的艺术。如果你也这样，那么你在想象方面会更成功，它的功效仍然是使人平静，却不用极力使大脑保持空明，而是在脑中想象使人放松的图片或画面。

3.NLP 法

这个技巧除了消除压力、帮助睡眠或休息外，也能够用来处理几乎任何问题。它是一个自我催眠技巧，即运用“喻象”（我们常称之为“观赏”或“自我暗示”）与潜意识沟通，引导潜意识去推动身体的各个系统做出改善的效果。辅导者也可以遵照技巧指示，用说话引导受导者做出效果。

这个技巧没有副作用或不良效果，成功率甚高。一次运用，可以同时处理多个问题。若无效果，多是因为以下的3个原因：

（1）使用者对技巧或者辅导者的抗拒。

（2）使用者未能放松便开始进行。若是如此，可重新开始，先做三次深呼吸，做时把注意力放在体内的感觉上。

（3）使用者有强烈的“我没资格”的身份信念。若是如此，可先与潜意识“沟通”，“邀请”它的合作才开始技巧的进行。

这个技巧需要受导者大量使用内感官，尤其是内视觉，和“象征实物化”的能力（即是用事物去象征问题——例如握拳象征收紧，张手象征放松；把不明确的问题变成实在的东西——例如身体各部分像半透明的水箱、引起肌肉酸痛的东西像铁块等）。内视觉弱的使用者或许会需要多点时间，可以多用内听觉和内感觉的元素。

技巧开始时，想象本人是一具呈半透明的人体模型，身体里面的器官和系统，运作良好的组织和结构，都是接近透明的，构成多个水箱般的单位。不好的东西，例如造成紧张、疼痛、发炎、溃疡、脓肿的东西，都有颜色，将它们的干扰都想象成好像污水的液体，储留在那些水箱里。

这个技巧，前后要经过三次由头到脚的全身处理。每一次都应按照以下的次序（每一个部位就是一个水箱）：

脑→头的其他部分→颈部→双肩→双手臂→双前臂→双手掌→双手的手指（由拇指到尾指）→胸部→胃部→腹部→背的上半部→背的下半部→双大腿→双膝→双小腿→双脚板→双脚的脚趾（由拇趾到尾趾）。

第一次：清除污水。

想象全身都有污水，里面充满让你感到疲劳、紧张、辛苦、压力、酸痛及其他负面感觉的东西。现在，由头到脚，按上面的次序，想象每个部分的水箱开始把污水排走，看着水位渐渐下降。身体哪些部分有不适，运用象征实物化，想象造成那份不适的是粒状或粉状的东西，附在不适的部分。它们现在开始剥落，掉在污水里一同排走。当全身的污水排去后，可检查一次，若有残余污水，可想象放入一些清水把它带走。

第二次：添增能量。

这一次是把有用的能量加进身体，帮助身体处理问题。正面的能量基本上都是白色的，像牛奶，称之为“能量牛奶”。

特别重要的东西，例如平静、勇气、注意力、放松等，可以让受导者挑选最具代表性的物品加入能量牛奶里面（例如黄瓜代表冷静，就想象把黄瓜粒加进牛奶里面混合）。

准备好能量牛奶，便想象在受导者头顶上有一个很大的容器，装满了能量牛奶，开始从头顶灌进身体，首先是脑，然后是头的其他部分，按前述的次序注入全身。特别需要照顾的部分，可想象凝聚在那些部分的能量牛奶有3倍浓度。

第三次：处理问题。

逐一把身体的问题处理，想象那些能量牛奶把问题改善："象征实物化"的问题形状，由于有能量牛奶的帮助，渐渐变成问题解决了的形状（例如发炎部分本来是深红色，慢慢变成红色，再变成粉红，最后变成正常的颜色；同时发炎部分有肿胀现象，也慢慢消除）。重复多次问题改善的过程，然后转入下一个问题的处理。

若是睡眠的问题，除了在能量牛奶里面加上"睡眠剂"外，还可另外做一次全身扫描：想象用"松弛激光线"从头顶开始往下反复照射，一层一层地把身体里的肌肉放松。需要特别放松的地方，更可重复照射多次。

做完这个技巧后最好有20分钟的休息时间，让潜意识把效果更好地在身体里落实下来。长期失眠者每晚这样做，每次20分钟，只要保持平静，不出一周便有基本效果。

4. 生物反馈法

专家们在探求控制压力方法的过程中发现，生物反馈法非常有用，尤其是当人们对这些技巧产生兴趣时。人们可以在医院或专家指导下参加生物反馈法的培训，也可以尝试在家庭中训练（例如，可以买一些设备来自己测量血压）。

生物反馈系统通过电子传感器来测量人体内的压力，并将结果反馈给人们。这些结果可以反映在图形上，也可以反映在声和光上。生物反馈法会使人的减压技能得到检验，并使人们切实地感觉到其效果。

对于对想象、遐想和冥想这样一些难以定性的放松方式感到不舒服的人来说，生物反馈法尤其有用。这种方法将模糊的感觉转化为具体、可见的信息，能帮助人们形象地运用这些压力处理技能。

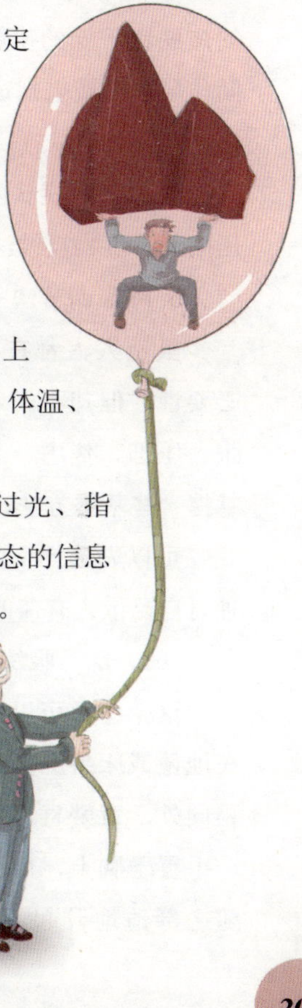

（1）技术性问题。生物反馈法基本上是这样工作的：当一个人站在一台机器上时，机器会检测他的无意识活动（如血压、体温、肌肉的紧张度、汗、脑波或胃酸等）。

当人们进行一些放松练习时，能够通过光、指针或类似的指示器从机器上获得关于身体状态的信息反馈（这也是生物反馈法这一名字的由来）。

在人们做完这些练习后，能够学会将自己的感觉与体内的过程联系起来。例如，当血压升高时，人们就会知道自己身体的感觉。

多次练习后（这个方法只对那些坚持不懈的人有用），人们能够学会利用各种方法降低自己的血压。

（2）生物反馈法是如何发挥作用的。皮肤温度测量：当人们遭遇压力时，其肾上腺激素会促使血液从体表流向身体内部，从而使人们进入一种“战斗或逃跑”的准备状态。随着皮肤表面血液的减少，人体皮肤的温度也将随之降低。

皮肤的静电反应：当人们遭遇压力时，汗液会增多。湿润的皮肤比干燥的皮肤更易导电。生物反馈法通过测量正负电极间传导的电量来判定压力的程度。

血压：当人们遭遇压力时，血压会升高。因为有很多人在毫无压力表面症状的情况下血压增高，所以对于那些想降低血压的人，生物反馈法会非常有用。

5. 呼吸调节法

虽然人人都在不停地呼吸，都知道呼吸对于维持生命的必要性，但却不一定知道某些特定的呼吸方法还有解除精神紧张、压抑、焦虑、急躁和疲劳的功效。通过一段时间的练习，掌握一些基本方法，就可能运用呼吸进行自我心理调节。

可以先选择下面这些练习做基本的尝试，然后从中选择几种对自己最为有益的方法，经常练习。

（1）深呼吸练习

这个练习可以采用站式、坐式或卧式。最好用卧式：平躺在地毯或床垫上，两肘弯曲，两脚分开20厘米～30厘米，脚趾稍向外，背躺直。对全身紧张区逐一扫描。将一手置于腹部，一手置于胸上，用鼻子慢慢地吸气，进入腹部，置于腹部的手随之舒适地升起。然后微笑着用鼻子吸气，用嘴呼气，呼气时轻轻地、松弛地发“呵”声，好像在轻轻地将风吹出去，使嘴、舌、腭感到松弛。做深长缓慢的呼吸时，体会腹部的上下起伏，注意体会呼吸声愈来愈细微的感觉。

这个练习每天须做1～2次，每次5～10分钟，1～2周后可以将练习时间延长至20分钟。

（2）叹气练习

人在白天有时会叹气或打呵欠，这是氧气不足的征兆。叹气、打呵欠是机体补充氧气的方式，也能减少紧张，因此可以作为松弛的手段来练习。

站立或坐着长长地叹一口气，让空气从肺部跑出去。不要想到吸气，让空气自然地进入。重复8～12次，体验一下松弛感。

（3）充分自然式呼吸练习

健康婴儿或原始人采用充分的、自然式呼吸，文明时代的成人喜欢穿紧身服装，过着紧张的生活，已经没有这种呼吸习惯。下面的练习可帮助我们恢复充分而自然的呼吸：

坐好或站好，用鼻子呼吸。吸气时，先将空气吸到肺的下部，此时横膈膜将腹部推起，为空气留出空间；当下肋和胸腔渐渐向上升起，使空气充满肺的中部；最后慢慢地使空气进入肺的上部。全部吸气过程需时2秒，要有连续性。屏住气，约几秒钟。慢慢地呼气，使腹部向内缩一下，并慢慢地向上提。气完全呼出后，放松胸部和腹部。吸气之末可以抬一下双肩或锁骨，使肺部充满新鲜空气。

（4）拍打练习

这个练习可以使人清醒，变紧张为松弛。

直立，两手侧垂，慢慢吸气时，用手指尖轻轻拍打胸部各个部位。吸足并屏住气后，改用手掌对胸部各部位依次拍打。吸气时嘴唇如含麦秆，用适中的力一点一点间歇地吐气。重复练习，直到感到舒服。同时可将拍打部位移到手所能及的身体其他部位。

在工作和生活中，为了应对各种压力，养成良好的减压习惯十分重要。当你形成良好的习惯之后，生活将更加轻松。

习惯21 掌握工作与生活的平衡

2004年11月，曾被誉为“胆大包天第一人”的均瑶集团董事长王均瑶，因患肠癌医治无效，在上海逝世，年仅38岁。这则消息迅速传遍了全国各地。有些人在自己事业一帆风顺的时候却因过度劳累而失去生命，究其原因，就是没有平衡好工作与生活之间的关系，只知道一味地追求工作，结果损害了自己的健康。

真正的高效能人士都不是工作狂，他们善于掌握工作与生活的平衡。工作压力会给我们的工作带来种种不良的影响，形成病理性强迫工作或者完美主义等错误的工作习惯，这会大大地降低一个人的工作绩效。

压力给我们的工作带来种种不良影响，严重的甚至会带来一些精神上的疾病。“工作狂”和完美主义者不等于最佳工作者，一个高效能人士是不会成为“工作狂”的。

据调查，一般工人的生活是不平衡的，从商者尤其如此。许多白领一星期工作的时间超过常规的40小时。经常拼命工作的人就是“工作狂”，过度追求尽善尽美、强迫自己、迷恋工作是“工作狂”的心理特征。一个高效能人士应当善于把握工作与生活的平衡，处理好工作压力与享受生活之间的矛盾。读恐怖小说、在花园中工作、躺在吊床上做白日梦，都可以提高工作效率。

工作不是生活的唯一目的，如果你想成为不为工作所苦的人，不妨试着偶尔少点工作、多点游戏。生活中一定数量的休闲能够增加你的财富，当然，这里主要是指精神上的财富。如果你在休闲上花更多的时间，或许你最终也会增加经济收入。

在休闲时间中培养更多的兴趣爱好有许多好处。工作之余的兴趣爱好有助于你在工作中有所创新。当你追求休闲生活时，你的精神会从跟工作有关的问题中解脱出来，从而得到休息。

你会因此关注工作以外的事情，会变得更富有创造力，能给企业提供一些有创造性的新点子。很多最有创造性的成就往往是在走神或胡思乱想中产生的。

1. 把工作放一放

有位医生在替一位知名的企业家进行诊疗时，劝他要多多休息。这位病人愤怒地抗议说：“我每天承担着巨大的工作量，没有一个人可以分担一丁点的业务。大夫，您知道吗？我每天都得提一个沉重的手提包回家，里面装的是满满的文件呀！”

“为什么晚上还要批阅那样多文件呢？”医生诧异地问道。

“那些都是必须处理的急件。”病人不耐烦地回答。

“难道没人可以帮你的忙吗？助手呢？”医生问。

“不行呀！只有我才能正确地批示呀！而且我还必须尽快处理完，要不然公司该怎么办呢？”

“这样吧！现在我开一个处方给你，你是否能照着做呢？”医生有所决定地说道。

这病人听完医生的话，读一读处方的规定——每天散步两小时，每星期空出半天时间到墓地去一趟。

病人不解地问道：“为什么要在墓地待上半天呢？”

“因为……”医生不慌不忙地回答，“我是希望你四处走一走，瞧一瞧那与世长辞的人的墓碑。你仔细考虑一下，他们生前也与你一般，觉得全世界的事都必须扛在双肩，如今他们全都永眠于黄土之下了，也许将来有一天你也加入他们的行列，然而整个地球的活动还是永恒不断地进行着，而其他世人仍是如你一般继续工作。我建议你站在墓碑前好好地想一想这些摆在眼前的事实。”

医生这番苦口婆心的劝谏终于敲醒了病人，他依照医生的指示，放慢了生活的步调，并且转移了一部分职责。他知道生命的意义不在于急躁或焦虑，他的心已经获得了平和，也可以说他比以前活得

更好，事业也蒸蒸日上。

把工作放一放是一条平衡工作与生活的重要法则，在医生的建议下，这位病人悟出了这样一个道理："少了一个人，地球照样转。"这个世界没有谁是不可或缺的，当工作妨碍了你的生活和身体健康的时候，不妨把工作放一放，以一种平和的心态面对自己的事业，这样才称得上是把握住了生活的目的。

2. 不要做"工作狂"

"工作狂"很多都是因为没有把握好工作与生活的平衡所致。"工作狂"常常因为工作而损害自己的健康。下面一张表是"工作狂"与和谐工作者（把握了工作与生活平衡的人）的对比，教你如何区分"工作狂"与一个和谐工作者：

工作狂	和谐工作者
工作时间长	工作时间正常
没有确定的目标——工作只是为了积极表现自己	有确定的目标——主要是为目标而工作
不会委托别人	尽可能委托别人
工作之余没有兴趣爱好	工作之余有许多兴趣爱好
为了工作放弃假期	能按照公司规定正常地休假
在工作中发展肤浅的友谊	在工作外发展深刻的友谊
经常谈论工作问题	尽量减少对工作的谈论
经常忙着做事情	能够享受休息
觉得生活很累	觉得生活是节日

“工作狂”习惯于连续工作好几个小时，而没时间休息。“工作狂”虽然拼命工作，但成绩有限，考虑到这一点，可以说事实上他们大都缺乏能力。其实，很多“工作狂”的工作效率并不高。

沉迷于工作是一种很严重的疾病，如果不及时治疗，会导致心理和生理上的问题。一些调查研究表明，受人尊敬的“工作狂”感情有缺陷。而且“工作狂”对工作的着迷容易导致他们患有胃溃疡、背部疾病、失眠、抑郁症和心脏病，许多人甚至因此而早亡。

高效能人士能够享受工作和娱乐，所以他们是最有效率的。如果需要，他们可能会大干一两个星期。然而，如果仅仅是例行公事的工作，他们可能懒得做，并以此为荣。

人生的成功并不局限于办公室。要做一个有着平衡生活方式的高效能人士，就意味着工作在为你服务，而不是你为工作服务。有生活和工作计划顾问建议，要想有平衡的生活方式，必须满足生活中的6个领域，这6个领域是：智商、身体健康、家庭、社会福利、精神追求和经济状况。

习惯22 守时

守时是高效能人士的一项重要习惯。曾有人问美国最大的连锁公司的经营者J. C. 彭尼先生：“在忙碌的生活中，你是怎样设法做完了全部工作的？”彭尼的回答非常简单：“这是因为我准时地做每件事。不要等到明天，昨天已经过去，唯一的时间是今天。”

时间是一个人最宝贵的财富，因为正是时间一点一滴地累积成人的生命。但时间又是无情的，它不能挽回、不可逆转、不可贮存，且永不再生。

如果你想成为一名真正的高效能人士，就必须认清时间的价值，认真计划，准时做每一件事。这是每一个人只要肯做就能做到的，也是一个人走向成功的必由之路。如果你连时间都管理不好，那么，你也就不要再奢望自己能管理好其他的任何事务，更不要奢望金钱源源而来。

博恩·崔西博士曾说，一个人有两个要素，那就是能力和准时，前者又往往是后者所结的果实。所以，真正的高效能人士，极少是不准时的。事事准时者，不仅能增加自身的可信赖感，无形中还增多了自己的时间。

拿破仑曾经说：“我之所以能战胜奥地利人，是由于他们（奥地利人）不知道5分钟的价值。”

没有什么比时间重要，也没有什么比准时更能节省你自己和他人的时间。然而有许多人，也许还包括你，因为不准时，失去了很多赚钱机会。

汉杰斯是一家电脑科技公司的业务员。有一次，在汉杰斯的再三努力下，一家高科技公司主管终于给了汉杰斯回音，约他在某天上午的10点钟到他办公室里去，与他面谈公司的一个项目。

但汉杰斯在那天去见该公司主管时，比约定的时间迟到了20分钟。待他到时，该公司主管已离开办公室，去出席一个会议了。过了几天，汉杰斯便再去见该主管。该公司主管问他那天为什么失约，汉杰斯回答道：“呀，鲍勃先生，那天我在10点20分来的呢！”“但是约定的时间是10点钟啊！”该主管提醒他。

汉杰斯还不服气，以辩论的语气回答道：“呀！我知道的，但是我以为迟了一二十分钟是无关紧要的。”

主管很严肃地说：“谁说不紧要？你要知道，准时赴约是件极重要的事情。在这件事上，你已经失去了你所向往的那笔业务，因为已在当天下午，公司又接洽好另一个人了。我要告诉你，你不能认为我的时间不值钱，以为等一二十分钟是不要紧的。老实告诉你，在那一二十分钟的时间里，我还预约好两个重要的约会呢！”

汉杰斯的做法很糟糕，因为他浪费时间太多，因为他缺乏准时做事的品德，从而失去了已经落入手中的赚钱机会。

生活好像一盘棋赛，坐在你对面的就是“时间”。而时间抓得住就像金子，抓不住就像流水。时间给迟到者留下的是遗憾，给准时做事的人献上的是众多的成功机遇和数不尽的财富。如果你一再拖延，不准时做事，机遇就会从你的手中溜走，金钱也会消失得无影无踪，你将如汉杰斯那样在激烈的市场竞争中被淘汰出局，一无所获；而如果你说做就做，你就有获胜的可能。

因此，如果你想使自己成为一名高效能人士，就应当养成守时的好习惯，准时完成自己的工作。正如布尼斯先生所言：“没有什么比守时能更快地激起一位商人的信任感，也没有哪种习惯比总是拖延更快地削弱自己的声誉。”

习惯23 注重完善自己的人际关系

成功在很大程度上取决于你有多大的影响力，与恰当的人建立稳固关系对此至为关键。这里“恰当的人”并不是那些神通广大、见解不凡的人，而是能够在工作中给你实际帮助的人。这是构建高效人际网络的关键。因此，要想获得更大成功，就需要培养多与人交往的良好习惯，不断提升自己的人际交往能力。

人际能力对于一个人的成功起着至关重要的作用。成功学专家拿破仑·希尔曾对一些成功人士做专门的调查，结果发现，大家认同的杰出人物，其核心能力并不是他的专业优势，相反，出色的人际策略才是他们成功的关键。这些人会多花时

间与那些在关键时刻对他们可能有帮助的人培养良好的关系，在面临问题或危机时便容易化险为夷。

美伦矿业公司是一家美国公司和加拿大的一家采矿公司合资成立的跨国集团，当约翰·贝勒刚刚接管合资公司经理职位的时候，公司正处于非常困难的时期。加拿大的采矿公司内部丑闻不断，并且正面临着一场严重的财务危机，以至于差点由银行出面接管。合作的另一方，则刚刚更换了最高主管。加拿大的采矿公司曾向欧洲的公司许诺，将在欧洲进行长期投资，但如今由于自己资金吃紧，竟然出尔反尔。合资公司于是陷入骑虎难下的困境：双方都不愿让步，合资项目停滞不前，合资双方的关系严重恶化。现在对新上任的合资公司经理约翰来说真是一场空前的考验和挑战。约翰的前任莱恩是一个营销专家，并在石油的零售方面有很强的专业技能，但由于缺乏对人际关系的理解和驾驭，只重生意，根本应付不了这些突然的变化。这对约翰是一个很好的教训。

约翰是个英国人，生于南非，长在印度，曾做过美洲某大型跨国公司的财务经理，拥有让人羡慕的资历。在上任之前，他是该跨国联盟公司在亚洲的负责人。他的背景和经历使得他在公司的财务方面站稳了脚跟。他曾在东亚某个政局不稳、市场多变的小国家从事市场营销工作，这不仅使他的能力得以充分施展，而且为他提供了绝佳的锻炼才能和积累经验的机会。他对大量不同的文化和知识兼收并蓄，游历过很多地方，掌握了多种语言。这些经历使得他在人际关系沟通方面具备了超群的技能。正是由于他能够在非常广泛的层面上与对方的母公司、自己的母公司和合资公司沟通与交流，并获得对方的信任，从而可以参与更广的战略规划和具体执行。约翰能够主动接触别人，积极结识其他公司的职员，自己活跃在某个专业领域，并从中获益。在合资公司内，他与组织的上级、同级、下属都保持良好的人际关系，因此在公司内外建立起良好的人际关系网。凭借良好的人际关系网，即使新官上任，他也能很容易获取需要的信息和帮助。

在这个国际合资企业中，约翰具备最重要的素质之一就是国际应变能力，了解在不同的文化背景中的社交礼仪，能够对所接收到的信息做出正确反应，从而拉近彼此的文化差距。因此他具备了游刃有余的交流功夫。比如，他的谈话风格会随着谈话伙伴的背景而变化。说起西班牙或拉丁文化时，他会感情奔放并活灵活现，双眼闪闪发亮，面部表情非常丰富；而当他和日本同行交流时，很少直视对方，话语中多了几分娴静，表现得相当沉默。正是由于超人的沟通力，约翰构建起自己的人际网，从而带领合资公司走出了困境，并日渐兴旺。

通过上面的例子我们可以看出，人际沟通对一个合资企业的经理来说，是一项很重要的品质。另外，人际关系常常也是合作者之间互相联结的一个重要纽带。A公司和B公司曾经共同组建了一个合资企业，丹尼来自于A公司，科特来自于B公司。

两人认识的时间超过了30年，彼此是生意场上的朋友，他们共同经历了生意场上的起起落落。在丹尼去世后，科特第一次到美国时，在机场的第一个要求就是去看丹尼。他在墓边停留了20分钟，用日语对科特说话，A公司的经理们很快就意识到，他不仅仅是致悼词，而是在和丹尼亲切交谈，告知丹尼在他去世后发生的事情。尽管丹尼已成故人，但两家公司间的联盟依然稳固如初。

习惯24 善于授权

通用电气原CEO杰克·韦尔奇认为一个杰出的高效能经理人必须做到的一点就是善于授权。著名的管理大师史蒂芬·柯维认为做不到合理授权是现代多数中层经理工作效能低下的主要原因。柯维博士认为："现代社会许多大小公司的老板、部门主管早已被信息、电讯、文件、会议掩盖得透不过气来。几乎任何一项请求报告都需要他审阅，予以批示，签字画押，他们为此经常被搞得头昏眼花，根本无法对公司重大决策做出思考，在董事会议上他们很可能是最为无精打采的一类人。”

柯维博士认为，工作的效率不高就是因为被一些琐碎的事给拖住了后腿。例如查尔斯就是曾向柯维博士咨询过的一位老板。

查尔斯是纽约一家电气分公司的经理。他每天都应付上百份的文件，这还不包括临时得到的诸如海外传真送来的最新商业信息。他经常抱怨说自己要再多一双手、再有一个脑袋就好了。他已明显地感到疲于应付，并曾考虑增添助手来帮助自己。可他终于及时刹住了自己的一时妄想，这样做的结果只会让自己的办公桌上多一份报告而已。公司里人人都知道权力掌握在他的手里，每一个人都在等着他下达正式指令。查尔斯每天走进办公大楼的时候，就开始被等在电梯口的职员团团围住，等他走进自己的办公室，已是满头大汗。

实际上，查尔斯自己给自己制造了许多的麻烦。自己既然是公司的最高负责人，那自己的职责只应限于有关公司全局的工作之上，下属各部门本来就应各司其职，以便给他留下足够的时间去考虑公司的发展、年度财政规划、在董事会上的报告、人员的聘任和调动……举重若轻才是管理者正确的工作方式；举轻若重只会让自己越陷越深，把自己的时间和精力浪费于许多毫无价值的决定上

面。这样的领导方式，根本无法带动并且推动公司的发展，无法争取年度计划的实现。

查尔斯有一天终于忍受不住了，他终于醒悟过来了。他把所有的人关在自己的办公室外面，把所有无意义的文件抛出窗外。他让他的属下自己拿主意，不要再来烦他。他给秘书做了硬性规定，所有递交上来的报告必须筛选后再送交，不能超过10份。刚开始，秘书和其他属下都不习惯。他们已养成了奉命行事的习惯，而今却要自己对许多事拿主意，他们真的有点不知所措。但这种情况没有持续多久，公司开始有条不紊地运转起来，属下的决定是那样的及时和准确无误，公司没有出现差错。相反，经常性的加班现在却取消了，只因为工作效率由于真正各司其职而大幅度提高了。查尔斯有了读小说、看报、喝咖啡、进健身房的时间，他感到惬意极了。他现在才真正体会到自己是公司的经理，而不是凡事包揽的“老妈子”。

杰克·韦尔奇是简单式效率型管理的倡导者，他认为高度的集权式管理只会让公司的运行减慢。查尔斯以前的领导方式，就是受到了传统集权式管理的负面影响。公司大小权力都集中到自己一个人身上，难怪职员们凡事都要先请示而后行动，主动出击在原则上就是越权，搞不好会弄丢自己的饭碗，谁愿冒这个险？

所幸，查尔斯意识到授权在管理中的重要性，他开始下放自己手中的大部分权力给各主管以及每一个员工，让他们有机会发挥自己的优势，有权力决定自己怎样做才能做得更好，不必千篇一律。授权的结果就是要让下属全都行动起来，充分利用自己手中的权力，完成自己的工作，使之更趋完美。一名高效能人士是不会因为授权而动摇自己的位置，相反他会通过授权使自己的工作趋向于完美。

习惯25 制订切实可行的计划

法国作家雨果说过：“有些人每天早上预定好一天的工作，然后照此实行。他们是有效地利用时间的人。而那些平时毫无计划，靠遇事现打主意过日子的人，只有‘混乱’二字。”

在明确工作目的和任务后，能不能实现就在于能否合理的组织工作。

卡耐基认为，计划并不是对个人的一种束缚与管制，必须做什么或不应该做什么并不是由计划决定的。在制订计划的过程中，其实就是一个自我完善的过程，所以，对于计划一要定坚持，并坚信会实现它。

沃森在回顾自己的职业生涯时说：“我的助手有一个非常好的习惯，这也是我一直没有替换他的主要原因。他有一本形影不离的工作日记，每天早晨，他都会把前一天写好的工作计划再翻看一遍；而在一天的工作结束后，他要对这一天的工作进行总结，同时把后一天的计划再做出来。”

这是一个多么好的习惯，同时，也是每一位高效能人士必须养成的习惯。

史蒂芬·柯维在《有效的经理》一书中写道：“我赞美彻底和有条理的工作方式。一旦在某些事情上投下了心血，就可以减少重复，开启更大和更佳工作任务之门。”

培根也说过：“选择时间就等于节省时间，而不合乎时宜的举动则等于乱打空气。”没有一个明确可行的工作计划，必然浪费时间，要高效率地工作就更不可能了。试想，如果一个搞文字工作的人资料乱放，找个材料需要花半天，那么他的工作是没有效率可言的。

工作的有序性，体现在对时间的支配上，首先要有明确的目的性。很多成功人士就指出：如果能把自己的工作任务清楚地写下来，很好地进行自我管理，就会使得工作条理化，个人的能力也会得到很大的提高。

只有明确自己的工作是什么，才能认识自己工作的全貌，从全局着眼观察整个工作，防止每天陷于杂乱的事务之中。明确的办事目的将使你正确地掂量各个工作的重要程度，弄清工作的主要目标在哪里，防止不分轻重缓急，耗费时间又办不好事情。

只有明确自己的责任与权限范围，才能消除自己的工作与上级下级的工作以及同事工作中的互相扯皮和打乱仗现象。

填写工作清单是一种明确工作目标的好方法。首先，你可以找出一张纸，毫不遗漏地写出你所需要的工作。凡是自己必须干的工作，不管它的重要性和顺序怎样，都一项也不漏地逐项排列起来，然后按这些工作的重要程度重新列表。重新列表时，你要试问自己：如果我只能干此表当中的一项工作，首先应该干哪一件事呢？然后再问自己：接着该干什么呢？用这种方式一直问到最后一项，这样自然就按着重要性的顺序列出自己的工作一览表。然后，回想一下你要做的每一项工作往常怎么做，并根据以往的经验，在每项工作上总结出你认为最合理有效的方法。

在制订工作计划的过程中，我们不仅要明确你的工作是什么，还要明确每年、每季度、每月、每周、每日的工作及工作进程，并通过有条理地连续工作，来保证以正常速度执行任务。在这里，为日常工作和下一步进行的项目编出目录，不但是一种行之有效的时间节约措施，也是提醒我们记住某些事情的手段。可见，拟订一个合理的工作日程表是多么重要。

工作日程与计划不同，计划在于对工作的长期计算，而工作日程是指怎样处理现在的问题。比如今天的事情处理完毕，接着安排明天的工作，就是逐日推进的计划。有许多人抱怨工作太多又杂乱，实际是由于他们不善于制订日程表，无法安排好日常工作，有时候反而抓住没有意义的事情不放，以致被工作压得喘不过气来。

习惯26 不被琐务缠身

做不值得做的事，会让自己误认为完成了某件有意义的事情，从而心安理得；做不值得做的事，会消耗自己做有价值的事的时间；做不值得做的事，就是浪费自己的生命；不值得做的事会源源不断，而且会造成一种误解：你越是做不值得做的事，就越觉得自己有毅力。

美国著名剧作家保罗曾说："如果我要写个剧本，在每一页都保持故事的原则性，而且能将剧本和其中的角色发挥得淋漓尽致……它会是一个好剧本，但不值得花费一两年的时间。"

清醒的放弃胜过盲目的坚持。而对于想做一件事，一直做不出名堂的人来说，奥里森·马登的观点是，如果一开始没成功，再试一次还不成功就该放弃，愚蠢的坚持毫无益处。

琐碎而无价值的工作指的是一些不重要而且回报低的任务或工作。它消磨你的精力和时间，因此让你不能处理更为重要且紧急的工作。

凡是在事业上有所成就的人，都十分注重时间的价值。无论是老板还是打工族，一个高效能的人士总是能判断自己面对的顾客在生意上的价值，

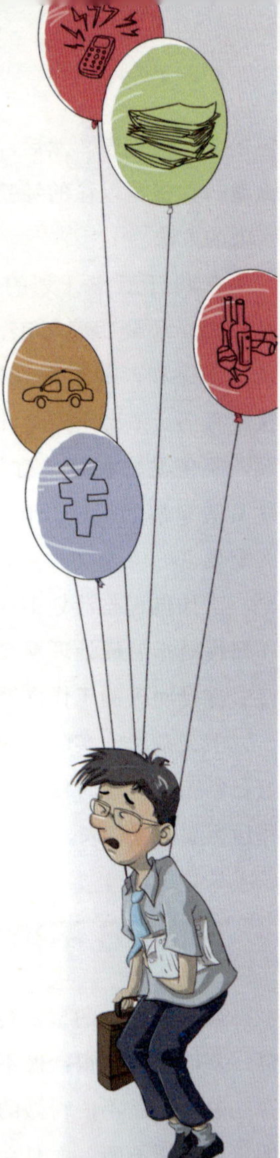

如果对方有很多不必要的废话，他们都会想出一个收场的办法。同时，他们也绝对不会在别人的上班时间，去和对方海阔天空地谈些与工作无关的话题，因为这样做实际上是在妨碍别人的工作，浪费别人的生命。

善待来客的人往往会预备出一定时间，老罗斯福总统就是这样做的一个典范。当一个分别很久、只求见上一面的客人来拜访他时，老罗斯福总是在热情地握手寒暄之后，便很遗憾地说他还有许多别的客人要见。这样一来，他的客人就会很简洁地道明来意，告辞而去。

一位公司经理拥有待客谦恭有礼的美名，他每次与来客把事情谈妥后，便很有礼貌地站起来，与他的客人握手道歉，遗憾地说自己不能有更多的时间再多谈一会儿。那些客人都很理解他，对他的诚恳态度也都非常满意，所以，就不会认为他竟然连多谈一会儿都不肯赏脸。

以沉默寡言和办事迅速、敏捷而著称的成功者都是实力雄厚、深谋远虑、目光敏锐的人，他们说出来的话，句句都很准确、到位，都有一定的目的，他们从来不愿意在这里多耗费一点的宝贵资本——时间。当然，有时一个待人做事简洁迅速、斩钉截铁的人，也容易引起别人的一些不满，但他们绝对不会把这些不满放在心上。为了要在事业上有所成就，为了要恪守自己的规矩和原则，他们不得不减少与那些和他们的事业没什么关系的人来往。

成功人士最可贵的本领之一就是与任何人交往都能简洁迅速。这也是所有人都应具有的通行证。处在知识日新月异的信息时代，人们常因繁重的工作而紧张忙碌。如果想调剂自己的生活，就必须学会有效利用时间。无论是在工作还是学习方面，若能以最短的时间做更多的事，那么剩下的时间就可以挪为他用了。因此，善于利用时间，不仅可以完成许多事情，还能拥有轻松自在的生活。

第四篇

影响人一生的说话习惯

习惯1 不揭他人短，给人留台阶

世界上没有十全十美的人，每个人总有自己的弱点、缺点或污点，在谈话时一定要避开对方所忌讳的短处，因为忌讳心理人皆有之。如果在交际场合揭人家短处，轻则遭人冷眼，重则可能引发事端，祸及自身。所以，在人际交往中，应该养成良好的用语习惯，不随意揭他人短处。

老任身材高大、外形俊朗，美中不足的是中年微秃。虽然这纯属白玉微瑕，老任却深以为憾。如果有人戏说他“怒发难冲冠”，他准会茶饭无味，三天三夜难以入睡；即使在他面前无意中说“这盏灯怎么突然不亮了”或“今天真是阳光灿烂”等话，这位平素温文尔雅的知识分子也会愤然变色，有时竟怒目圆睁，拂袖而去，弄得说话者莫名其妙，十分尴尬。

其实，忌讳心理人皆有之。当过雇工、后来揭竿而起并终于称王的陈胜就忌讳别人说他是庄稼汉出身，有几位患难弟兄在陈胜面前不知趣地提起“有损领袖形象”的往事，结果招来杀身之祸。你看，陈胜的忌讳心理是多么强烈，这几位患难弟兄因不谙忌讳之术而丢了脑袋又是多么可悲！

摩洛哥有句俗语说：“言语给人的伤害往往胜于刀伤。”这是实情。同事之间为搞好关系，不要揭人短处。

揭短的言语不论是对人或对事，都会让人受不了，会使人际关系出现阻碍。同事们宁可离你远远的，免得一不小心被你的直言直语灼伤；即使不能离你远远的，也要想办法把你赶得远远的，眼不见为净，耳不听为静。

一天，在公司的集会中，张先生看到一位女同事穿了一件紧身的新装，与她的胖身材很不相称，便直言直语道：“说实话，你的这件衣服虽然很漂亮，但穿在你身上就像给水桶包上了艳丽的布，因为你实在是太胖了！”

女同事瞪了张先生一眼，生气地走开了，从此再也没有理过他。

揭短犹如一把利剑，在伤害别人的同时，也会刺伤自己。

俗话说“打人不打脸，骂人不揭短”。人既是最坚强的，也是最脆弱的。尤其是当一个人觉得他的自尊受到伤害，他将要颜面扫地时，他的潜在情绪就会爆发出来，他会死要面子，死“扛”到底。因此，在说话交谈时，必须注意不能一味地揭他人伤疤。

传说清朝乾隆年间，杭州南屏山净慈寺有一名叫诋毁的和尚。人如其名，这和尚聪明机灵，又心直口快，常常议论天下大事，而且有什么说什么，想讲就讲，想骂就骂。

后来，乾隆下江南时来到杭州，听说了此人。乾隆心中不悦，暗想：天下竟有如此狂妄之人，我去会会他，只要让我抓住把柄，我就狠狠地治治他。

于是，乾隆便乔装打扮一番，扮作秀才模样来到了净慈寺。

乾隆找到诋毁和尚，相互寒暄一番。忽然，乾隆看见地上有一些劈开的毛竹片，便随手捡起一片问道：

“老师父，这个叫什么呀？”

按照当时的说法，这种竹片叫“篾青”，就是“灭清”

的谐音。诋毁刚想回答，觉得有点不对劲，再看看眼前这位秀才，气宇轩昂，不像是个普通的秀才，于是眼珠一转，答道：

“这个我们都叫它竹片。”

乾隆一听，心中赞叹：好个竹片，和尚你有两下子。但乾隆不甘心，随即将竹片翻过来，指着另一面问：

“老师父，这个又是什么呢？”

“这个嘛……”诋毁心想，若回答“篾黄”又是“灭皇”的谐音，肯定不妥，便改口道：“噢，我们管它叫竹肉。”

乾隆又失败了。

从这个小故事中我们可以看出诋毁和尚的机智。其实每个人都一样，如果多注意回避他人忌讳的东西，就能省去很多不必要的麻烦。

凡是弱点、缺点、污点，一切不如别人之处都可能成为忌讳之处。总结起来，有3个方面一定要多加注意：

1. 丑陋之处

人人都有爱美之心，不幸的丑陋者和残疾者大多有自卑感，不愿听到跟自己的短处有关的话题。谢顶者忌说“亮”、肥胖者忌说“肥”、个矮者忌说“武大郎”、其貌不扬者忌说“丑八怪”、跛脚的人忌说“举足轻重”、驼背者忌说“忍辱负重”，等等。这种完全正常的心理应该得到充分理解。

有生理缺陷的人本来就很痛苦，如果再被别人拿来取乐，会给他们造成很大的伤害，这样很容易激怒他们。比如有的人很胖、有的人很瘦、有的很高、有的又很矮、有的人长得很丑，等等。这些本是有目共睹的事实，别人不提也罢，但是如果以讥讽的口气当众指出，就会使人感到难堪，产生不满。

报上曾有过一则新闻：一位女中学生，只因为有人说了她一声“胖女人”，羞愧至极，竟绝食身亡。

有时候，说话者由于不小心而在言辞中触及他人的生理缺陷，人家虽然当面没对你发火，但心里却在记恨你。

有些人因不明情况而在谈话内容中无意触到对方短处，还情有可原，因为不知者不为罪，可有人偏偏口下无德，爱揭人短处。

这种人，时时处处注意他人的生理短处，拿来取笑，可也要小心自己有把柄被别人抓住，后患无穷。即使伤了别人，对

自己也不见得有多少好处，还是少说这类话为佳。

2. 失意之处

人生在世，总希望自己能一帆风顺、有所作为，实现人生的价值。但是，月有阴晴圆缺，人难免有失意之处，或高考落榜，或恋爱受挫，或夫妻反目，或就业不顺利，或职称评不上，诸如此类的失意之处暂时忘却倒也轻松，但若有人有意无意提起就使人心灰意懒，沮丧不已。万事如意、踌躇满志之人则多以昔日的失意为忌讳，生怕传播开去，有失脸面。

3. 痛悔之事

人的一生中免不了要犯这样或那样的错误，而一旦认识到错误便会痛悔之至，以后一想起自己曾犯过的错误就自觉脸上无光。犯过品质错误（如曾有偷窃行为或生活作风问题）者更是讳莫如深，如果听到有人说起类似的错误，就会有芒刺在背、无地自容之感。

在人生道路上，人人都难免失足、犯错误，只要改了就好。有些问题一旦改正了，成了历史，当事人就不愿意提及这不光彩的一页，更不希望有人拿它当话把儿，到处去说。如果有人拿这些问题做文章，就等于在人家伤口上撒盐，就有损于人家的名誉，这也是不能容忍的。

有一位青年工人，小时候不懂事，曾犯过错误被劳教一年。从此他接受教训，参加工作后，他严格要求自己，积极工作，多次受到表扬，后来当上了车间的一个组长。可是有人不服气、不服管。有一次，小许在工作中私自外出被他发现，便提出批评。小许不服气，揭人家的短儿说：“你是多大个官呀？还想管我？一个解除劳教人员，哼！”要是说别的他也许并不急，可是揭过去的疮疤他就急了，火气十足地说：“你再说一遍！”“我就说，解除劳教……”没等他说完，小许的拳头就打了上去。

翻人家的污点，触及人家的短处，不管是有意还是无意，对己对人都是不利的，我们在交际时应该小心这一点。

习惯2 瞅准对象说话

讲话的目的是为了让别人听，要使人家能听懂、听清、听进去，你就应该注意说话的对象。

每一个人在社会中都扮演一些不同的角色，而不同的角色使人在心理上、在意识上等方面有一些不同的特点，而由此又决定了人们对于语言表达的内容、方式的选择和接受的某些取向。

正因为如此，同一个意思，不同的人可能就会采取不同的表达方式。而我们这里尤其强调的是，同样一句话，不同的人听来，会有不同的甚至是截然相反的反应。

这样，说话要看对象就成了口语交际中必然而又重要的要求了。如果忽略或无视了这一要求，就必然会给交际带来不好的影响，甚至还会使交际无法正常进行。

人与人之间的差别是多方面的，就口语表达和接受而言，最大的现实差别主要有以下几个方面，而口语交际中的“不看对象”，也主要表现为对以下一些方面的“不注意”：

1. 不注意年龄差异

我们经常可以发现，小孩儿之间的吵架常常是由于互相诋毁导致的。

“阿军，你为什么又跟小亮打架呢？”妈妈问道。

“谁叫他骂我是个秃子！”阿军愤愤地说。

“你长得真像个包子！”一个小男孩儿对旁边的女孩儿说。

女孩儿马上反驳道：“你以为你长得美呀，哼，芦柴棒一根！”

年龄的不同，会导致听话者对话题反感的程度不同。像小孩儿，你就不能指责他；而对于老人，最忌讳提及“死”字。例如，几位年轻工人去看望一位退休多年的老师傅——“您老身体真硬朗，今年高寿？”

“79，快80了。”

“好呵，人生七十古来稀，厂里数您最长寿吧？”

“哪里，老宋才是冠军，他活了85岁。可是年岁不饶人，他前不久去世了。”

“唷，这回该轮到您了！”

老师傅一听这话，脸色陡然变了。

不要把听话者一视同仁，你不仅要考虑他的性别，还要考虑他的年龄。

2. 不注意语言差异

世界上有许多种语言，受各方面因素的限制，大部分人只能掌握和运用本国或本民族的语言。即使是本国或本民族语言，还存在方言不同的问题。如汉语，使用它的人遍布全国各地，但每个地区都有自己的方言，同样的话在不同的地区可能会有不同的意思。所以说，交谈时要注意对象在语言上的差异。

有些人不注意这一点，在不同地域的人面前也用方言，结果闹出笑话，有时候甚至会产生不良后果。

有这样一个笑话，说是有个广州人在北京排队买东西，他对站在最后的一位女青年说："同志，你最美（尾）吧？"这个女青年特别不喜欢素不相识的异性同她搭讪或夸她漂亮，于是白了他一眼。那个广州男子见她不出声，就顺口又说一句："我爱（挨）你站着！"这一下可把那个女青年惹火了，劈头盖脸就骂："你这个人咋的，想要流氓吗？大白天的，又不认识你，什么'美'呀'爱'呀！想到派出所去是不是……"那个广州人挨了一顿骂，有口说不清。后来，一位到过广州的女同志才给那个女青年解释清楚了。原来那个广州人说的是："同志，你排的是最后一个吧？"他把"最后"说成"最尾"，"尾"字和"美"字，广州人用普通话表达时不容易分清；同样，"挨"和"爱"字也容易混淆。我们国家疆土辽阔，文字同而言语异，难以避免会闹些误会，令人啼笑皆非。上述故事正反映了这种现实。

可见，进行口语交际时，如果不注意交际对象在语言上的差异，是会妨碍交际的。

3. 不注意文化层次差异

一位大学毕业生分到一家厂子工作，起初感觉不错，但没过几个月，发现车间主任对他越来越冷淡了，他很迷惑。后经一位好心师傅指点他才恍然大悟，原来他在学校待惯了，说话爱用些术语，像什么“最优化方案”“程序化”“目标管理”等，而车间主任只上过技校，最烦别人在他面前“咬文嚼字”“卖弄学识”。

到什么山上唱什么歌，当你与不同层次的听话者说话时，你就必须用他所具有的文化水平说话。一般来说，文化层次越高的人越喜欢用一些典雅的言辞。

4. 不注意风俗习惯的差异

由于人们所处的地域不同，所以形成了不同的风俗习惯。

在面对不同的交谈对象时，如果不注意交谈对象的风俗习惯，也可能会造成失误，影响交际。

不久前，一位美国生意人来到中国一家公司洽谈生意。美国客商刚走下小车，公司经理迎了上去，一句生硬的英语脱口

而出："You had breakfast yet？"（您吃过早饭了吗？）经理这一问可把美国客商问蒙了，他看了看周围的人，又拿出表看时间，很是莫名其妙。他问身边陪同的翻译人员：

"这家公司的董事长没有邀请我吃饭呀！现在都10点钟了，还没吃早饭吗？"这位翻译员突然省悟过来，连忙解释，才避免了一场误会。

原来，在西方国家，如果你问对方吃过饭没有，他们会以为你想邀请对方就餐或吃点东西。假如对方回答"还没有吃过"，你又不发出邀请，对方则会认为你要弄他们。前面经理的"您吃过早饭了吗"本来是一句典型的中国客套话，可是外商理解不了，险些造成误会。

此例告诉我们，说话要注意区分对象，注意交际中的习俗，即使客套话也不例外。

5. 不注意心理因素

人们由于性别、年龄、经历等方面不同，造成人与人之间的心理差异。例如有人性格开朗，有人性格内向；有人爱好玩乐，有人爱好学习……这些都表现出人与人之间的心理差异。

交谈时如果不注意这一点，也容易出问题。

"哪壶不开提哪壶"是一句老话，指的是在交际中，一方提到了另一方最不想提的话题。而在日常的口语交际中，这样的人确实有不少。

某学校分配住房，一位青年教师"谎报军情"，本来没有登记结婚，填表时却写上"已登记"，结果获得了分房排队的资格。

到分房子的时候，排在他后边的人揭穿了他，使得他当场被宣布取消了分房资格。

当天，这件事情就传开了，很多人都知道了。这天晚上，这位青年教师的一位同事遇到他，关切地问了一句："听说你这次分房遇到了点儿麻烦？"

要说这句问话也够得上"委婉"了，因为并没有直接说出"作弊"之类的话，而只是说"麻烦"。可无论如何，这样的问话毫无疑问是有害而无利的，只能使对方陷入尴尬甚至痛苦的境地，并由此而不悦、上火、生气。

因此，哪壶不开提哪壶是极不明智的，尽管你的出发点可能并不坏，但是绝对不会有好的效果。

像遇到上边那种情况，比较合适的做法是说点别的什么，甚至于什么也别说，点个头、打个招呼也就可以了。

跟得意人谈你的失意事，他至多做表面功夫，绝不会表示真实的同情，有时也许会引起误会，以为你是请求帮助，他会预先防备，使你无法久谈。所以要诉苦应向"同病"的人去诉苦，同病自会相怜，可得到精神上的安慰，可以稍解胸中不平之气。你要谈得意事，应该向得意的人去谈，你捧他，志同道合。若你涵养不够，稍有得意事便要逢人告诉、自鸣得意，结果让人骂你小人得志、笑你沾沾自喜，也许无意中还引起别人的妒忌。另外，偶有不如意事，你觉得抑郁牢骚，有如骨鲠在喉，总想一吐为快，最好的办法是：得意事要放在肚里，失意事也要放在肚里，不要随便对人乱说。

总而言之，你要说话先要看准对方，他是愿意和你说话的人吗？如果不是，还是不说话为妙。这个时候，是你说话的时候吗？如果不是时候，还是沉默的好。说话的成功或失败与时机有关系，多说话未必当你是能干，少说话未必当你是呆子。

习惯3 用恰当的方式说恰当的话

在交际中，如果不注意说话方式，所用的说话方式不恰当，对方就会据此理解你的语意。当出现理解上的歧义时，就有可能造成不良后果，从而影响正常交际，违背表达者的初衷。

讽刺、挖苦是一种有强烈刺激作用的表达方式。它往往是以嘲笑的口吻说出对方的缺点、不足之处，使人当众丢丑，难以忍受，轻则导致对方反唇相讥，重则大打出手，造成很恶劣的后果。

某主任如此议论他的下属："黄×那个人这辈子算是白来了，堂堂大学毕业生，找不上一个老婆，姑娘们见面就摇头。他写的那个文章，就像小学生作文，前言不搭后语，字还没有蜘蛛爬得好。我要是他，早找根草绳上吊了……"

黄×后来听到这些议论，索性在工作时一字不写，利用业余时间写小说、写报告文学。

作为工作中的上级和情感上的朋友，看到下级及朋友身上存在缺点和不足，应该正面指出来，指导他、帮助他，促使他前进，而不应该取笑他。那些总是取笑别人的人往往缺乏自信心，对前途有一种恐惧感，害怕别人看不起自己，因而借取笑别人来释放心中的压抑，试图改善自身的形象。岂不知，这样做恰恰破坏了自我形象，引起他人的反感与对立。

因此，讽刺、挖苦的表达方式绝不可轻易使用，那种粗俗谩骂的说话方式也应该予以摒弃。

说话要讲究文明礼貌，这是最起码的要求。口语交际中，说话粗俗不雅、满口脏话，甚至谩骂、恶语伤人等不文明谈吐，是对他人的侮辱，是令人难以忍受的。这种说话方式往往造成不愉快的结果，影响交际，破坏风尚。

比如，在交际中发生了矛盾，有人在气急的情况下，常常骂人，口吐脏话，如说“你这是胡说八道”“你放屁”“你是什么东西”。不管在什么情况下，这样的谩骂都是无礼的行为，都易激怒人，是不良的说话习惯。

还有一种情况，就是有的人说话爱带“话把儿”，比如“他妈的”等，而且形成了不良习惯，成了口头禅。在他们看来是无意的，可是别人听来就很刺耳，就难以容忍，极易做出强烈的反应。

从表达的语气语调来看，说话方式还有刚柔软硬之分。一般情况下，柔言谈吐，语气温和、用词恰当，如和风细雨，听来亲切，易于被人接受，产生好感。即便是在内容上有违对方的意思，也不至于当场把对方得罪。相反，刚烈之言，语气生硬、高声大嗓，如同斥责训教，听来刺耳，使人感到难受、反感，有时甚至说话的内容并无问题，但就因使用了这种刺激人的说话方式，仍然会使人生气、发火，得罪人。

如果对一个不同意自己观点的辩论对手说“你这个人不可理喻”，对方必然要做出强烈的反应。

当自己的意见不被对方理解时，就生气地说：“和你说话，简直是对牛弹琴！”对方会感到是一种侮辱，与你对抗。

某人要外出，找人代买张车票，他硬邦邦地说：“你给我带回一张车票，送到我家去，我要出差，听见了吗？”对方听了这口气，心里会痛快吗？他可能一句话就顶回来：“对不起，我今天没有空。”

对一个在工作上信心不足的人，同事恨铁不成钢地说：“你也太不像话了，人家能做到你为什么就做不到？你也太不争气了！”他马上会不满地接话说：“你算老几呀？用你来教

训我！”说完拂袖而去。

类似的生硬说法都会在不同程度上得罪人。

生硬话、愤怒话，大多是脱口而出的，没有经过推敲，因而有失分寸是很自然的事。这种语言又多是“言出怒出”，它如同烈火一般，常常起到破坏作用。

每个人都有很强的“自我意识”。在说服对方的过程中，为了不伤害对方的自尊心，就应尊重对方的“自我意识”。

很早以前就听说过，设计相同、质地相同的高级服装，价格越贵越容易销售。一家服饰店的老板讲了这样一件事：有一次，店中刚雇用不久的店员对一位正在挑选西装的顾客劝说道：“这边是比较便宜的！”结果这位顾客突然大怒，当老板慌忙跑来之后，顾客气势汹汹地说道：“什么比较便宜？我又不是没钱，你太没礼貌了！”后来老板赶紧连声道歉才算了事。

这种情况不仅限于商业中，在我们与对方交流的过程中，常常因为没有考虑到对方的自尊心、虚荣心，使用了不恰当的态度或语言而导致失败。尤其是说服自尊心、虚荣心强的人时，这种情况便会成为必然。因此，说话就必须注意不伤害对方的自尊心、虚荣心，而应照顾到对方的强烈的“自我意识”，使他接受你的观点。

我们在交谈时常常会犯这样一个错误，就是当发现对方有明显的错误时，会不客气地批评对方说：“那是错的，任何人都会认为那是错的！”这样一来，对方的自尊心会受到伤害，而突然陷入沉默。

批评是我们常要做的事，尤其当你是一位长辈或领导时。

但我们有些人批评起来简直让他人无地自容，下不了台阶。其实，这种批评方式不但无法达到让他人改正错误的目的，而且有碍于你的人际关系。既然如此，为何还要使用这种“残酷”的手段呢？在生活和工作中，我们不可能没有批评，但要学会巧妙地批评，让他人既意识到自己的错误，并尽快改正，同时也理解你善意批评的意图，使他对你心存感激。或者批评之前先总结一下他人的优点，然后慢慢引入缺点。在他人尝到苦味之前，先让他吃点甜味，再尝这种苦味时就会好受些。

约翰找了一个就是奉承也无法说漂亮的女士为妻，可是几个月之后，他妻子却变得像“窈窕淑女”一般的美丽，简直是判若两人。

这位女士在结婚之前，不知为什么对自己的容貌有强烈的自卑感，因此很少打扮。当时因为是战争刚结束，物质极端贫乏，人们的穿着都很朴素。当然，她也太不讲究了——不，不是不讲究，而是认识出现了偏差，认定自己不适合打扮。她有一个非常漂亮的姐姐，这也使她产生了强烈的自卑感。每当有人建议她“你的发型应该……”时，她都怒气冲冲地说：“不用你管，反正我怎么打扮也不如姐姐漂亮。”她把自己的容貌未得到赞美的不满情绪转嫁到不打扮这一理由上，并且加以合理化。

到底约翰是怎样说服他的太太，使她转变思想的呢？根据他自己的说法，当他的太太穿不适合她的衣服时，他什么也不说，但是当她穿上适合她的衣服时，他便夸奖说“真漂亮”；发型、饰物也是如此。慢慢地，她对打扮有了信心，对于容貌所产生的自卑感自然也消失得无影无踪了。

间接指出别人的不足，要比直接说出口来得温和，且不会引起别人反感。不管说话目的是什么，我们都应该采取委婉的方式，这样效果会好很多。

习惯4 挖掉语言的“肿瘤”——口头禅

本来很好的语言，如果加入许多口头禅，就好像玻璃被蒙上一层灰一样，会大大减少它原有的光彩。

有人喜欢在谈话中用太多不相干、不必要的口头禅。例如，什么地方都加上一句“自然啦”或“当然啦”这类的词句；有人喜欢加太多的“坦白说”“老实说”；有的人总喜欢问别人“你明白吗”“你听清楚了吗”；有的人老喜欢说“你说是不是”“你觉得怎么样”；也有些人习惯性地在每一句话的语尾加一句“我给你讲”“你说可笑不可笑”。像这一类的小毛病可能你自己平时难以发觉，要问一问你的朋友们，请他们替你注意一下，有则改之。

在我们平常与人讲话或听人讲话之时，经常可以听到“那个”“你知道”“他说”“我说”之类的词语，如果你在说话中反复不断地使用这些词语，那就是口头禅。带口头禅的现象很普遍，即使是一些伟大的政治家在电视访谈中也会犯这种错误。

有时，我们在谈话中还可以听到不断的“啊”“呃”等声音，这也会变成一种口头禅，请记住奥利佛·霍姆斯的忠告：切勿在谈话中散布那些可怕的“呃”音。如果你有时间，不妨将自己打电话时的声音录下来，听听自己是否有这一毛病。一旦弄清自己的毛病，那么在以后与人讲话的过程中就要时时提醒自己注意这一点。当你发现他人使用口头禅时，你会发觉这些词语是多么单调乏味、令人烦躁。

如果你是管理者，说话更要干净、利落、文雅，这不仅是交际的需要，也是培养个人良好的谈话修养的要求。因此，管理者讲话最忌带不文雅的口头禅。口头禅是一种不良的语言习惯，它有失管理者的风度，所以必须坚决戒除。

有的人讲起话来满口“这个”“那个”“嗯”“啊”，这种口头禅纯属无病呻吟，往往把语句肢解得支离破碎，使语言显得拖沓、紊乱、不流畅，令人生厌。

有的管理者说话时经常使用如“他妈的”或者更为粗俗、不堪入耳的语言。这种口头禅给人粗野鄙俗、低级下流之感，会给人留下极为恶劣的印象，这不仅降低了管理者本人的身份和品位，还会使人大生反感。这些应该下功夫快快戒除。

有些管理者在与人交谈之中经常使用如“你知道吗”“我告诉你说”“我跟你讲”“你明白吗”“是不是啊”，等等。

它们往往只是说话的一种语言习惯，在句子里没有实际意义，却反复出现。这种口头禅给人一种自以为是、盛气凌人、居高临下、轻视对方的感觉，使听者心理上产生不舒服的感觉。

口头禅大多在无意识中不自觉地形成，它反映了管理者身上某些修养的欠缺，有的较明显，有的则从微妙的细节中体现出来。由于管理者出于工作和社交的需要要经常与人交谈，所以要想给人留下彬彬有礼、谦逊而干练的美好印象，必须戒掉不良口头禅。

演讲要引起听众注意，求得听众的共鸣，最要紧的是语言字字闪光、句句有力。当然不能像机关枪，“扫射”得听众眼冒金星、丈二和尚摸不着头脑，但也不能言语拖沓、表达紊乱，让口头禅充斥全篇。

演讲中常见的口头禅有“好像”“也许”“说不定”“大概”“大约”“或许是”“反正”“太那个了”“怎么说呢”“这个”“那个”“那么”“就是”“是不是”“对不对”“嗯”“啊”“吧”“好吗”“行吗”等。这些口头禅会影响听众的情绪，削弱演讲的效果。因为口头禅会使个别语句反复出现，破坏语言结构，使语言断断续续，前后不连贯。每一次口头禅的出现，等于一次切割，把整个演讲切得支离破碎，给人一种断续、离散之感。口头禅是一种相似的言语模式，听来平淡、枯燥。有人把口头禅比喻为“语言的肿瘤”，

是很有道理的。

查尔斯·罗勃兹是纽约市颇有威望的投资顾问。他的创业史很曲折，每每回忆过去时，他总是提及过去对口才表达的不重视。他很喜欢说“也许”，正是这个随意说出的口头禅很多次使他坐失良机。

美国原副总统休伯特·汉弗莱很喜欢使用“我认为”这句口头禅，有时一段短短的话语中竟出现几次，所以听众很讨厌听他的演讲。

有人特别爱用某一个词来表达很多的意思，不管这个词本身有没有那么多的含义。例如，有人喜欢用“伟大”这个词，于是在他的话中什么都“伟大”了起来：“你真太伟大了！”“这文章太伟大了！”“今天吃了一餐伟大的午饭！”“这批货物卖了一个伟大的价钱！”最妙的是有人喜欢用“那个”代表一切的形容词，你听他说的是些什么意思吧：“今天太那个了！”“他这个人很那个，是不是？”“我觉得这点事未免有点那个。”这一类的毛病大概是由于太偷懒，不肯去动脑筋找一个恰当的词。要多记一些词语，才能生动而恰当地表达你的思想。

口才好的人说的话精确而细腻、丰富而活泼，而不是来来回回嚼着一个词。那些使人觉得累赘至极的口头禅尽量早日消除为好。

❀习惯5 不要总是责备他人

某国巨盗葛洛莱，他的绰号叫作“双枪手”，他是杀人如麻、无恶不作的魔王。他和纽约市的150多个警察和密探激战了一小时之后，终于被捕了。但是在他被捕之前，他正在写着一封信，说他是温和而善良的人，从不曾伤害任何人。当他被判死刑的时候，他还在竭力喊冤，说是为了自卫才伤人，不应该受此极刑。这个故事告诉我们，就算是一个无恶不作的巨盗，他还是自认为是好人的，那么一般人也就不用说了。谁都不肯自认其错，我们硬去批评人家，又有什么好处呢？

正如唠叨是影响说服成功的礁石一样，无用而令人心碎的指责也是成功说服的敌人。不要时时处处指责对方，这样改变不了对方。可有些人不仅在家庭内部，而且在朋友和熟人面前也不忘指责自己的伴侣。这种指责不仅改变不了对方的缺点和错误，反而伤害了双方的感情。如果对方确实有错，那就委婉地提出，真诚地帮助，甚至以情感的力量去感化对方，相信对方一定会在意你所付出的一切。

批评别人，只会使别人竭力掩饰自己的过错而已。这不仅关系到被批评者的颜面，而且还足以引起被批评者的反感。在某国的军队中有一条军法，就是士兵不得随意指责哪一个战友，如果谁违反了这一条军法，就得受到严厉的责罚。这一条军法的用意是免除大家因批评而彼此闹意见，使内部出现不合作的现象。一家商店的老板，如果他只是批评伙计，说一班伙计怎样怎样不好，这班伙计一定不会为他忠心服务，这家商店一定不会发展的；一个主妇，如果老是批评用人不好，用人也不会忠心地做事，这样主妇是不会得到什么好处的。

据说，有的人如果在其他人面前被伤害了自尊心，那简直比死还难过。当个别人在超级市场“顺手牵羊”偷拿物品被当场发现时，处理这件事的人员考虑到其深层心理，于是将他带到个别的房间内进行处理，可以说这是一种很好的说服方法。所以，有第三者在场时，我们不应向别人提出批评。

有些人很喜欢指责他人，一旦出现问题，他们首先想到的就是如何将责任推卸给别人。有些人似乎养成了一种不以为然的恶习，他们动不动就批评、指责他人，有些人更以此为快。一旦出现了问题，他们首先想到的就是射出批评之箭，中伤他人。还有些人，他们自己本来在某方面做得并不好，却非要拼命去批评人家。这种批评怎会以理服人呢？其结果要么伤害他人，要么被人抵触，弄得自己反遭他人伤害。其实，尽量去了解别人，尽量设身处地去思考问题，这比批评、责怪要有益得多，这样不但不会伤人害己，而且让人心生同情、忍耐和仁慈。“了解就是宽恕”，何不多点温柔之术呢？所以，当我们批评他人时，先想想自己：我做得怎样？是否应该完全怪罪他人？这样你也许会完全改变自己的想法和行为，并与他人保持一种良好的人际关系。

让我们记住，我们所要说服的对象，并不是绝对理性的动物，而是充满了情绪化、成见、自负和虚荣的人。

鲍勃·胡佛是个有名的试飞驾驶员，时常表演空中特技。一次，他从圣地亚哥表演完后准备飞回洛杉矶。根据《飞机作业》杂志的描述，胡佛在离地100米高的地方时，刚好有两个引擎同时出现故障。幸亏他反应灵敏、控制得当，飞机才得以降落。虽然无人伤亡，飞机却已面目全非。

胡佛在紧急降落之后第一项工作是检查飞机用油。正如所料，那架螺旋桨飞机装的是喷射机用油。

回到机场，胡佛要求见那位负责保养的机械工。年轻的机械工早为自己犯下的错误痛苦不堪，一见到胡佛，眼泪便沿着面颊流下。他不但毁了一架昂贵的飞机，甚至差点造成3人死亡，你可以想象出胡佛当时的愤怒。但是胡佛并没有责备那个机械工，他只是伸出手臂，围住工人的肩膀说："为了证明你不会再犯错，我要你明天帮我修护我的F-51飞机。"

的确如此，我们很多人说话时，经常只顾自己痛快，过后才发现不小心伤了别人的心；尤其是当别人做了错事，或自己因此而吃了亏，就更觉得自己受了委屈，要从嘴上图个痛快，于是一些难听尖刻的话就不自觉地冒了出来，结果往往是爽快一时却伤了和气。

有时别人并没什么大错，但不幸遇到你情绪不好，也可能遭到你尖锐的责备，结果当然更糟。同学不小心把你的铅笔盒碰翻，你破口大骂，从他帮你捡东西开始一直骂到东西捡完。如果边上的同学早就习惯了你这种脾气那还好一些，否则你会发现以后经常会遇到许多冷眼。

只要你不是无缘无故地责备别人，在你开口之前，别人总是处于一种被动的心理状态，因为他们感到自己做错了事，自责的心理能让他们安静地接受你的责备，但绝对不是任你处置、随你发泄。当你的责备已经到伤害他们自尊心的地步，那么自责心理就可能立即消失，并可能产生不快，而不快会发展成怨恨。服务行业有忌语，那是因为这些忌语不够礼貌，不够尊重顾客；而教师的忌语则可能是伤害学生自尊的话，作为老师千万不能对学生说“你笨得像头猪”，否则你原有的一点好意会被这种伤害冲得荡然无存。

朋友之间不能在责备对方时，老账新账一起算，把以前的不满都说出来，甚至以前已责备过的事情也提出来加以重复。朋友之间永远不要重复责备第二次，甚至责备越少越好。

约翰博士说过：“上帝本身也不愿论断人，直到末日审判的来临。”那么我们又何必如此呢？因此，你要帮助对方认识并改正错误，你要说服别人。从现在开始，就请记住这个原则：不要总是责备他人。

习惯6 男人和女人，赞美有“性”别

人人都渴望被别人赞美，但男人和女人的需要是不同的。

男人多表现在追逐功名、显示能力、展示个性以显潇洒和能人之形象方面，而女人则更多表现在对容貌、衣着的追求或身边伴个白马王子以示魅力方面。

男人为了面子可以大动干戈；女人为了面子可能会大喊大叫或者在家里痛哭几声。

男人的面子千万不要去伤害、破坏，否则便万事皆休，一切都了——友谊中断、恋爱告吹、生意不成、升官无望、职称泡汤。

因此赞美他人时也要见什么人说什么话。

比如，赞美一个女人漂亮就大有学问。对于容貌绝佳的女性，她已习惯了别人的赞叹，不妨用些新颖的方式，如用比喻去赞美她；对于一个明显较丑的女性，如果你虚假地夸赞她的容貌，她会认为你在讥讽她，而引起她的反感，你最好是去发掘她的气质、能力或性格上的优势；而长相普通的女性是最需要赞美的，因为她身上也有美，并且也最向往美，最渴望被人肯定。

你可以赞美女人的修养。有许多女人虽然长得漂亮，但是缺乏修养、没有内涵，稍一相处，便会让人感到俗不可耐。因而，花瓶式的女人虽然可赢得一时的赞美，却不能使男人长久地爱慕她，更无法获得男士的尊敬。而一种好的气质，则可以使一位非常普通的女人变得十分迷人，令人心驰神往。因为一

个人的修养是一种内在美、精神美、升华美，它可以永久地征服一个男人的心。

作为男人更要会赞美女人。能够做到张口也赞闭口也赞，这样你才能在女人面前受欢迎，使你魅力无穷。

男人赞美女人是对女人价值的肯定，更是对女人魅力的一种欣赏。在男人眼里，女人身上总有美丽动人之处，或是皮肤细腻，或是身材苗条，或是眉目含情，或是穿着得体。所以你一定要善于去发现、去捕捉她的美。许多女人都会对自己的缺憾少有了解，但她们却十分了解自己的最动人之处，只要你能慧眼独具、赞美得体，你一定会博得她的赏识与青睐。

现在注重个性，夸赞一个女人有个性已成为一种时尚。固执的性格可当此人有个性来赞，孤傲的性格也可以用有个性来赞，像男人一样不拘小节、有些泼辣的女性也能用有个性来赞。只要是稍稍区别于大众的性格，你用“个性”二字来赞她，无论是哪种女性，她都会觉得你这个人很有品位。

最后，谈一谈女人的能力。现代社会，女人在各种事业中都表现出了非凡的能力。她们不仅能把自己分内的事完成得十分得体，还会凭她们细心的洞察力去发现工作中出现的问题，把各部门的事情都安排得十分妥当，有时工作能力大大地超越了男性。而女人在取得很大的成就时，她是需要被这个社会所肯定的。她们希望这个社会能认同自己，肯定自己的能力，也希望在男人眼中她们不再是处处依附于男人的人，而是能够独当一面、把事情处理得完好无瑕的有能力的人。于是，她们需要男人的赞美，希望自己所做到的能够得到他人的认同与赏识。如果你是她的老板、上司或是同事，你可千万别忽视她的业绩，常常激励她、赞美她，换取她更大的工作积极性吧。

除此之外，生活中女人们的能力也值得你一赞。日常家务，如烧饭做菜、收拾房间、照顾孩子，这些表现出女人的动手能力、审美能力、教育能力。只要你在日常生活中也不忘记赞美一下女性，你定会得到女性一致的好评。

最后要记住的是，女人喜欢甜言蜜语，但并非是喜欢太过花哨的话，所以赞她时多用些实际的语言，不用刻意去修饰，不然会让人觉得你很肤浅。

人们都说女人是用耳朵来生活的，赞美是女人生命中的阳光。其实男人也一样，他们一样喜欢听到他人对自己的肯定和赞美，因为这会让他们有一种价值感，并由此充满自信。可以说，恰到好处的赞美是注射在男人身上的一针强心剂。你可以从以下几个方面来打造对男人的赞美之词：

1. 赞美他是成功的男人

由于传统社会对男性角色的定位——挑家立业者，使得男

人非常在乎自己在别人心目中的形象，任何人对他的工作做出的评价都会让他反应敏感。因此，无论男人从事的是怎样的工作，他都希望能得到别人的认同。

不过你得注意，不管一个男人有多成功、多得意，他内心深处最渴望的还是别人的理解和关怀。一般的理解和关怀都是无可厚非的，可一定要注意把握“度”的原则。过犹不及，说得太夸张、太过分、太直白，就会被人当成追逐名利、爱慕虚荣的女人，会成为男人心底讨厌的势利女人。因此，即使是赞美也要掌握分寸。通常从以下几个方面入手来赞美别人，是比较容易被接受，而且会收到预期效果的。

首先，在赞美男人的同时注意表达关心与体贴。关心与体贴是女人善良天性的表现，也是女人细腻温柔的体现。女人的关心，有如吹面而过的柔和的春风，又如沁人心脾的淡淡花香，会在不知不觉中悄悄渗入男人的心灵之中，融入他们的心怀。男人们最喜欢的是那种会关心、会体贴、善解人意的女人，女人的关心和温柔会让男人从心底感激她。以前，曾有人这样赞美过别人：

“张老师，您那本书写得真好，没少花工夫吧？您可得注意休息了，瞧您现在比以前瘦多了。”

“刘总，这么大的工程，您一个人给搞定了，可真了不起！不过您可要注意身体呀，别光为了工作累坏了自己。”

这些又温馨又充满敬仰与关切的语句，怎么能让男人不动心、不从心底感激、不视女人为自己的好友呢？

其次，在赞美男人的时候，恰当地表达出崇拜的思想。不管男人还是女人，都希望有人崇拜自己，都希望被人用尊敬、仰视的眼光看待，这也是人之常情。被人崇拜是无法拒绝的，被人崇拜意味着对“自我”的肯定，是一种人生价值的体现。

对一个春风得意的人来说，他最自豪的是“自我”，也就是他的成功之源。

最后，别忘了在赞美的同时予以鼓励。一个女人鼓励一个男士，既是对他过去的肯定，对他以前创业生涯的一种肯定，又是对他未来充满信心的一种表现。人在任何情况下都是希望有支持和鼓励的，人不仅需要对自己有信心，更需要别人对自己有信心。现在的社会，竞争激烈，压力大，成功是需要付出很大代价的。一个成功的、春风得意的男士，即使在一定程度上达到了自我价值的展现，也还是需要鼓励的，尤其需要别人对他有信心。

还有一些男士，春风得意的时候，往往会在别人的一片颂扬声中沾沾自喜、自高自大、忘乎所以，而女性委婉的激励有时就像一剂良药，会给头昏脑热的春风得意者一点不动声色的提醒，进一步激发起他的冷静和投入下一次竞争的热情。

2. 赞美他是一位绅士

所谓风度，是男人在言谈举止中透出的一种味道。不要以为男人真的是散漫随意、潇洒不羁，其实他们是很在乎别人对自己举止的评价的。曾经有一位女友说起她和男友分手的原因，只因为她在一次朋友聚会上调侃了男友的局促，就大大伤了对方的自尊心，扔了句：“既然你认为我没风度，那么分开好了。”

事实也如此，行动比语言更有说服力，只有当女方对对方的举止言谈很满意、很欣赏时，女方才会爱上他。而在这方面赞美男人的聪明之道，也是拿他和别的男人比较，表现出你的欣赏。一位范先生说：“有一次，我和女友乘出租车，下车后我替她打开车门，她很高兴，说她以前遇到的男人从不知道什么是绅士风度。这句话极大地满足了我的自尊心，也让我觉得自己是个很受欢迎的男人。”

3. 赞美他仪表堂堂

许多男性承认，他们在关注女人闭月羞花之貌的同时，也希望自己貌比潘安。但是同样因为社会角色的定位，一些男人特别害怕女人把他们当作绣花枕头，因而他们对女人对他们外在形象的夸赞是特别敏感的。让女人兴奋的“你长得真漂亮”“你穿得真好看”之类的话，会让他们觉得特别不舒服，按他们的理解，这里面透着一种嘲讽，好像说：“你有些娘娘腔，你怎么像女人一样爱打扮。”

所以说，要真的想对男人表达你对他外形的欣赏，还需审时度势。但你可以对他的某个部位做出较高的评价，例如“你的鼻子很好看”等。

另外在赞美一个男士的时候，有一点特别忌讳的是，不要当着这位男士的面大肆指责他的竞争对手，这样做也许当时能让这位春风得意的男士十分高兴，但过后他就会清楚地意识到这种以贬低一个人来衬托另一个人的手法是多么的笨拙，并且让人感到的只是巴结和恭维。所以，建议那些想要锦上添花的朋友，一定注意，“添花”要小心，要把握好分寸，不要搞出笑话来，以免遭人反感。

❀习惯7 给他最想要的赞美

在一个人所走过的人生道路中，有无数让他们引以为自豪的事情，这些都是一个人人生的闪光点。这些东西又会不经意地在他们的言谈中流露出来，例如“想当年，我在战场上……”“我年轻的时候……”，等等。对于这些引以为荣的事情，他们不仅常常挂在嘴边，而且深深地渴望能够得到别人由衷的肯定与赞美。对于一位老师而言，引以为荣的往往是由他授过课的学生在社会上很有出息，你为了表达对他的赞美，不妨说：“您的学生×××真不愧是您的得意门生啊！现在已经自己出书了。”对于一位一生都默默无闻的母亲，引以为荣的往往是她那几个有出息的孩子，你如果对她说：“你有福气啊，两个儿子都那么有出息。”她一定会高兴不已。对于老年人来说，他们引以为荣的往往是他们年轻时的那些血与火的经历。

真诚地赞美一个人引以为荣的事情，可以更好地与之相处。

没有人不会被真心诚意的赞赏所触动。耶鲁大学著名的教授威廉·莱昂·弗尔帕斯经历过这样一件事：有一年夏天又闷又热，他走进拥挤的列车餐车去吃午饭，在服务员递给他菜单的时候，他说：“今天那些在炉子边烧菜的小伙子一定是够受的了。”那位服务员听了后吃惊地看着他说：“上这儿来的人不是抱怨这里的食物，便是指责这里的服务，要不就是因为车厢里闷热大发牢骚。19年来，您是第一位对我们表示同情的人。”弗尔帕斯得出结论说：“人们所想要的是一点作为人所应享有的被关注。”而人们想要别人来关注的地方往往是自己

所能忍受下来的痛苦，就正如夏天里在火炉旁烧菜的煎熬。

一个人到了晚年，人生快走到尽头了，当他们回首往事的时候，更喜欢回味和谈论自己曾经历的那些大风大浪，希望得到晚辈的赞美和崇敬。

现在已经80多岁的爷爷，一生中最大的骄傲便是独自一个人将7个孩子养大成人，现在眼见一个个孩子都成家立业，他经常自豪地对我们说："你奶奶死得早，我就靠这两只手把你爸他们几个养大成人，真是不容易啊。"每当这时，如果我们能乘机美言几句，爷爷就会异常高兴。

抓住他人最胜过于别人的、最引以为豪的东西，并将其放在突出的位置进行赞美，往往能起到出乎意料的效果。

他人最想要的赞美一定是真诚的，不是那种公式般的赞美，千篇一律最让人反感。"久仰大名，如雷贯耳""您的生意一定发财兴隆”“小弟才疏学浅，一切请阁下多多指教”，这些缺乏感情的、完全是公式化的恭维语，若从谈话的艺术观点看来，非加以改正不可。而言之有物是说一切话所必备的条件，与其泛说“久仰大名、如雷贯耳”，不如说“您上次主持的讨论会成绩之佳，真是出人意料”等话，直接提及对方的著名业绩；若恭维别人生意兴隆，不如赞美他推销产品的努力，或赞美他的商业手腕；泛泛地请人指教是不行的，你应该择其所长，集中某点请他指教，如此他一定高兴得多。恭维赞美的话一定要切合实际，到别人家里，与其乱捧一场，不如赞美房子布置得别出心裁，或欣赏壁上的一张好画，或惊叹一个盆栽的精巧。若要讨主人喜欢，你要注意投其所好，主人爱狗，你应该赞美他养的狗；主人养了许多金鱼，你应该谈那些鱼的美丽。赞美别人最近的工作成绩、最心爱的宠物、最费心血的设计，这比说上许多无谓的虚泛的客套话更佳。

有的时候并不是什么伟大举动才值得让人赞美，相反，对一些微乎其微的小事，别人也会期望得到肯定和称许。

如果某天早晨，你的丈夫偶然一次早起为你准备好了早餐，你不妨大大赞美他一番，那他今后起床做早餐的频率将会更高；如果你的小孩有一天非常小心地在家做好了晚饭等你回家，当你回到家中，不要吃惊孩子脸上的污渍，也不要惋惜已经摔碎的碗碟，先要将孩子赞美一番，即使孩子所炒的菜让人难以下咽，因为你的赞美可以让孩子所做的下顿或者是下下顿饭变成美味；在公司，如果某位职员完成某项工作的速度比你想象得要快，不妨表扬她一下，今后她工作时就一定会更加卖力。

从一件小事上去赞美他人必须注重细节，不要对他人在细节上所花费的时间和心血视而不见，而要特别地对他人的这番煞费苦心表示肯定和感谢。因为对方所做的一些小事既说明对方对你的偏爱，也说明他渴望得到肯定与赞扬。

习惯8 让你的赞美与众不同

一些人在公共场合赞美别人时，自己想不出怎样赞美，只能跟着别人说重话，附和别人的赞美。常言道：别人嚼过的肉不香。朱温手下就有一批鹦鹉学舌拍马屁的人。一次，朱温与众宾客在大柳树下小憩，独自说了句："柳树好大！"宾客们为了讨好他，纷纷起来互相赞叹："柳树好大。"朱温听了觉得好笑，又道："柳树好大，可做车头。"实际上柳木是不能做车头的，但还是有五六个人互相赞叹："可做车头。"朱温对这些鹦鹉学舌的人烦透了，厉声说："柳树岂可做车头！"于是把说"可做车头"的人抓起来杀了。

在整日聚首的人际关系中，一家人之间或一个科室的同事之间，有些赞美很可能多次重复，已经形成某种公式和习惯了，这就没什么意义和作用。比如，某个处长每次开会总结工作的时候，都像例行公事一样对大家赞扬几句，其内容和说法总是笼统的那么几句话，就像是同一张唱片或同一盘录音带只是在不同的时间播放一样，让人感觉乏味。

汤姆受聘于一家公司的销售部经理，他采用新的营销战

术，于是在他加入公司两个月后，公司的销售量大增，仓库积压一售而空。老板非常高兴，拍拍汤姆的肩膀说：“你干得非常出色！继续努力。”

“好，”汤姆说，“但你为什么不把你赞美的话放在我的薪水单上呢？”

“一定会的，年轻人。”

老板非常遵守诺言。当下个月汤姆领到薪水单时，发现上面附着一条留言，上面写着：“你干得非常出色！继续努力，表现更好。”

赞美加一点新意，鼓励作用会更大。正如有人所说，“一点新意，一片天空”，这样赞美之术会更趋完美。

赞扬要有新意，当然要独具慧眼，善于发现一般人很少发现的“闪光点”和“兴趣点”，即使你一时还没有发现更新的东西，也可以在表达的角度上有所变化和创新。

对一位公司经理，你最好不要称赞他如何经营有方，因为这种话他听得多了，已经成了毫无新意的客套了；倘若你称赞他目光炯炯有神、潇洒大方，他反而会被感动。

赞美是所有声音中最甜蜜的一种，赞美应该给人一种美的感受。新颖的语言是有魅力的、有吸引力的，简单的赞扬也可能是振奋人心的。但是一种本来不错的赞扬如果多次单调重复，也会显得平淡无味，甚至令人厌烦。一个女人就曾说过，她对别人反复说她长得很漂亮已经感到很厌烦，但是当有人告诉她，像她这样气质不凡的女人应该去演电影时，她笑了。

新颖的赞语给人清爽、舒心之感。毛阿敏在哈尔滨演出时，《当代大舞台》的节目主持人是如此将她介绍给观众的：

主持人："请问毛阿敏小姐，您是从哪里来的？"

毛阿敏："哦，我从北京来。"

主持人："您像一只美丽的蝴蝶给冰城哈尔滨带来了欢乐，请问这次能停留几日呢？"

毛阿敏："5日。"

主持人："我们冰城的朋友热烈欢迎您的到来，但愿您与《当代大舞台》永不分手！"

主持人巧借毛阿敏的代表歌曲《思念》来向她发问，亲切而诙谐，同时也激起了演唱者与观众的热情，创造了良好的舞台气氛。

如果主持人只是用公式化的套词，那么，观众觉得乏味，毛阿敏也可能会腻烦。妙语连珠的赞美，既能显示赞美者的才能，也能使被赞美者更快乐地接受。只要你多琢磨、多运用，你的赞语就会更新颖、更易打动人心。

仪态万方这一目标，几乎是所有的女人孜孜以求的。这是她们的渴望，并且常常希望别人赞美这一点。但是对那些有沉鱼落雁之容、闭月羞花之貌的倾国倾城的绝代佳人，就要避免对其容貌的过分赞誉，因为对于这一点她已有绝对的自信，你可以转而去称赞她的智慧、她的品格。

日本著名心理学家多湖辉先生在一本书里举了这么一个例子：有位杂志社的记者，有一次去采访一位地位很高的财经界人士。话匣子一打开，就首先称赞对方的理财手段如何高明，继而想打听一些对方成功的奥秘。但由于这是初次采访，不容易快速地接触到问题的实质。

这时，那位记者灵机一动，将话题一转，说道："听说您在业余时间很喜欢钓鱼，在钓鱼上是行家里手。在下偶尔也喜欢钓钓鱼，不知道您是否可以介绍一些这方面的经验？"那位大人物一听此话，笑颜顿开，侃侃谈起钓鱼经来。结果不用说，宾主双方俱欢，尔后的采访自然容易了许多。

分析一下这位大人物的心态，不难看出，有关经营方面的"高帽子"早已经听得耳根生茧了。这个记者看到了大人物的另一个不太为人所知的优点，从该大人物的业余生活入手，最后完满地达到了预期目的，其方法令人叹服。

赞美的新意很重要，但更需要我们综合各方面的因素来翻出恰当的"新"意，否则便会弄巧成拙、适得其反。马克·吐温曾经说过："一句好的赞美能当我10天的口粮。"我们每天都让新鲜的赞美流淌入他人的生活中，那么彼此对生活的积极性就会增强。

❀习惯9 多说“不过”和“但是”

有时对方提出的要求有一定的合理性，但因条件的限制又无法予以满足，在这种情况下，拒绝的言辞可采用“先肯定后否定”的形式，使其精神上得到一些满足，以减少因拒绝而产生的不快和失望。例如，一家公司的经理对一家工厂的厂长说：“我们两家搞联营，你看怎么样？”厂长回答：“这个设想很不错，只是目前条件还没有成熟。”这样既拒绝了对方，又给自己留了后路。

对对方的请求最好避免一开口就说“不行”，而是要表示理解、同情，然后再据实陈述无法接受的理由，获得对方的理解，自动放弃请求。

李刚和王静是大学同学，李刚这几年做生意虽说挣了些钱，但也有不少的外债。两人毕业后一直无来往，忽一日，王静向李刚提出借钱的请求。李刚很犯难，借吧，怕担风险；不借吧，同学一场，又不好拒绝。思忖再三，最后李刚说：“你在困难时找到我，是信任我、瞧得起我，但不巧的是我刚刚买了房子，手头一时没有积蓄，你先等几天，等我过几天账结回来，一定借给你。”

先扬后抑这种方法也可以说成是一种“先承后转”的方法，这也是一种力求避免正面表述，而采用间接拒绝他人的一种方法。先用肯定的口气去赞赏别人的一些想法和要求，然后再来表达你需要拒绝的原因，这样你就不会直接地去伤害对方的感情和积极性了，而且还能够使对方更容易接受你，同时也为自己留下一条退路。一般来说，你还可以采用下面一些话来表达你的意见：“这真的是一个好主意，只可惜由于……我们不能马上采用它，等情况好了再说吧”，“我知道你是一个体谅朋友的人，你如果对我不十分信任，认为我没有能力做好这件事，那么你是不会找我的，但是我实在忙不过来了，下次如果有什么事情我一定会尽我的全力来支持你”，等等。

有的时候对方可能会很急于事成而相求，但是你确实又没有时间，没有办法帮助他的时候，一定要考虑到对方的实际情况和他当时的心情，一定要避免使对方恼羞成怒，以免造成误会。

拒绝还可以从感情上先表示同情，然后再表明无能为力。

黄女士在民航售票处担任售票工作，由于经济的发展，乘坐飞机的旅客与日俱增，黄女士时常要拒绝很多旅客的订票要求。黄女士每每总是带着非常同情的心情对旅客说：“我知道你们非常需要乘坐这次航班，从感情上说我也十分愿意为你们效劳，使你们如愿以偿，但票已订完了，实在无能为力。欢迎你们下次再来乘坐我们的飞机。”黄女士的一番话叫旅客再也提不出意见来。

习惯10 多在背后说他好

世上背后道人闲话的人不少，大家都很清楚，被说之人一旦知道便会火冒三丈，轻则与闲话者绝交，重则找闲话者当面算账。因此，人们都以此为戒，不要犯背后说他人闲话的忌讳。但是，背后说人好话却有奇效。

《红楼梦》中有这么一段描写：史湘云、薛宝钗劝贾宝玉做官为宦，贾宝玉大为反感，对着史湘云和袭人赞美林黛玉说："林姑娘从来没有说过这些混账话！要是她说这些混账话，我早和她生分了。"

凑巧这时黛玉正来到窗外，无意中听见贾宝玉说自己的好话，"不觉又惊又喜，又悲又叹"。结果宝黛两人互诉肺腑，感情大增。

在林黛玉看来，宝玉在湘云、宝钗、自己三人中只赞美自己，而且不知道自己会听到，这种好话就不但是难得的，还是无意的。倘若宝玉当着黛玉的面说这番话，好猜疑、好使小性子的林黛玉可能就认为宝玉是在打趣她或想讨好她。

背后说别人的好话，远比当面恭维别人或说别人的好话效果要明显好得多。不用担心，我们在背后说他人的好话是很容易就会传到对方耳朵里去的。

赞美一个人，当面说和背后说所起到的效果是很不一样的。如果我们当面说人家的好话，对方会以为我们可能是在奉承他、讨好他；而当我们的好话是在背后说时，人家会认为我们是真心说他的好话，人家才会领情，并感激我们。假如我们当着上司和同事的面说上司的好话，同事们会说我们是在讨好上司、拍上司的马屁，从而容易招致周围同事的轻蔑。另外，这种正面的歌功颂德所产生的效果是很小的，甚至还会起到反效果。同时，上司脸上可能也挂不住，会说我们不真诚。与其如此，还不如在上司不在场时，大力地"吹捧一番"。而我们说的这些好话，最终有一天会传到上司耳中的。

有一位员工与同事们闲谈时，随意说了上司几句好话："梁经理这人真不错，处事比较公正，对我的帮助很大，能够为这样的人做事真是一种幸运。"这几句话很快就传到了梁经理的耳朵里，梁经理心里不由得有些欣慰和感激，而那位员工的形象也在梁经理心里上升了。就连那些"传播者"在传达时，也忍不住对那位员工夸赞一番：这个人心胸开阔、人格高尚，难得！

在日常生活中，背着他人赞美他往往比当面赞美更让人觉得可信。因为你对着一个不相干的人赞美他人，一传十，十传百，你的赞美迟早会传到被赞美者的耳朵里。这样，你赞美的目的也就达到了。

在日常生活中，如果我们想赞扬一个人，不便对他当面说出或没有机会向他说出时，可以在他的朋友或同事面前适时地赞扬一番。

据国外心理学家调查，背后赞美的作用绝不比当面赞扬差。此外，若直接赞美的力度不足会使对方感到不满足、不过瘾，甚至不服气，过了头又会变成恭维，而用背后赞美的方法则可以缓和这些矛盾。因此，有时当面赞扬不如通过第三者间接赞扬的效果好。

当你面对媒体时，适当地赞美你的同行是一种风度，也是一种艺术。

足球教练陈亦明为人爽朗，心直口快，极善处理与球员、球迷以及媒体的关系。记者问陈亦明："张宏根和左树声都有执教甲A的资历，如何能成为你的助手？”陈亦明先以简明之言道出了“团结就是力量”这个道理，再道出：“国内名气比我们大的不少。一个人斗不过，三个人组合就强大多了。张导是我的老师，左导是我的师兄弟，我们的组合可谓是强强联手，‘梦幻组合’。”他的话令人不由想到了当年那支集NBA所有高手的美国国家篮球队——梦之队的威风八面。其语既自我褒扬，又夸张、左二人，敷已“粉”而不显白，赞他人又不显媚，将“自我标榜”及“赞美他人”的语言艺术发挥到了极致。

多在第三者面前去赞美一个人，是你与那个人关系融洽的最有效的方法。假如有一位陌生人对你说：“某某朋友经常对我说，你是位很了不起的人！”相信你感动的心情会油然而生。那么，我们要想让对方感到愉悦，就更应该采取这种在背

后说人好话、赞扬别人的策略。因为这种赞美比一个魁梧的男人当面对你说“先生，我是你的崇拜者”更让人舒坦，更容易让人相信它的真实性。

习惯11 拒绝领导时**不要让他难堪**

领导委托你做某事时，你要善加考虑，这件事自己是否能胜任，是否不违背自己的良心，然后再作决定。

如果只是为了一时的情面，即使是无法做到的事也接受下来，这种人的心似乎太软。纵使是很照顾你的领导委托你办事，但自觉实在是做不到，你也应该很明确地表明态度，说：“对不起！我不能接受。”这才是真正有勇气的人，否则你就会误大事。

如果你认为这是领导拜托你的事不便拒绝，或因拒绝了领导会使其不悦而接受下来，那么，此后你的处境就会很艰难。因畏惧领导报复而勉强答应，答应后又感到懊悔时，就太迟了。

领导所说的话有违道理，你可以断然地驳斥，这才是保护自己之道。假使领导欲强迫你接受无理的难题，这种领导便不可靠，你更不能接受。

尽管员工是隶属于领导，但员工也有他独立的人格，不能什么事不分善恶是非都服从。倘若你的领导以往曾帮过你很多忙，而今他要委托你做无理或不恰当的事，你更应该毅然地拒绝，这对领导来说是好的，对自己也是负责的。

当然，拒绝领导的要求不是一件容易的事。谁都不愿因此而得罪领导，因为领导有可能掌握你工作的前程。然而，若你知道一些拒绝领导的技巧，就能两全其美，既不得罪领导，又可以表明拒绝之意。不过要强调的是，这些技巧仅限于那些领导的不合理要求。

当领导提出一件让你难以做到的事时，如果你直言答复做不到，可能会让领导有损颜面，这时，你不妨说出一件与此类似的事情，让领导自觉问题的难度而自动放弃这个要求。

小孩的爷爷是某国的宰相。有一天，小孩看见爷爷在后花园走来走去，不停地唉声叹气。

“爷爷，您碰到什么难事了？”小孩问。

“唉，孩子呀，大王不知听了谁的教唆，硬要吃公鸡下的蛋，命令满朝文武想法去找，要是三天内找不到，大家都得受罚。”

“大王太不讲理了。”小孩气呼呼地说。他眼睛一眨，想了个主意，说：“爷爷您别急，我有办法，明天我替您上朝好了。”

第二天早上，小孩真的替爷爷上朝了。他不慌不忙地走进宫殿，向大王施礼。

大王很不高兴，说：“小娃娃到这里捣什么乱！你爷爷呢？”

小孩说：“大王，我爷爷今天来不了啦！他正在家生孩子呢，托我替他上朝来了。”

大王听了哈哈大笑：“你这孩子，怎么胡言乱语！男人家哪能生孩子呢？”

小孩说："既然大王知道男人不能生孩子，那公鸡怎么能下蛋呢？"

小孩的爷爷作为宰相，遇到皇帝提出的不可能做到的请求，却又找不到合适的办法拒绝。而他作为一个孩童，能如此得体地拒绝大王，并让大王不得不放弃自己的无理请求，实在是大出人们的意料。也正因为如此，大王才有"孺子之智，大于其身"的叹服。

当上司要求你做违法或违背良心的事时，平静地解释你对

他的要求感到不安，你也可以坚定地对上司说：“你可以解雇我，也可以放弃要求，因为我不能泄露这些资料。”如果你幸运，老板会自知理亏并知难而退；反之，你可能授人以柄。但假若你不能坚持自身的价值观，不能坚持一定的准则，那只会迷失自己，最终会影响工作的成绩，以致断送自己的前途。

当上司器重你并将你连升两级，但那职务并不是你想从事的工作时，你可以表示要考虑几天，然后慢慢解释你为何不适合这工作，再给他一个两全其美的解决方法：“我很感激您的器重，但我正全心全意发展营销工作，我想为公司付出我的最佳潜能和技巧，集中建立顾客网络。”正面地讨论，可以使你被视为一个注重团体精神和有主见的人。

当领导提出某种要求而你又无法满足时，设法造成你已尽全力的错觉，让领导自动放弃其要求，这也是一种好方法。

比如，当领导提出不能满足的要求后，就可采取下列步骤先答复：“您的意见我懂了，请放心，我保证全力以赴去做。”过几天，再汇报：“这几天×××因急事出差，等下星期回来，我再立即报告他。”再过几天，告诉领导：“您的要求我已转告×××了，他答应在公司会议上认真地讨论。”尽管事情最后不了了之，但你也会给领导留下好印象，因为你已造成“尽力而为”的假象，领导也就不会再怪罪你了。

通常情况下，人们对自己提出的要求总是念念不忘。但如果长时间得不到回音，就会认为对方不重视自己的问题，反感、不满由此而生。相反，即使不能满足领导的要求，只要能做出些样子，对方就不会抱怨，甚至会对你心存感激，主动撤回让你为难的要求。

你也可以利用群体来掩护自己说“不”，这不失为一大妙招。

例如，被领导要求做某一件事时，你其实很想拒绝，可是又说不出来，这时候，你不妨拜托两位同事和你一起到领导那里去，这并非所谓的3人战术，而是依靠群体替你作掩护来说“不”。

首先，商量好谁是赞成的那一方，谁是反对的那一方，然后在领导面前争论。等到争论一会儿后，你再出面含蓄地说“原来如此，那可能太牵强了”，而靠向反对的那一方。

这样一来，你可以不必直接向领导说“不”就能表明自己的态度。这种方法会给人“你们是经过激烈讨论后，绞尽脑汁才下结论”的印象，而包括领导在内的全体人士不管哪一方都不会有受到伤害的感觉，从而领导会很自然地放弃对你的命令。

对于超负荷工作的要求，你即使是力不能及，也不能马上怒形于色。不妨先动手来做，让事实来证明领导的要求是不可能达到的。

下面是发生在职场中的一件事情：

“小康，请你今晚把这一叠讲义抄一遍。”经理指着厚厚一沓稿纸对秘书小康说。小康听到此言，面对讲义，面露难色，说：“这么多，抄得完吗？”“抄不完吗？那请你另觅轻松的去处吧！”也许经理正在气头上，于是小康被炒了鱿鱼。

小康的被炒实在令人惋惜。像她这样生硬、直接地拒绝上司的要求，给上司的感觉是她在对抗，不服从指示，因而扫了上司的威信，被炒也就难免了。其实，她可以处理得更灵活些。她不妨这样，立即搬过那一堆稿子埋头就抄起来，过一两个小时后，把抄好了的稿子交给经理，再委婉地表示自己的困难，那么经理肯定会很满足于自己说话的威力，并意识到自己的要求的不合理处，而延长时限，小康就不至于被解雇。

拒绝上司必须把握以下3点。

1. 要有充分的拒绝理由

首先设身处地，表明自己对这项工作的重视；然后再表明自己的遗憾，具体说明自己为什么不能接受。比如说："我有件紧急工作，必须在这两天赶出来。"充足的理由、诚恳的态度一定能取得上司的理解。

2. 不可一味地拒绝

尽管你拒绝的理由冠冕堂皇，但是上司也许仍坚持非你不行。这时，你便不能一味地拒绝，否则上司可能会以为你是在推脱，从而怀疑你的工作干劲和能力，以致失去对你的信任，在以后的工作中，有意无意地使你与机会失之交臂。

3. 提出合理的接替方法

对上司所交代的事，你不能接受，又无法拒绝，这时，你可得仔细考虑，千万不可怒气冲天，拂袖而去。你可以与上司共商对策，或者说："既然这样，那么过两天，等我手头的工作告一段落就开始做，您看怎么样？"你也可以向上司推荐一位能力相当的人，同时表示自己一定会去给他出点子、提建议。这样，你一定能进一步地赢得上司的理解和信任，也会为你以后的工作、生活铺开一条平坦的大道，因为上司也和你一样，是个普普通通、有血有肉、有感情同时也当过职员的人。

把握好以上要点，才能不让自己难堪，也不会失去上司的信任。

习惯12 用替代法委婉说“不”

有一次，约翰的一位好朋友的孩子，4岁的毛毛，一手拿苹果、一手拿橘子，跑到约翰面前炫耀。约翰故意逗他说：“毛毛，伯伯的嘴好馋。你看，你是愿意把苹果给伯伯吃呢，还是愿意把橘子给伯伯吃？”毛毛听了约翰的话，很快就出人意料

地回答：“伯伯你快去，妈妈那里还有！”

啊，这小家伙的回答真是太绝了！他并没有直截了当地拒绝，但让人无法从他那里捞到一点油水，因为他想到了一个替代方案来拒绝别人。

这个例子，显示了替代方案的妙用。他没有正面表示拒绝，你也没有得到任何东西，彼此既不伤和气，也不会丢什么面子。

这种方法就叫替代法，是以“我办不到，你去拜托某某比较好”的说法，来转移给他人的做法。工作中常常会有人来请你帮忙，而你又由于种种原因不想插手，你应该怎么说呢？

“我对电脑操作不是很熟，不过小王对电脑很熟，你去拜托他帮你看看怎么样？”

“我对计算工作最头大了，我记得小芸好像是高手，她应

该做得来！”

像这样搬出一位在这方面能力比自己强的人，然后要对方去拜托他就行了。

不只能力的问题，像下面这个例子中的场合也能适用。

“我如果要做这件事，恐怕要花掉不少时间。小范好像说他今天工作分量不怎么多！”

只有在大家都知道那个人的确比较胜任时才能用这招。

这个办法有一个问题，就是可能会招致那个被你“转嫁”的人的怨恨。想拜托你的人一定会说：“是某某说请你帮忙比较好！”对方也就会知道是你干的好事。这么一来，那个人心里一定会想：可恶的家伙，竟然把讨厌的事推给我！

尤其当需要帮忙的工作内容是人人都不想做的事情的时候，惹来怨恨的可能性就更高。所以，最好在多数人都知道“某某事情是某某最擅长的”这样的场合才用此招。

当然，这一招不仅仅是可以用在工作中，还能用在日常生活中。假如你抽不开身，实事求是地讲清自己的困难，同时热心介绍能提供帮助的人，这样，对方不仅不会因为你的拒绝而失望、生气，反而会对你的关心、帮助表示感谢。

习惯13 适当贬低自我，让对方知难而退

有很多既没有什么实际意义又浪费时间与精力的活动，我们要对它进行拒绝时，可以采取适当自我贬低的方法。

“适当自我贬低”是一种特殊形式，表示自己无能为

力，不愿做不想做的事。也就是说：“我办不到！所以不想做！”

根据心理学的调查发现，人们的确有在日常生活中自我贬低的现象。例如，在上班族中，有12%的人曾对上司装过傻，而14%的人对同事装过傻。虽然它跟“楚楚可怜法”一样，会导致别人对自己的评价降低，但令人惊讶的是，有一成以上的人在意识到这一点后仍用了这个办法。

上班族会用到“自我贬低法”的场合有以下三种。

第一，遇到不想做的事。例如，像是打杂般的工作、很花时间的工作或单调的工作等；还有像公司运动会之类，筹办公司内部活动也是其中之一。像这些情形便有不少人会用“我不会呀”或“我对这方面不擅长”等理由，来把不想做的事巧妙地推掉。

第二，拒绝他人的请求。当别人找上你，希望你能帮他的忙时，你很难直接说："不！"因此便以"我很想帮你，可是我自己也没有那个能力"的态度来婉转拒绝。拒绝别人时，很难直接以"我不愿意"这种态度来拒绝，而且如果拒绝不恰当还可能会让对方怀恨在心。因此，若是用没有能力，也就是自己无法控制的原因来拒绝（想帮你，可是帮不了）的话，拒绝起来便容易多了。

第三，想降低他人对自己的期望值。一个人若能得到他人的高度期待固然值得高兴，但压力也会随之而来。因为万一失败，受到高度期待的人带给其他人的冲击性会更大。因此，借由表现出自己的无能来降低他人的期望值，万一将来失败，自己的评价也不会下降得太多；相反，如果成功，反而会得到预期之外的肯定。

根据工作的内容，"无能"的内容也应有所不同。例如：别人要求你做账簿时——"我最怕计算了，看到数字我就头痛！"

不过，如果，你所表明的"无能"的理由不具真实性，那可就行不通。例如，刚才那个例子如果发生在银行，绝对会显得很突兀。平常越少接触到的工作，说这种话时，所获得的可信度就越大。所以要说"我没做过""我做得不好"这些话的时候，一定要具有可信度才行。

"自我贬低"如果使用过度，很容易给人留下"无能""不可靠"的印象；而当自己反过来想求人帮忙时，被拒绝的概率也会大幅提高。因此要注意，绝对不要使用过度。

"自我贬低"使用时的第一重点就在于慎选使用的场合，也就是只在与自己的工作无关的地方使用。

举个极端的例子。如果一个跑业务的说“我在别人面前讲话会很紧张”，以此拒绝参加公司的会议，那么这对他来说可是致命伤；但如果是做研究工作的人说这种话，那就另当别论，效果完全不同。要自我贬低时，切记：只用对自己不重要的部分来贬低自己。

第二个重点是，尽量避免招来“无能”或“不可靠”的负面印象。记住善用“如果是某某就没问题，但这件事我实在心有余而力不足”这句话。例如：

“公司旅行的账目我倒是做过，但太复杂的东西我没自信能做好！”

这么说总比直接拒绝对方好，而且这种说法听起来比较具有真实性，也比较容易成功。

习惯14 正理不妨歪说

什么事都有一个“理”，“理”的存在为人们司空见惯。如果擅自改变事物的前后关系、因果关系、主次关系、大小关系，“理”就会走向歪道，有时歪得越远，谐趣越浓。

下面的例子是最好的说明。

一位乞丐常常得到一位好心青年的施舍。一天，乞丐对这个青年说：“先生，我向你请教一个问题。两年前，你每次都给我10块钱，去年减为5块，现在只给我1块，这是为什么？”

青年回答：“两年前我是一个单身汉，去年我结了婚，今年又添了小孩，为了家用，我只好节省自己的开支。”

乞丐严肃地说："你怎么可以拿我的钱去养活你家的人呢？"

乞丐强词夺理，对青年的责怪过于离谱、荒谬，令人们在吃惊之余哑然失笑。

故意对某些词句的意思进行歪曲的解释，以满足一定的语言交际需要，造成幽默风趣的言语特色，叫人忍俊不禁，从而可以营造轻松愉快的谈话气氛，更好地协调人际关系。

有一年，在一次座谈会上，有几位同志为"鬼戏"鸣不平，说是"神戏"上演了，所谓"妖戏"也上了舞台，唯独未见"鬼戏"登台。一位同志脱口而出："这叫作'神出鬼没'。"

这位同志对成语"神出鬼没"进行了曲解。作为成语，"神出鬼没"中"出没无常，不可捉摸"的意思，这里却曲解为"神（仙戏）出（现了），鬼（戏还）没（有上舞台）"。

一位姑娘问自己的恋人："小张，你怎么夏天胖、冬天瘦啊？"

小伙子应声而答："这叫热胀冷缩嘛！"一句话逗得姑娘咯咯笑个不停。

这里，小伙子对"热胀冷缩"做了曲解。

词语有它固定的含义，绝大多数不能按其字面的意思来机械解释，而曲解词语法却偏偏"顾名思义"，突破人们固定的思路或者说跳开常理，从而产生幽默感。

曲解词语法除了经常"顾名思义""利用多义"之外，还常利用音同、音近的谐音。比如，歇后语即是用这种曲解词语的手法创造成功的。当你使用这些歇后语时，也就是在不知不觉地使用曲解词语法。如：

嗑瓜子嗑出臭虫来了——什么人（仁）儿都有

石头蛋子腌咸菜——一言（盐）难尽（进）

一二三五六——没事（四）

从上面我们可以看出，强烈的幽默效果往往产生在故意曲解某些词语的含义中。所以，当你使用曲解词语法时，一定要让人感到你是故意曲解词语，而不是“无意”，否则，也许会让人以为你是天字第一号的大傻瓜。当然，特定的语境加上你的聪慧会使你成功的。

望文生义的原意是：只按照字面去牵强附会，而不探求其

确切的含义，含有明显的贬义。而“望文生义法”，即明知故错地只按照字面解释词义，得到与原解释截然不同的结果，使说话十分诙谐，充满幽默感。

望文生义法是一种巧妙的幽默技巧。运用它，一要“望文”，即故作刻板地就字释义；二是“生义”，要使“望文”所生之“义”变异，与这个“文”通常的意义大相径庭，还要把“望文”而生义引到一个与原意风马牛不相及的另一个内容上，从而在强烈的不协调中形成幽默感，因为所有的幽默从总体上说都是来源于不协调。

逻辑上，一个词语可以表达不同的概念。将错就错、巧换概念就是在论辩中故意曲解某一词语在对方论辩中的意思，巧妙换意，出其不意地驳倒对方。

威尔逊在任新泽西州州长时，接到来自华盛顿的电话，说他的一位助手刚刚去世了。威尔逊深感震惊和悲痛，立刻取消了当天的一切约会。几分钟后，他接到了新泽西州的一位政治家的电话。

“州长，”那人结结巴巴地说，“我，我希望代替那位助手的位置。”

“好吧，”威尔逊对那人迫不及待的态度感到恶心，他慢吞吞地回答说，“如果殡仪馆同意的话，我本人没有什么意见。”

面对这位迫不及待地企望登上助手位置的新泽西州的政治家，沉浸在深深悲痛之中的威尔逊非常委婉幽默却又毫不留情地予以了嘲讽和回击。威尔逊运用的幽默手法，是用曲解的办法暗中转换了对方话中的希望得到的“位置”的概念。对方原来觊觎的是助手的位置，而威尔逊故意临时置换为已去世的助手在殡仪馆所在的位置，从而在幽默之中表达了对对方的反感和讽刺。

歪解幽默法就是以一种轻松、调侃的态度，随心所欲地对一个问题进行自由的解释，硬将两个毫不沾边的东西捏在一起，以造成一种不和谐、不合情理、出人意料的效果，在这种因果关系的错位和情感与逻辑的矛盾之中产生幽默的手法。

歪解就是歪曲、荒诞的解释。一本正经地从事实出发、从科学出发、从常理出发，那就找不到幽默。说咸鸭蛋是咸水煮的不是幽默，说咸鸭蛋是咸鸭子生的这才是幽默。

请看这样一则幽默：

三位母亲自豪地谈起她们的孩子，第一位说："我之所以相信我家小明能成为一名工程师，是因为不管我给他买什么玩具，他都把它们拆得七零八散。"

第二位说："我为我的儿子感到骄傲，他将来一定会成为一名出色的律师，因为他现在总爱和他人吵架。"

第三位说："我儿子将来一定会成为一名医生，这是毫无疑问的，因为他现在体弱多病，俗话说'久病成良医'。"

读到这儿，我们都会忍俊不禁。这种幽默的力量是从哪儿来的呢？很显然，是从这3位母亲滑稽的解释中得来的。如果说儿子能当上工程师是因为喜欢用积木搭桥、盖房子，说儿子能当律师是因为喜欢法官的大盖帽，说儿子能当医生是因为他常玩给布娃娃打针的游戏，那就没有多少幽默可言了。这种解释是从生活中的常理来的，人们听来丝毫不觉得意外，所以并不好笑。

而这里的3位母亲却都从这些常理中跳了出来，给这些问题找到了一个似是而非、牛头不对马嘴的解释，结果和原因之间显得那样不相称、那样荒谬，两者之间的巨大反差就形成了幽默感，这就是歪解幽默的奥秘所在。

幽默不是科学，不是逻辑，而是一种雍容豁达的生活态度，是用巧妙的手段来宣泄情感而又不致造成伤害的一种方式。只有把握了幽默只属于人的情感、人的心灵这一本质，才会潇洒自如地突破常规，用看似荒谬的理由去解释生活、解释自己与他人，为生活制造一点笑声、一点乐趣。歪解幽默法最常用于自嘲。

某人有一次在宴席上问鲁迅："先生，您为什么鼻子塌？"

鲁迅笑答："碰壁碰的。"

这个回答里面既有对社会现实的不满，又有对自己生活经历坎坷的嘲讽。这样丰富且具有社会意义的内容与"塌鼻梁"这样一个自然生理特征结合在一起，便产生了无法言喻的幽默感。

有人问一个作家："你为什么能写那么长的大部头小说？"

作家答道："因为我有失眠症，晚上只好做点文字游戏来解闷。"

这种自嘲都透着一种自信，而不是把自己说得一文不值。歪解幽默法作为一种幽默技巧，并不神秘，也不深奥，只要是出于表达情感的需要，只要是不那么死心眼地有一说一、有二说二，那么在日常交际中谁都可以用它幽默一下。

❀习惯15 婉言曲说成幽默

有些事直接发表自己的见解不太合适，容易让人误解或不愉快，婉言曲说是很好的方法，而且这种婉言曲说不同于修辞里的委婉修辞方法，它是形成幽默的一种语言艺术。适当培养婉曲幽默的说话习惯，有时可以更好地处理人际关系。

王麻子是个极爱占小便宜的人，常常在别人家白吃白喝，吃完了上顿等下顿，住了两天住三天。一次，他在一朋友家里吃了三天后，问主人道："今天弄什么好吃的呀？"

主人想了想，说："今天我们弄麻雀肉吃吧！"

"哪来那么多麻雀肉呢？"

主人说："先撒些稻谷在晒场上，趁麻雀来吃时，就用牛拉上石磨一碾，不就得了吗？"

这个爱占便宜的人连连摇手说："这个办法不行，还不等石磨过来麻雀早就飞跑了。"

主人一语双关地说："麻雀是占惯了便宜的，只要有了好吃的，怎么撵（碾）也撵（碾）不走。"

现在我们谈论的"婉言曲说"的幽默法，可以说是"婉曲"的变格，它是说话人故意把所要表达的本意绕个圈子曲折地说出来，利用婉言来获得幽默效果。

克诺先生来到一个陌生的城市，走进一家小旅馆，他想在那儿过夜。

"一个单间带供应早餐要多少钱？"他问旅馆老板。

"不同房间有不同的价格，二楼房间15美元一天，三楼房间12美元一天，四楼10美元，五楼只要7美元。”

克诺先生考虑了几分钟，然后提起箱子就走。

“您觉得价格太高了吗？”老板问。

“不，”克诺回答，“是您的房子还不够高。”

一般说来，幽默应避免敌意和冲突，否则，幽默就会被减弱或者消亡。从这个意义上讲，婉言曲说最适合构成幽默。

一个法国出版商想得到著名作家的赞扬，借以抬高自己的身价。他想，要得到一个大人物的好感，必须先赞扬他。

这天，他去拜访一位知名作家。他看到作家的书桌上正摊

着一篇评论巴尔扎克小说的文章，便说："啊，先生，您又在评论巴尔扎克了。的确，多少年来，真正懂得巴尔扎克作品的人太少了，算来算去，也只有两个。"

作家一听就明白了出版商的意图，便让他继续说下去。

"这两个人，其中一个当然是您了，可是还有一个呢？您说，他应当是谁？"

作家说："那当然是巴尔扎克自己了。"

出版商顿时像泄了气的气球，悻悻地走了。

出版商想求得知名作家的赞扬，故意登门拜访。作家呢，不好直接拒绝，就来了个婉言曲说。出版商把世间懂巴尔扎克作品的人确定为两个：一个，他自然要送给作家了；另一个，他是给自己预备的。但自己说出来那太没涵养，况且自己认可的东西并不一定能得到作家的赞同，还是启发作家说出来吧。由此，出版商一直沿着自己的设计和思路，准备着一种情感——他期待着作家的赞扬，让作家指出他是懂巴尔扎克作品的人。

作家并不回绝对方的话，因为那太扫人兴了。但是他有意漠视对方的"话外音"，一句答话让对方的期待栽了个大跟头，于是双方没戏唱了，只好散场。

凡有大成就者，向来都是能说会道的专家，他们不仅仅专长于自己的一份事业，而且在待人接物上有着独到的迂回之术，他们能够在让人发笑的过程中不知不觉加入自己的观点。

有一次，法国钢琴家乌尔蒙弹奏拉威尔的名曲《悼念公主的孔雀舞曲》时，因节奏太慢，正在听他弹奏的拉威尔忍不住对他说："孩子，你要注意，死的是公主，而不是孔雀。"

在这里，拉威尔将公主与孔雀这两种原来互不相干的事物，出人意料地联系起来，使人们产生惊奇，并在笑声中领会拉威尔话语的真正含义。

拉威尔对乌尔蒙的演奏"节奏太慢"，并不是采取直接批评的方式，而是采用婉转的暗示："死的是公主，而不是孔雀。"这样，使演奏者首先得回味一下，拉威尔的话到底是什么意思？弄清楚了，便意识到自己处理作品中的失误，应该加快速度。快到什么程度呢？拉威尔的话给了提示，是孔雀舞曲。演奏者的脑海中定会浮现出美丽的孔雀翩翩起舞的英姿。

拉威尔的旁敲侧击，使乌尔蒙明白了自己的毛病所在。

幽默是一种高超的语言艺术，这种艺术是在婉言曲说中产生的。说话直的人不可能创造出幽默来。按部就班，一是一、二是二，实说实、虚说虚，没有任何的发挥就不可能碰撞出幽默的火花。

习惯16 把话说到对方的心窝里

日本有一个这样的故事。真田广之替已过世的父亲守灵。他的老家离东京很远，即使坐电车也要花3个钟头，而且那时的电车的班次还不像现在这样多，所以可以说交通很不方便。当时他心里想：外地的亲戚朋友是不可能前来凭吊的了。但出乎意料的是，在整个晚上都没有任何一个亲属到来的情况下，一个女子突然出现在他的面前。

"田中小姐，你怎么来了……"

当时真田简直感动得难以言表，因为她不过是他的一名同事而已，真难以想象她会在下班之后，搭乘电车赶到他的老家来。况且当时天色已经很晚，她又不太认得路，肯定是挨家挨户询问才找到他家的。"你经常来这里？"

"不，今天是第一次，我只是想来凭吊一番……"

"太谢谢你了，太谢谢你了！"

真田简直感动得不知道该说什么才好，心想，她是个多么好的同事啊！这位同事的确拥有很好的人际关系，在公司里，不论男女都是这么认为的。她得到了大家的信任，只要是她说的话，大家都认为不会错，而且也愿意按照她说的去做。这同时也表示，她是个说服力极强的人。

经过那晚的谈话，真田明白了她之所以说服力极强的秘密，也就是她总是能以情动人。而说服别人按照自己的意图去办事的秘诀就在于攻心，平时别人遇到什么麻烦，田中小姐总是会伸出援助之手，这令所有人都为之感动。先得了人心，别人自然会心甘情愿听她的话。

可能平时我们没有太多时间和精力去助人为乐，但该事例告诉了我们一个关键信息，就是说服他人的核心点在于征服他人的内心，使对方在情感上有所共鸣。

文学家李密曾在蜀汉时担任过尚书郎的官职，蜀汉灭亡后，居家不出。晋武帝知道他有才干，便下诏命他进朝为太子洗马，但李密拒绝了。为此，晋武帝大怒。在这种情况下，李密写了一封信给晋武帝。

“……我想圣明的晋朝是以孝来治理天下的，凡是年老之人，都得到了朝廷的怜恤和照顾，何况我祖孙孤零困苦。

“我年轻的时候在蜀汉朝做官，任职郎中，本来就希望仕途显达，并不矜持名声节操。现在我是败亡之国的低贱俘虏，身份卑微的人，受到过分的提拔、宠幸的委命，已经非常优厚，哪里还敢迟疑徘徊，有更高的渴求呢？

“只是因为我祖母刘氏如西山落日，已经是气息短促，生命不长。我如没有祖母的抚育，就难以有今日。祖母如失去了我的奉养，也就无法多度余日。祖孙二人相依为命，因此我实在不能抛开祖母离家远行。

“微臣李密今年四十四岁，祖母刘氏今年九十六岁。这样，我为陛下尽忠效力的日子还长，而报答祖母的养育之恩的日子短呀！故此我以这种乌鸦反哺的私衷，乞求陛下准允我为祖母养老送终。

“恳请陛下怜恤我的一片愚诚，慨允我微小的志愿，使祖母刘氏可以侥幸保其晚年，我活着也将以生命奉献陛下，死后也要结草图报。臣内心怀着难以承受的惶恐，特地作此书，奏闻圣上。”

这就是流传百世的《陈情表》。将心比心，以情说理，李密在柔言细语中陈述自己的处境。晋武帝颇为感动，心头的怒火也自然平息了，他还赐给李密奴婢二人，并令郡县供养其祖母。

杰克·凯维是加利福尼亚州一家电气公司的一位科长，他一向知人善任，并且每当推行一个计划时，总是不遗余力地率先做榜样，将最困难的工作承揽在自己的身上，等到一切都上了轨道之后，他才将工作交给下属，而自己退身幕后。虽然他这种处理事情的方法是很好的，但他太喜欢为他人做表率，所以常常让人觉得他似乎太骄傲了。

最近不知怎么回事，一向精神奕奕的凯维却显得无精打采。原来最近的经济极不景气，资金方面周转不灵，再加上预算又被削减，使得科里的运转差点停顿。这种情形若继续下去，后果一定不可收拾。于是他实施了一套新方案，并且鼓励职工："好好干吧！成功之后一定不会亏待你们的。"但没想到眼看就要达到目标，结果还是功亏一篑，也难怪他会意志消沉了。平日对凯维就极为照顾的经理看到这些情形后，便对他说："你最近看起来总是无精打采的，失败的挫折感我当然能够理解，但是我觉得你之所以会失败，乃是因为你只是一味地注意该如何实现目标，却忽略了人际关系这种软体的工程。如果你能多方考虑，并多为他人着想，这种问题一定能够迎刃而解。"经理停顿了一下，又接着说："大丈夫要能屈能伸，才是一个好的管理人员。我觉得你就是进取心太急切了，又总喜欢为职工做表率，而完全不考虑他们的立场，认为他们一定能如你所愿地完成工作，结果倒给了职工极大的心理压力。大概也就是因为这个缘故，所以大家都说你虽能干，但你的部属却很为难。每个人当然都知道工作的重要性，所以你实在大可不必再给他们施加压力。你好好休息几天，让精神恢复过来，至于工作方面，我会帮助你的。"

杰克·凯维的一段亲身经历让我们知道，必须站在别人的立场，将心比心才能真正达到说服对方的目的，否则，再多的自信和能力也无法让别人服从你。会打棒球的人都知道，当我们要接球时，应顺着球势慢慢后退，这样的话球劲便会减弱。与此相似，我们在说服他人的时候，如果能将接棒球的那一套运用过来，相信说服会变得更容易。

唐代大诗人白居易说："感人心者，莫先乎情。"意思是说，要说服人、打动人，必须动之以情，言语必须是诚心诚意的，发自内心，富有人情味儿和同情心，让人听后觉得你是真心为他好，是设身处地地为他着想，而不是在应付他。相反，冰冷的态度、程式化的言辞，都会引起对方的逆反心理，增加说服的难度。

林肯在当律师时曾碰到这样一件事：

有一位老妇人是独立战争时一位烈士的遗孀，每月只靠抚恤金维持风烛残年。前不久出纳员非要她交纳一笔手续费才准领钱，而这笔手续费相当于抚恤金的一半，这分明是勒索。

林肯知道后怒不可遏，他安慰了老妇人，并答应帮助她打这个没有凭据的官司，因为出纳员是口头勒索。

开庭后，因原告证据不足，被告矢口否认，情况显然不妙。林肯发言时，上百双眼睛都盯着他。

林肯首先把听众引入对美国

独立战争的回忆，他两眼闪着泪花，述说爱国战士是怎样揭竿而起，又是怎样忍饥挨饿地在冰天雪地里战斗。渐渐地，他的情绪激动了，言辞犹如挟枪带剑，锋芒直指那个企图勒索的出纳员。最后他以严正的设问，做出了令人怦然心动的结论：

“1776年的英雄早已长眠地下，可是他们那衰老而可怜的遗孀还在我们面前，要求代她申诉。这位老人也曾是位美丽的少女，曾经有过幸福愉快的生活。不过，她已牺牲了一切，变得贫穷无依，不得不向自由的我们请求援助和保护，而这自由是用革命先烈的鲜血换来的。试问，我们能熟视无睹吗？”发言至此，戛然而止。听众的心腑早被激动了：有的捶胸顿足，扑过去要撕扯被告；有的泪水涟涟，当场解囊捐款。在听众的一致要求下，法庭通过了保护烈士遗孀不受勒索的判决。

这就是感情的力量。唯有真挚的感情才能打动人、说服人，才能唤起民众、唤醒民心。

对人应该真诚，体察他人的内心，在说话的时候，也应该培养把话说到对方心窝里的能力与习惯，用真诚打动他人。

习惯17 促使对方多说“是”

有个日本小和尚聪明绝顶，他的名字可以说是家喻户晓，他最擅长的说服方式就是诱导对方说“是”。这位小和尚叫一休。足利义满把自己最喜爱的一只龙目茶碗暂时寄放在安国寺，没想到被一休不小心打碎了。就在这时，足利义满派人来取龙目茶碗。

大家顿时大惊失色，不知所措，茶碗已被一休打碎，拿什么去还呢？

一休道："不必担心，我去见大将军，让我来应付他吧！"

一休对将军说："有生命的东西到最后一定会死，对不对？"

足利义满回答："是。"

一休又说道："世界上一切有形的东西，最后都会破碎消失，是不是？"

足利义满回答："是。"

一休接着说："这种破碎消失谁也无法阻止，是不是？"

足利义满还是回答："是。"

一休和尚听了足利义满的回答，露出一副很无辜的神情接着说："义满大人，您最心爱的龙目茶碗破碎了，我们无法阻止，请您原谅。"足利义满已经连着回答了几个"是"字，所以他也知道此事不宜再严加追究了，一休和尚和外鉴大师便这样安然地渡过了这一难关。

促使对方说"是"的方法是，开头切勿涉及有争议的观点，而应顺应对方的思路强调彼此有共同语言的话题，从对方的角度提出问题，促使对方承认你的立场，让对方连连说"是"，与此同时，一定要避免对方说"不"。

一个人的思维是有惯性的，当你朝某一个方向思考问题时，你就会倾向于一直考虑下去，这就是为什么有些人一旦沉醉于某些消极的想法之后，就一直难以自拔。在人际交往中，我们应懂得并运用这一原理。与人讨论某一问题时，不要一开始就将双方的分歧亮出来，而应先讨论一些你们具有共识的东西，让对方不断说“是”。渐渐地，你开始提出你们存在的分歧，这时对方也会习惯性地说“是”，一旦他发现之后，可能已经晚了，只好继续说下去。

使对方产生“是”的反应其实是一种很简单的技巧，却为大多数人所忽略。懂得说话技巧的人，会在一开始就得到许多“是”的答复。这可以引导对方进入肯定的方向。就像撞球一样，原先你打的是一个方向，只要稍有偏差，等球碰回来的时候，就完全与你期待的方向相反了。也许有些人以为，在一开始便提出相反的意见，这样不正好可以显示出自己重要而有主见吗？但事实并非如此，在现实生活中，这种使对方说“是”的技术很有用处。詹姆斯·艾伯森是格林尼治储蓄银行的一名出纳，他就是采用这种办法挽回了一位差点失去的顾客。

“有个年轻人走进来要开个户头，”艾伯森先生说道，“我递给他几份表格让他填写，但他断然拒绝填写有些方面的资料。”

“在我没有学习人际关系课程以前，我一定会告诉这个客户，假如他拒绝向银行提供一份完整的个人资料，我们是很难给他开户的。但今天早上，我突然想，最好不要谈及银行需要什么，而是谈及顾客需要什么。所以我决定一开始就先引导他回答‘是，是的’。于是，我先同意他的观点，告诉他，那些他所拒绝回答的资料，其实并不是非写不可。

“‘但是，假定你碰到意外，是不是愿意银行把钱转给你所指定的亲人？’

“‘是的，当然愿意。’他回答。

“‘那么，你是不是认为应该把这位亲人的名字告诉我们，以便我们届时可以依照你的意思处理，而不致出错或拖延？’

“‘是的。’他再度回答。

“年轻人的态度已经缓和下来，他知道这些资料并非仅为银行而留，而是为了他个人的利益。所以，最后他不仅填下了所有资料，而且在我的建议下，他还开了一个信托账户，指定他母亲为法定受益人。当然，他也填写了所有与他母亲有关的资料。

“由于一开始就让他回答‘是，是的’，这样反而使他忘了原本存在的问题，而高高兴兴地去做我建议的所有事情。”

促使对方说“是”的方法很多，但目的都是要以最简单的方式使对方不说“不”。

当你与别人交谈的时候，不要先讨论你不同意的事，要先强调，而且不停地强调你所同意的事。因为你们都在为同一结论而努力，所以你们的相异之处只是方法，而不是目的。

让对方在一开始就说“是，是的”。假如可能的话，最好让对方没有机会说“不”。

很多人先在内心制造出否定的情形，却又要求对方说“好”，表现肯定的态度，这样做是不可能让对方点头的。假如你要使对方说“好”，最好的方法是制造出他可以说“好”的气氛，然后慢慢引导他，让他相信你的话。

换句话说，你不要制造出他可以表示否定态度的机会，一定要创造他会说“好”的肯定气氛出来。

当你向别人发问时，你可以连续不断地追问下去，而最后使对方不得不说“好”。这是制造肯定气氛最高明的技术，也是让对方点头的第一种妙方。

譬如当你看到某种东西，你先连续问对方五六次：“它的颜色很漂亮吧”“它的手工很精细吧”“它的造型很完美吧”“它的……”让对方答出一连串的“是”之后，你再问他原先你想获得他肯定回答的问题，那他一定会说“是”。因为在此之前，他已被你催眠似的说“是”，很自然地，在回答你这关键问题时，他也会说“是”。

所以，要使对方回答“是”，问问题的方式是非常重要的。什么样的发问方式比较容易得到肯定的回答呢？当然是你的问题已经暗示了你所想要得到的答案，这就是使对方点头的第二种妙方。

譬如当你在说服别人购买你的商品时，不应该问顾客喜不喜欢、是否想买，你应该问他："你一定喜欢，是吧？""你一定很想买，是吧？"你必须用"这颜色很漂亮吧"来代替"这颜色很漂亮吗"。因为，你问他："颜色漂亮吗？"他可以回答："不漂亮。"可是，你对他说："颜色很漂亮吧。"他就不得不回答："很漂亮。"

你一定在电影上看过那些老到的律师，在法庭为被告辩护时，是怎样一步一步引导原告说出对被告最有利的情况。

第三种使对方点头或说出肯定答案的妙方是，当你向对方发问而他还没有回答之前，自己也要先点头。你一边发问一边点头，可以引导他更快点头，因为你的行动和态度会引导对方的行动和态度。所以只要善用此原理，就会更快地得到对方肯定的答案。

那么要如何才能引导对方做出你所期待的行动和态度呢？关键在于你说话的语气和态度。

习惯18 将计就计对着说

"请不要阅读第七章第七节的内容"，这是一个作家在他的著作扉页上写的一句饶有趣味的话。后来这个作家做了一个调查，不由得笑了，因为他发现绝大部分的读者都是从第七章第七节开始读他的著作的，而这就是他写那句话的真正目的。

当别人告诉你"不准看"时，你却偏偏要看，这就是一种

“逆反心理”。这种欲望被禁止的程度越强烈，它所产生的抗拒心理也就越大。所以如果能善于利用这种心理习惯，就可以将顽固的反对者软化，使其固执的态度有180°的大转弯。

某建筑公司的李姓工程师，有一次折服了一个刚愎自用的工头。这个工头常常坚持反对一切改进的计划，李工想换装一个新式的指数表，但他想到那个工头必定要反对的，所以他想了个办法。李工去找他，腋下挟着一个新式的指数表，手里拿着一些要征求他的意见的文件。当大家讨论这些文件的时候，李工把指数表从左腋下移动了好几次。工头终于先开口了：“你拿着什么东西？”李工漠然地说：“哦！这个吗？这不过是一个指数表。”工头说：“让我看一看。”李工说：“哦！你不能看！”并假装要走的样子，还说：“这是给别的部门用的，你们部门用不到这东西。”工头又说：“我很想看一看。”当他审视的时候，李工就随意但又非常详尽地把这东西的效用讲给他听。他终于喊起来说：“我们部门用不到这东西吗？它正是我想要的东西呢！”李工故意这样做，果然很巧妙地把工头说动了。

逆反心理并不是执拗的人才有，喜欢跟别人对着干也是大多数人的习惯，因为每个人都不愿乖乖服从于任何人。

某报曾登载过一篇以父子关系为主题的纪事文章《我家的教育法》，是说某社会名人的孩子在学校挨了顿骂后便非常怨恨他的老师，甚至想“给他一点颜色瞧瞧”，他父亲听了也附和道：“既然如此，不妨就给他点颜色看。”但接着又说：“纵使你达到了报复的目的，但你却因此而触犯了法律，还是得三思才是。”听父亲这样一说，儿子便取消了报复的念头。

另外还有一个例子。某太太认为她丈夫极不像话，于是便和朋友说她要离婚。她满以为朋友会劝她打消离婚的念头，不料那位朋友却说：“如此不像话的丈夫还是趁早和他离婚，免得将来受苦。”

这位太太听朋友这么一说，反倒认为：“其实，我丈夫也并非坏到这般地步。”而收回了离婚的念头。

据说明朝时，四川的杨慎才学出众，中过状元。但因嘲讽过皇帝，所以皇帝要把他充军到很远的地方去。朝中的那些奸臣更是趁机要公报私仇，于是向皇帝说，把杨慎充军海外或是玉门关外。

杨慎想，充军还是离家乡近一些好，于是就对皇帝说：“皇上要把我充军，我也没话说。不过我有一个要求。”

“什么要求？”

"任去国外三千里，不去云南碧鸡关。"

"为什么？"

"皇上不知，碧鸡关呀，蚊子有四两，跳蚤有半斤！切莫把我充军到碧鸡关呀！"

"唔……"

皇帝不再说话，心想：哼！你怕到碧鸡关，我偏要叫你去碧鸡关！杨慎刚出皇宫，皇上马上下旨：杨慎充军云南！

杨慎利用"偏要对着干"的心理，粉碎了奸臣的打算，达到了自己要去云南的目的。

尤其是那些大人物，你对他们提出要求，他们总是会想：我为什么要听任你的摆布？我可是一个响当当的人物！因此，在说服这类人的时候，从反方向着手更容易成功。

小孩子天真、单纯，你说东，他偏往西，这是他们的天性，全人类中可能要数他们的逆反心理最强了。

某一有名的小提琴老师，他在训练不喜欢练小提琴的孩子的方法上尤其独具匠心。在教孩子们练琴时，经常碰到的难题就是儿童学琴意识低落，然而他却能使这些孩子个个乐意接受他的指导。用逼迫的方式吗？不！因为这种办法只能收到一时之效，并不能持久。而他所使用的"特效药"就是这么一句话："我想这件事你必定做不好，你还是放弃吧。因为你的技能比人家差，所以你才不想练习。"

你让他放弃，他偏要证明给你看。

只要是从事教育工作的，便经常会遇到这一类情形。尤其小学生更是如此，很少有能够自动进取的，他们常以投机取巧的方式来达到他们偷懒的目的。对于这样的孩子，你若说："难道你是不喜欢它吗？"这是毫无效用的，而偶尔要对他们说："这样的事情对你来说是勉强了点，可能你没办法做得好，因为你的能力比别人差。"

只要这一句话，不少孩子都会自发地行动起来。

习惯19 指出他的弱点，让他打退堂鼓

在辩说中抓住对方命题中隐蔽的荒谬点，加以推衍，或由此及彼，或由小到大，或由隐到显，最后得出荒谬可笑的结论，从而证明对方的论点是错误的。这种顺言逆意的辩说谋略，在逻辑上属于引申归谬。

优孟是楚国的艺人，身高八尺，喜欢辩论，常常用诙谐的语言婉转地进行劝谏。楚庄王有一匹心爱的马，每天给它穿上锦绣做的衣服，让它住在华丽的房子里，用挂着帷帐的床给它做卧席，用蜜渍的枣干喂养它。结果马得肥胖病死了。于是庄王让臣子们给马治丧，要求用棺椁殡殓，按照安葬大夫的礼仪安葬它。群臣纷纷劝阻，认为不能这样做。庄王急了，下令说："有谁敢因葬马的事谏诤的，立即处死。"

优孟听到这件事，走进宫门，仰天大哭。庄王吃了一惊，问他哭的原因。优孟说："这马是大王所心爱的，堂堂的楚国，只按照大夫的礼仪安葬它，太寒碜了，请用安葬国君的礼仪安葬它吧。"庄王问："怎么葬法？"优孟回答说："我建议用雕花的美玉做棺材，用漂亮的梓木做外椁，用枫树、豫

樟各色上等木材做护棺，发动士兵给它挖掘墓穴，让年老体弱的人背土筑坟，请齐国、赵国的代表在前面陪祭，请韩国、魏国的代表在后头守卫，要盖一所庙宇用牛羊猪祭供它，还要用万户之邑的赋税收入来作祭祀的费用。我想各国听到这件事，就都知道大王轻视人而重视马了。”庄王说：“我的过错竟然到了这个地步吗？现在该怎么办呢？”优孟说：“让我替大王用对待六畜的办法来安葬它：堆个土灶做外椁，用口铜锅当棺材，调配好姜枣，再加点木兰，用稻米做祭品，用火光做衣服，把它安葬在人们的肚肠里吧！”庄王当即就派人把死马交给太官，以免天下人张扬这件事。

运用归谬方式使说服对象认识到原来观点的错误，还可采用这样一套方式，即先提出一些问题让对方谈自己的见解，即便对方说错了，也不要急于直接指出，而要不断地提出补充的问题，诱导对方由错误的前提推到显然荒谬的结论上，使之不得不承认其错误；然后再设法引导他随着你的正确的思维逻辑，一步一步通向你所主张的观点，达到劝导说服的目的。

鲁迅的文章尖锐犀利，讽刺封建文化常采用这一手法，最经典的便是笑斥“男女大防”。

有一次，一个地方官僚禁止学生男女同泳，闹得满城风雨。鲁迅先生幽默地说：“同学同泳，皮肉偶尔相碰，有碍男女大防。不过禁止以后，男女还是一同生活在天地中间，一同呼吸着天地间的空气。空气从这个男人的鼻孔呼出来，被那个女人的鼻孔吸进去，又从那个女人的鼻孔呼出来，被另一个男人的鼻孔吸进去，淆乱乾坤，实在比皮肉相碰还要坏。要彻底划清界限，不如再下一道命令，规定男女老幼，诸色人等一律戴上防毒面具，既禁空气流通，又防抛头露面。这样，每个人都是……喏！喏！”鲁迅先生一面说一面站起来，模拟戴着防毒面具走路的样子。当时逗得大家笑得前俯后仰，事后又引起大家深深的思索。这固然是由于他采取了讽刺和幽默的形式，更重要的，还因为他揭示了矛盾，把大家的思想引导到事物内蕴的深度。

还有一次是鲁迅任厦门大学教授时，校长常常克扣教学经费。这钱不能花，那钱没有预算，再一笔钱又可以不花，老是这样刁难师生，弄得大家意见很大。

这天，校长又决定把经费削减一半。他把各研究院的负责人和教授们召集起来，一说出削减方案，马上遭到教授们的反对。大家说：“研究经费本来就少得可怜，好多科研项目不能上马，正进行的一些研究工作也日子难熬，不能往纵深发展。再说，许多研究成果、论著因没钱不能印刷，再削减经费怎么

得了？不行，不行！”校长根本不认真倾听教授们的意见，他强词夺理说：“对于经费问题，你们没有发言权。学校是有钱人掏钱办的，只有有钱人才可以发言，在这个问题上应充分重视有钱人的意见。”

校长话音刚落，鲁迅霍地起身，从长衫里摸出两个银币，“啪”的一声放在桌上，说：“我有钱！我有发言权！”接着，他力陈经费只能增加不能减少的道理，论据充分，思路严密，无懈可击，驳得校长哑口无言，只得收回主张。教授们胜利了。

鲁迅先生在这里巧妙地将校长所说的“钱”（即财富，广义的钱）偷换成一分二分的零花钱的狭义的“钱”，从而以两个银币的“钱”为引子提出了自己的理由，使校长无话可说。

巧以对方的谬论“只有有钱人才有发言权”，将自己的“小钱”掏出来拿到发言权，既诙谐又讽刺，又能把意见表达出来，鲁迅不愧为一代大文豪。

习惯20 沉默有时是最好的说服方式

大家都认为，既是说服，当然就得凭借好口才。其实，偶尔采取沉默战术同样可以达到说服的效果。沉默可以引起对方注意，使对方产生迫切想了解你的念头。以下我们就来看看一个利用沉默成功说服的例子。

一家著名的电机制造厂召开管理员会议，会议的主题是“关于人才培育的问题”。会议一开始，山崎部长就用他那特有的声音提出自己的意见。

“我们公司根本没有发挥人才培训的作用，整个培训体系形同虚设，虽然现在有新进职员的职前训练，但之后的在职进修的成效却不明显。职员们只能靠自己摸索来熟悉工作，这很难与当今经济发展的速度衔接在一起，因而造成公司职员素质水平普遍低落、效益不高。所以我建议应该成立一个让职员进修的训练机构，不知大家看法如何？”

“你所说的问题的确存在，但说到要成立一个专门负责培训职员的机构，我们不是已经有OJT（On the Job Training，职员训练）了吗？据我了解，它也发挥了一定的功用，我认为这一点可以不用担心……”

“诚如社长所说，我们公司已经有OJT组织，但它是否发挥实际作用了呢？实际上，职员根本无法从中得到任何指导，只能跟着一些老职员学习那些已经过时的东西，这怎么能够将职员的业务水平迅速提升呢？而且我观察到许多职员往往越做越没有信心、越做越没干劲。所以，我认为OJT的功能不明显，所以还是坚持……”

“山崎，你一定要和我唱反调吗？好，我们暂时不谈这个话题，会议结束后我们再做一番调查。”

就这样，一个月后，公司主管们重新召开关于人才培训的会议。这次社长首先发言。

“首先我要向山崎道歉，上次我错怪他了，他的提案中所陈述的问题确实存在。这个月我对公司的OJT进行了抽样调查，结果发现它竟然未能发挥应有的功效。因此，今天召集大家开会是想讨论一下应该如何改变目前人才培育的方法，请大家尽量发表意见吧！”

社长的话一出口，大家就开始七嘴八舌地提出建议。但令人奇怪的是，这一次山崎却始终一言不发地坐在原位，安静地聆听着大家的意见，直到最后他都没说一句话。

会议结束以后，社长把山崎叫进社长办公室。“今天你怎么啦？为什么一句话也不说？这个建议不是你上次开会时提出来的吗？”

“没错，是我先提出来的。不过上次开会我把该说的都说了，其实那无非是想引起社长您对这个问题的重视罢了。现在目的已经达到，我又何必再说一次呢？还不如多听听大家的建议。”

“是吗？不错，在此之前我反对过你的提议，你却连一句辩解也没有。今天大家提出的各种建议都显得很空洞，没有实际的意义，反倒是你的沉默让我感到这个问题带来的压力。这样吧，这件事就交给你去办好了！从今天起由你全权负责公司的人才培训工作，请好好努力吧！”

在特定的环境中，缄默常常比论辩更有说服力。我们说服人时，最头痛的是对方什么也不说；反过来，如果劝者什么也不说，对方的错误意见就找不到市场了。

不同的缄默方式有不同的作用，运用时必须恰到好处。

咄咄逼人的缄默能使人不攻自破。有一个出生在有一定教养家庭的小学生，一天他拿了同学的一件玩具。晚饭前回来，他装出一副若无其事的样子，同往常一样笑吟吟地说：“妈，我回来了！”缄默。“姐，我饿了。”缄默。“怎么了？”缄默。“我没做错事啊？”也是缄默。妈妈眼睛瞪着他，姐姐背对着他，全家都冷冰冰地对待他。他终于不攻自破了：“妈、姐，我错了……”

平平淡淡的缄默能发人深省：有些人态度很积极，但发表意见时不免有些偏颇，直截了当地驳回又易挫伤其积极性，循循诱导又费时，精力也不允许，最好的办法便是平平淡淡地缄默。他说什么，你尽管听，“嗯”“啊”……什么也不说，等他说够了，告辞了，再用适当的不带任何观点的中性词和他告别：“好吧”或“你再想想”。别的什么也不说。如此，他回去后定然要好好想想：今天谈得对不对？对方为什么不表态？

错在哪里？也许他会向别人请教，或许会自己悟出真谛。转移话题的缄默能使人乐而忘求。对要回答的问题保持缄默，而选准时机谈大家的热门话题并引人入胜，使对方无法插入自己的话题，且从谈话中悟出道理，检讨自己。

缄默有时能使人就范。某领导有一次交代下属办一件较困难的任务，当然，他能胜任。交代之后，对方讲起了“价钱”。于是该领导义无反顾地保持缄默，连哼也不哼。困难如何大、条件如何差、时间如何紧……说着说着他就不说了，最后说了一句：“好，我一定完成。”

沉默是金，有时沉默不语能够出奇制胜，滔滔不绝有时反而有理说不清。有时候，在沉默的同时以另一种行动的方式来代替口头表达，说服的效果是妙上加妙的。

就拿领导来说，其行动对他的部下必然产生很大的影响，因此，领导要有身先士卒、上最前线的风范，以推动工作的开展。

建立起“西武王国”的堤康次郎曾经多次教育他的儿子——长大后成为日本西武铁路公司总裁的堤义明——说：“要让职员们跟随你，你必须要比别人多干3倍的工作。”

堤康次郎是以他的经验教育经营者应该具有的态度，这句话也同样适合于任何一位担任领导和主管工作的人。

想要别人做到的，首先要自己带头去做，否则不但说服起不了什么效果，部下也不会服从。“比别人多干3倍的工作”比使用任何语言都更具说服力。

身体力行是说服部下的先决条件。

光说不干，指手画脚，是绝不可能充分说服部下开展工作的。俗语说得好：“说一千，道一万，不如自己干一干。”自己率先实行的态度，比对部下讲大道理更具说服力。此种无言的说服是最好的说服。

习惯21 深化论证，增强语言说服力

笋在成为竹子之前，是有多层外皮包裹的，剥笋时总得一层层地剔开，才能剥到所需要的笋心。所谓“层层剥笋”，就是在说服他人的过程中紧扣主题，从一点切入，由小至大，由远至近，由浅到深，由轻到重，逐层展开，直至揭示问题的本质，进而达到引导对方的说服方法。恰当地运用层层剥笋术，可使我们的论证一步比一步深化，增强我们语言的说服力量。

在我们的人际交往中，养成良好的思维与说话习惯，就能更好地帮助我们实现目标。

孟子觉得齐宣王没有当好国君，于是对齐宣王说：“假如你有一个臣子把妻子儿女托付给朋友照顾，自己到楚国去了，等他回来时，他的妻子儿女却在挨饿、受冻，对这样的朋友该怎么办呢？”

齐宣王不知道孟子的用意，于是非常干脆地回答说：“和他绝交！”

孟子又问：“军队的将领不能带领好军队，应该怎么办呢？”

齐宣王也觉得问题太简单，于是以更加坚定的口气回答：

“撤掉他！”

孟子终于问道：“一个国家没有治理好，那又该怎么办呢？”

齐宣王这才明白了孟子的意思——国家治理不好，应该撤换国君。虽然齐宣王不愿接受这种观点，但是在孟子层层剥笋的巧妙言说之下，也只有忍了下来。

复杂难说的事要由浅入深地论证说明，假如孟子一开始就提出第三个问题，齐王肯定要发怒。我们在劝说领导的时候可以使用这种方法。

战国时，楚顷襄王是个昏庸的国君。大夫庄辛直言进谏，楚顷襄王非但不听，还训斥庄辛是“老糊涂”。庄辛只好离开，到了赵国。不久，秦国占领了楚国大片的国土。楚顷襄王有所醒悟，于是把庄辛找回来商量对策。

庄辛于是变直言进谏为层层剥笋，连设四喻，从小到大，由物及人，层层递进，步步紧逼：“蜻蜓捕食虫子，自以为很安全，却不知道小孩子调糖浆粘网丝捕捉它，一不留神就会成为蚂蚁的食物。黄雀俯啄白米，仰栖高枝，自以为无患，谁知公子王孙将要把它射下，调成佳肴。天鹅直上云霄，自以为无患，谁知射手要把它射下来，把它做成食物。蔡灵侯南游高丘，北登巫山，饮茹溪之水，食湘江之鱼，左手抱了年轻的美女，右臂挽着宠幸的姬妾，不以国政为事，哪知道子发受了楚王之命要把他杀掉。大王您左边有个州侯，右边有个夏侯，御车后跟着鄢陵君和寿陵君，食封地俸禄之米粟，用四方贡献的金银，同他们驰骋射猎于云梦之间，而不以天下国家为事。

您不知穰侯正接受了大王的命令，他们的军队要占领我们的国家，把大王驱赶到国外去呢！”

一席话，听得楚顷襄王“颜色变作，身体战栗”，使他明白到了非纳谏不可的境地。

战国时期，说服大王破六国合纵从而兼并天下的张仪采用的也是层层剥笋的方法，至此，大王才有了趁胜统一中国的决心。

张仪认为秦国缺乏远大的战略眼光，不能抓住大好战机，穷追猛打，使山东诸侯得以喘息，卷土重来，合纵攻秦，以致出现六国“当亡不亡”、秦国“当伯（霸）不伯”的局面。为了促进秦国统一中国的大业，张仪向秦昭王献策说：“我听说，天下诸侯——赵与北方的燕、南方的魏，联结楚、拉拢齐，又纠合残余的韩，结成了合纵的局面，将要向西来与秦国对抗，我私下里讥笑它们不自量力。世上有三种导致灭亡的情况，而山东六国都具备了，大概说的就是它们的合纵吧！我听人说：‘混乱的国家去进攻安定的国家，就会灭亡；邪恶的国家去进攻正义的国家，就会灭亡；倒行逆施的国家去进攻顺天应人的国家，就会灭亡。’现在六国的财物不足，粮仓空虚，他们即使出动全部的士民，扩大军队至几十万、上百万，临战之时，前面有敌人雪亮的刀剑，后面是自己一方斩伐逃兵的斧子，可是士卒还是纷纷后退不肯死战。不是他们的百姓不能死战，而是六国的君主不能够使百姓死战。该奖赏的不给奖赏，该处罚的不处罚，赏罚都不能兑现，所以百姓不肯拼死作战。

“现在秦国颁发号令，施行赏罚，有功无功都视其业绩而定，没有偏私。秦人虽说从小生活在父母的怀抱之中，生来是不曾见过敌寇的，但是一旦听说打仗，便跺脚脱衣，踊跃参战，冒着敌人的刀剑，踏过地上的火炭，决心拼死、勇往直前的人到处都是。决心拼死和贪生怕死是不同的，秦国士民能做到决心拼死，是因为秦国提倡勇敢。因此，一个可以战胜十个，十个可以战胜百个，百人可以战胜千人，千人可以战胜万人，有一万人就可以战胜天下诸侯了。现在秦国的土地，截长补短，方圆数千里，威名远扬的军队数百万，再加上秦国号令赏罚严明，地理形势有利，天下各国没有哪个比得上。凭借这些有利条件对付天下诸侯，统一天下是很容易的。由此可知，只要秦军出战，没有不获胜的，进攻没有不能攻下的，抵挡的敌人没有不被打败的。按说一战就可以开拓国土几千里，可以建立很大的功劳。可是眼下军队疲惫、百姓困苦，积蓄用尽、土地荒芜、粮仓空空，周围的诸侯不肯臣服，霸王的名声没有成就，这没有别的原因，是因为谋臣没有尽忠的缘故。

“而且我听说，‘诚惶诚恐，小心戒惧，就能一天比一天谨慎’。只要做到谨慎地选择达到目的的途径，就能够统一天下。怎么知道是这样呢？从前，纣做天子，统率天下百万将士，向左饮水于淇谷，向右饮水于洹河，淇谷的水喝干了，洹河的水也不流了，用这样众多的军队和周武王对抗。武王率领穿着白色盔甲的三千将士，只经过一天的战斗，就攻陷了纣的国都，活捉了他本人，占据了他的土地，获得了他的人民，而天下的人没有谁为纣哀伤。智伯统率智、韩、魏三家的军队，到晋阳去攻打赵襄子，挖开晋水淹晋阳，历经三年，晋阳将要陷落了。襄子派遣张孟谈暗中出城，策动韩、魏毁弃与智伯的盟约，得到两家军队的配合，去攻打智伯的军队，捉住智伯本人，成就了襄子的功业。

“我冒着犯死罪的危险，向您进献的方略可以用来一举拆散诸侯的合纵，攻下赵国，灭亡韩国，使楚、魏称臣，使齐、燕来亲近，使您成就霸王之业，让四邻诸侯都来朝拜秦国。假如大王听了我的主张，一举而诸侯的合纵不能拆散，赵国不能攻下，韩国不被灭亡，楚、魏不来称臣，齐、燕不来亲近，您霸王之业不能成就，四邻的诸侯不来朝拜，大王就砍下我的头在全国示众，把我看作替大王谋划而不尽忠的人吧！”

张仪的陈词慷慨洒脱，逻辑严谨，大王因此被说动，为天下的大一统拉开了序幕。

运用层层剥笋法进行说服，需要在说服前，把论证方案设计得环环相扣、天衣无缝。如此一来，对方才有可能在我们的说服逐层展开的过程中心服口服。

习惯22 难言之隐，一喻了之

人总有难言之隐，不便说道，然而偏偏有人要苦苦相逼。在这种时候，巧用比喻来道明心思，就能轻松化解尴尬的局面。有些比喻通俗易懂而又思想深刻、表情达意，恰到好处。

惠施在梁国当了宰相，庄子准备去会会他这位好朋友。有人急忙报告惠子，说：“庄子来这里，是想取代您的相位

呀。”惠子很恐慌，便要阻止庄子，于是派人在国内搜了三天三夜。哪知道庄子从容而来拜见他说：“南方有一种鸟，名字叫作凤凰，不知道您听说过吗？有只凤凰展翅而飞后，从南海飞向北海，非梧桐不栖，非练实不食，非醴泉不饮。这时，有一只猫头鹰正在津津有味地吃着一只腐烂的老鼠，恰好凤凰从其头顶上飞过。猫头鹰急忙护住腐鼠，仰头视之道：‘吓！’现在您也想用您的梁国来吓我吗？”

庄子视惠施的权贵如腐鼠，根本不把它放在眼里。要是直接说：“你的荣华富贵我根本就看不上眼。”那难免会使双方都难堪。以一个比喻简单明了地表明自己的想法，淋漓酣畅，透彻明晰。庄子是一位非常善于利用比喻来说话的人。

一天，庄子正在濮水垂钓。楚王派了两位大夫前来聘请他，见面后他们对庄子说：“我们大王久闻先生贤名，欲以国事相累。深望先生欣然出山，上以为君王分忧，下以为黎民谋福。”庄子持竿不顾，淡然说道：“我听说楚国有一只神龟，被杀死时已经有三千岁。楚王把它珍藏在竹箱里，盖上了锦缎，供奉在庙堂之上。请问二位大夫，此龟是宁愿死后留骨而贵，还是宁愿生时在泥水中潜行曳尾呢？”二大夫道：“自然是愿活着在泥水中曳尾而行啦。”庄子说：“那么，二位大夫请回去吧！我也愿在泥水中曳尾而行。”

两位大夫亲自来请，“不想去”这样的话肯定不好说出口，因此庄子以“宁为龟”来表示自己对自由的向往。

一天，庄子身着粗布补丁衣服、脚穿破鞋去拜访魏王。魏王见了他便问道：“先生怎么会如此潦倒呢？”庄子说：“是贫穷，不是潦倒。士有道德而不能体现，才是潦倒；衣破鞋烂，是贫穷，不是潦倒，此所谓生不逢时也！大王您难道没见过那腾跃的猿猴吗？如果在高大的楠木、樟树上，它们就会攀缘其枝而往来其上，逍遥自在，即使善射的后羿、蓬蒙再世，也无可奈何。可要是在荆棘丛中，它们则只能危行侧视，怵惧而过了，这并非其筋骨变得僵硬不柔软、灵活了，而是处势不便，未足以逞其能而已。现在我处在昏君乱相之间而欲不潦倒，怎么可能呢？”

对政治的不满，满腹的苦楚，能随意倾吐吗？不能。庄子又一次运用了一个巧妙到无以复加的比喻来诠释自己的内心，可谓是譬喻高手。

在我们的日常生活中，特别是工作中，经常需要处理一些人与人之间的关系。特别是在私企中，规章制度比较严格，老板觉得你不顺眼或者你偶尔工作不到位就有可能被解雇。虽然工作中的有些问题是由老板的失误造成的，但责任却要算到你头上，这时你就要考虑怎么做一个周全的解释了。

很多时候会遇到正副职两位领导不和，到底听谁的？在这种情况下，如何保全自己呢？可以采用间接说理的方法，既能收到应有的效果，又使当事人不至于太难堪。

小董在某外企打工，待遇等各方面都很不错，他也非常精明能干。可有一件让人头疼的事，就是他的两个顶头上司不和，因此经常就同一件事情向小董发出不同的命令，弄得小董无所适从，当然也就影响到他的工作进度。有一天，小董接到两个上司相互矛盾的命令，因此没有按时完成任务。恰好碰到公司老总来视察，见状把小董批评了一番。小董并未向老总诉说冤屈，只是笑着说："我想问您一个问题，您和我的两个上司这'三驾马车'是不是朝着同一个方向行驶的呢？"老总说："那当然是。"小董又说："如果您手下的这'两驾马车'，分别朝着两个方向行驶，那您应该朝着哪个方向行驶呢？"老总听完这话，明白了其中的含义，看了看小董的两个上司，两个人顿时觉得很不好意思。小董巧借比喻摆脱了"两头不是人"的境况，化解了自己的困境，以后工作起来自然顺利多了。

小卢在某汽车公司工作，是有名的"老好人"，也就是叫干什么就干什么的人，所以他的上司们，不管是工长还是组长、车间主任，都把他支来支去。时间长了，他终于忍受不住了。一次，在经常支使他的上司都在的时候，小卢对他们说："请问各位领导，究竟你们是章鱼还是我是蜈蚣？"几位领导一听，不对，这分明是话里有话，于是就问："谁得罪你了？"小卢笑了笑说："这样吧，我给你们讲个笑话。有一条章鱼，它十分苦恼，不为别的，只为自己生了8条腿，于是它便请教蜈蚣：'老兄呀，你说你有这么多条腿，请问你是怎么安排它们的工作的？'蜈蚣笑道：'你真愚蠢，我从来就没有特意安排它们，只是任凭它们各司其职罢了。'请问几位领导，我们是不是应该向蜈蚣先生学习呢？"几位领导一听，嘴里不说，心里都明白是怎么回事了，于是再也不像过去那样对小卢指手画脚了。

巧妙地利用比喻，使用比喻的方法，给造成尴尬的人提个醒，既保留了他人的面子，又达到了自己的目的、维护了自己的权益。

习惯23 掌握技巧化解纠纷

人们在工作、生活中难免会发生这样那样的矛盾。当矛盾进一步激化时，作为第三方，站在一个特殊的位置上，你是左右为难的；而袖手旁观，矛盾会进一步扩大，大家都没好处。

调解他人的纠纷实在是个非常棘手的问题，如果处理不当的话，就很有可能在你的身边埋下一颗定时炸弹。因此，在调解他人的纠纷时一定要讲究技巧，遵循一定的原则，"和稀泥"也要和出个样子来。

首先，调解他人的纠纷时要考虑自己的角色，即你与他人之间的关系，摆正了这种关系才能正确地调解纠纷。

调解矛盾还可以采取一种方法：不对矛盾的双方进行批

评、指责，相反，分别赞美争执的双方，肯定他们各自的价值，使他们感到再争执下去只会损害自己的形象，因而自觉放弃争吵。

星期天，小陈一家包饺子，母亲擀饺子皮，小陈夫妻俩包。不一会儿，儿子从外面跑进来："我也要包。"

母亲说："大刚乖，去洗了手再来。"

儿子没挪窝，在一旁蹭来蹭去。妻子叫："蹭什么！还不去洗手？弄得一身面粉，我看你今天要挨揍。"

"哇……"5岁的大刚竟哭起来。

"孩子还小，懂什么？这么凶，别吓着他！"母亲心疼孙子了。

"都5岁了还不懂事。管孩子自有我的道理，护着他是害他！"

"谁护着他了？5岁的孩子能懂个啥，不能好好说吗？动不动就吓他！"

小陈一看，自己再不发话，"火"有越烧越旺之势，便说："再说，今天这饺子可就要咸了哟！平日里，街邻、朋友都说我有福气，羡慕我有一个热情好客、通情达理的母亲，夸奖我有一位事业心强、心直口快的妻子，看你们这样，别人会笑话的，都是为孩子好。大刚还不快去让奶奶帮你洗洗手，叫奶奶不要生气了。"又转向妻子："你看你，标准的'美女形象'，嘴噘得都能挂10只桶了。生气可不利于美容呀！"妻子被他逗乐了。那边，母亲正在给孩子擦着身上的面粉，显然气也消了。

讲述纠纷双方可引以为豪的一面，唤起其内心的荣誉感，可使其自觉放弃争吵。

在一辆公共汽车上，乘务员关车门时夹住了乘客，但自己还不认账。这时一青年打抱不平，对乘务员说："你是干什么吃的！不爱干，回家抱孩子去！"乘务员嘴像刀子，两人吵了起来。这时，车上有位老工人看看青年胸前的厂徽，想起了什么，挤了过去，拍拍青年的肩膀说："小丁，你当'机修大王'还不够，还想当个'吵架大王'吗？"青年说："师傅，我可不认识你呀！""我认识你，上次我去你们厂，你的照片在门口的光荣榜上，那特大照片可神气呢！"小伙子一下红了脸。老工人说："以后可不要再吵架了，这不是解决问题的办法嘛。"一场纠纷就这样平息了。

夫妻之间的争吵总是会发生，作为亲朋好友夹在其中，不能不说是一件尴尬难办的事，坐视不理是不可能的，这容易

使双方积怨加深，妨碍家人的正常生活。缩小争端本身的严重性，使一方或双方看淡争端，从而缓和情绪，平息风波，这才是解决问题的办法。

某厂一对新婚不久的夫妻因家庭小事闹矛盾，女方一气之下跑到娘家哭诉告状，说男方欺负她。哥哥听罢心想：妹妹结婚不久就遭妹夫欺负，日后还有好日子过？于是气愤地扬言要去教训妹夫。这时，父亲充当起“和事佬”来，他首先对儿子说：

“教训他？别冲动！教训他就能解决问题吗？再说，他家又不在厂里，一个人孤立无援的，你去教训他，旁人岂不要说闲话？好了，妹妹自己家里的小事，用不着你操心，还有我和你妈呢。你多管些自己的事吧。”

待儿子息怒离开后，父亲又劝慰女儿说：

“别哭了，又不是什么大不了的事。都结婚出嫁了，还耍小孩子脾气，多丢人。小夫妻哪有不吵架的？我当初和你妈就常吵闹呢。不过，夫妻吵架不记仇，夫妻吵架不过夜。你不要想得太多，日后凡事要大度些，不要像在娘家那样娇气任性。好了，快点回去，不要让他到这里来找你，他是个不错的小伙子。家丑不可外扬，以后丁点儿小矛盾不要动不动就往娘家跑。”

女儿点头止哭，像没事一样回她的小家去了。

夫妻吵架本是稀松平常的事，而当事人本身却认为事情很严重。因此，父亲在劝慰女儿的过程中始终强调夫妻闹别扭只是“丁点儿”小事情，促使女儿把争端看得淡一点。女儿在冷静思考之后，认同了父亲的看法，思想疏通了，气也自然消了。

生活中，家庭矛盾时有发生，夫妻之间难免出现磕磕碰碰、吵吵闹闹甚至大动干戈的事。夫妻吵嘴打架后，妻子往往回娘家诉苦。对此，娘家人劝架不能偏听偏信，让矛盾升级，应该劝双方多作自我批评，从而化解矛盾，达到新的和睦。以下是娘家人劝架中的“五忌”。

一是忌偏袒女儿。女儿是娘身上的肉，谁动她一根毫毛就对他不客气，劝架处处偏袒护短，把女婿说得一无是处，让其无地自容而后快，以警告女婿娘家人不好惹；明明是女儿不对，却以长辈自居，强词夺理。这样做，会助长女儿的不良习性，埋下了长期争吵的祸根，增加了女婿的厌恶心理，轻则闹得家庭不和，重则导致家庭破裂。

二是忌火上浇油。只要诚恳规劝，完全可以唤起双方的自责心理，从而平息矛盾。但如果娘家人坚持小题大做，硬要对方认不是，不但无助于解决问题，反而使其肝火更旺。

三是忌倾巢出动。在听到女儿一面之词后，不分青红皂白，娘家人男女老少齐动员，上男方家“说理”“算账”，造成大兵压境的局面，这样人多火气旺，很容易将小事闹大，不但于调解无补，反而激化矛盾，破坏夫妻感情。万一男方翻脸不认人，势必引起一场争斗，夫妻感情的裂痕就无法弥补。

四是忌拒之门外。女儿回娘家是为了暂时躲避矛盾，以感化丈夫回心转意，也是为了得到娘家人的理解和帮助，作为娘家人应当热情迎接，细心开导；否则，极易使女儿产生孤独感，弄不好会酿成悲剧。女婿登门，是求女方及其家人的谅解，用实际行动认错，更应笑脸相迎，诚恳待婿，不可拒于千里之外，使女婿憎恨，激化夫妻矛盾。

五是忌留女久住。明智的娘家人只留女儿小住，并劝她尽早回到丈夫身边，以免造成更大的裂痕。

人们在生活中难免会产生各种各样的矛盾，总是由于这些矛盾的激化而导致纷争。面对那些激愤的吵架者，一定要掌握一些调解的技巧，有效平息纠纷。

习惯24 紧张时刻用玩笑化解

说笑能极大地缓解尴尬气氛，甚至在笑声中这种难堪场面会瞬间消失，以至人们很快忘却。

萧伯纳有一次遇到一位胖得像酒桶似的牧师，他跟萧伯纳开玩笑说："外国人看你这样干瘦，一定认为英国人都在饿肚皮。"萧伯纳谦和地说："外国人看到你这位英国人，一定可以找到饥饿的根源。"要用幽默来回敬对方。幽默感是避免人际冲突、缓解紧张的灵丹妙药，不会造成任何损失，不会伤及任何人。

如果活动中出现尴尬局面，说句调笑的话更是使双方摆脱窘迫的好办法。例如，两个班级联欢，男女舞伴第一次跳舞，由于一方的水平低发生了踩脚的情况，说"没关系"这样礼貌的话可能还会加重对方的紧张，如果用一句"地球真小，我俩的脚只能找一个落点了"，可使双方欢笑而心理放松。

尴尬是在生活中遇到处境窘困、不易处理的场面而使人张口结舌、面红耳赤的一种心理紧张状态。在这种时候，人们感觉比受到公开的批评还难受，会引起面孔充血、心跳加快、讲话结巴等。主动讲个笑话逗大家笑，绝对是减轻该症状的良方，尤其是在很多人看着你的时候。

主持人瓦莲金娜·列昂节耶娃有一次向观众介绍一种摔不破的玻璃杯。准备时几次试验都很顺利，谁知现场直播时竟出了意外，杯子摔得粉碎。而这时，成千上万的观众正看着屏幕。她灵机一动说："看来发明这种玻璃杯的人没考虑我的力气。"幽默的语言一下子就使她摆脱了窘境。

一位演说家对听众说："男人，像大拇指（做手势）；女人，像小指头儿……"话未说完，全场哗然，女听众们强烈反对他的比喻，他没法再讲下去了。怎么办？他立刻补充说："女士们，大拇指粗壮有力，而小手指则纤细、灵巧、可爱。不知哪位女士愿意颠倒过来？"一句话平息了女听众的愤怒，一个个相视而笑。

我国著名相声大师马季有一次到湖北黄石开座谈会。会上，他的搭档无意中将"黄石市"说成了"黄石县"，在座的都十分尴尬。马季立即接着说："我们有幸来到黄石省……"这话把大伙都弄糊涂了。正当大家窃窃私语时，马季解释道："刚才，我的搭档把黄石市说成'县'，降了一级，我当然要说成'省'，给提上一级。这样一降一提，就拉平了！"

夫妻之间吵吵闹闹是常有的事，有的小打小闹就过去了，可有的气得决心分家，这种时候，只要你能把对方逗笑，僵局自然就被打破了。

约翰先生下班回家，发现妻子正在收拾行李。“你在干什么？”他问。“我再也待不下去了，”她喊道，“一年到头老是争吵不休，我要离开这个家！”约翰疑惑地站在那儿，望着他的妻子提着皮箱走出门去。忽然，他冲进房间，从架上抓起一只皮箱，也冲向门外，对着正在远去的妻子喊道：“等一等，亲爱的，我也待不下去了，我和你一起走！”怒气冲天的妻子听到丈夫这句既可笑又充满对自己爱心和歉意的话，就像气球被扎了一个洞，很快气就消了。

当约翰的妻子抓起皮箱，冲出门外之时，我们不难想象，约翰是多么难堪、焦急！但他既没有苦劝妻子留下，也没有作任何解释、开导，更没有抱怨和责怪，而是说：“等一等，亲爱的，我也待不下去了，我和你一起走！”这哪像夫妻吵架，倒像一对恩爱夫妻携手出游。约翰这番话，以谐息怒，不但会让妻子感到好笑，而且还会让妻子体会和理解丈夫是在含蓄地表达自己对妻子的爱心和歉意，以及两人不可分离的关系。听到这番话，妻子怎能不回心转意呢？

恐怕谁都有当众滑倒的经历，每每回想起来都还会感到脸红。摔倒的场面总是很滑稽，难免会引得大家哄笑，你不妨用一种荒诞的逻辑将这种尴尬变成有利因素，从而自然大方地从困境中解脱出来。

1944年秋，艾森豪威尔亲临前线给第二十九步兵师的数百名官兵训话。当时，他站在一个泥泞的小山坡上讲话，讲完后转身走向吉普车时突然滑倒。原来肃静严整的队伍轰然爆响，士兵们不禁捧腹大笑。面对突发情况，部队指挥官们十分尴尬，以为艾森豪威尔要发脾气了。岂料，他却幽默地说："从士兵们的笑声看来，可以肯定地说，在我与士兵的多次接触中，这次是最成功的了。"

习惯25 话不投机，及时转弯

在日常生活和社会交往中，尤其是在比较正式的场合，如聚会、会议等常会出现冷场现象，彼此都尴尬。冷场，在人际关系中，无疑是一种"冰块"。打破冷场的技巧，就是及时融化妨碍交往的"冰块"。

谈话者之间存在以下几种情况时，最容易因"话不投机"而出现冷场：

（1）彼此不大相识；

（2）年龄、职业、身份、地位差异大；

（3）心境差异大；

（4）兴趣、爱好差异大；

（5）性格、素质差异大；

（6）平时意见不合，感情不和；

（7）互相之间有利害冲突；

（8）异性相处，尤其单独相处时；

（9）因长期不交往而比较疏远；

（10）均为性格内向者。

谈话出现冷场，双方都会感到尴尬。但只要谈话者掌握住了“破冰”之术，及时根据情境设置话题，冷场是很容易被打破的：

1. 要学会拓展话题的领域

开始第一句话要注意的是使人人都能了解，人人都能发表看法，由此再探出对方的兴趣和爱好，拓展谈话的领域。如果指着一件雕刻说“真像某某的作品”，或是听见鸟唱就说“很有门德尔松音乐的风味”，除非知道对方是内行，否则不仅不能讨好，而且会在背后挨骂。

如果不知道对方的职业，就不可胡乱问他，因为社会上免不了有人会失业，如果对方刚好处在失业阶段，问他的职业无异于逼迫他自认失业，这对自尊心很重的人来说是不太好的。如果你想开拓谈话的领域而希望知道他的职业，只能用试探他的方法：“先生常常去游泳吗？”如果他说“不”，你就可以问他是否很忙：“每天上哪儿消遣最多呢？”接下去探出他是否有固定工作。如果他回答“是”，你便可继续追问他平时什么时候去游泳，从而判断他有无职业。如果他说是星期天或每天下午5时以后去，那无疑是有固定工作。

确定了别人有工作，才可问他的职业，这样就可以谈他的工作范围内的事情。如果不知对方有没有职业，或确知对方为失业者，那么还是谈别的话题为佳。

2. 风趣地接、转话题

在谈话中善于抓住对方的话题，机智巧接答，可以使谈话变得风趣，从而使谈话活跃起来。有一个典型的例子：当我们夸奖对方取得的成绩时，总能听到这样的回答："一般一般。"倘若我们不接着话茬儿说下去，就有点赞同对方的"一般"说法的意思，达不到接话说的目的。可以这样回答："'一般'情况尚且如此，那'二般'情况就可想而知了。"言外之意是说："你一般的情况才如此的话，我'二般'的情况就更不值得一提了。"这类搭茬儿，一般是采用谐音、双关的手法，接住对方的话茬儿，作风趣地转答。

巧妙地接答对方的话茬儿，可以把原来的话题引向另一个话题，使谈话转变一个角度继续进行下去。

刘某是公司负责某一地区的销售业务员。公司为了加强和客户之间的联系，特举办了一年一度的联谊会。公司安排刘某在会议期间陪同他的客户顾某。他们路过一家商场，谈起了商场销售情况。末了，顾某深有感触地说："现在，市场竞争够激烈的。"刘某接过他的话茬儿说："就是。在你们单位工作的业务员也不少吧？"就这样刘某既把话题延伸下去，同时又把话题转向有利于自己的方向。

3. 适时地提一些引导性的话题

提出引导性话题，可以给他人留下谈话时间和空间，特别是对于那些不善于当众讲话的人。这些话题可以根据对方的性格特点、兴趣爱好、职业性质等方面来设置。比如："近来工作顺利吧""听说你最近有件高兴的事，是什么呢""前一阵我见到你的孩子，学习怎么样”……先用这些听起来使对方温暖的话寒暄一下，便于开展谈话。对于那些在公司上班的人，可以探问对其公司的日常规则的看法，例如：“你们公司每周都要举行升旗仪式，之后还要做早操、召开例会，你怎么看？”引导性话题应该注重可谈性和可公开性。对学文的不宜谈深奥的理科的问题，反之亦然。不宜在公开场合触及个人隐私，或者是背后议论他人等。如果引导性话题过于敏感，或者不是对方的兴趣爱好，或者过于深奥，超出了对方的知识结构等原因，对方也许不愿说，也许真的无话可说。提出这类话题，目的是让对方开口讲话，如果不能让对方讲，那还有什么意义呢？

在提一些引导性话题的时候，也要注意方法和策略，不要让对方感到难以回答或附和而已。比如：“你是不是也觉得你们现在的厂长很能干？”人家要说赞同，他自己的确也有保留意见；要说不赞同，而你已经认可了，他总不至于在你的面前进行反对吧，何况是说别人的坏话呢？这样的话题，处理得不好会让自己失去谈话的亲和力，适得其反。再者，也不要问些大而空的问题，让人不知从何说起，最好具体点。

如果是由于自己太清高、架子大，使人敬而远之而造成双方的沉默，那你在交谈中应该主动、客气及随和一些。

如果是由于自己太自负、盛气凌人，使对方反感而造成了沉默，则要注意谦虚，多想想自己的短处，适当褒扬对方的长处。

如果是由于自己口若悬河，讲起话来漫无边际、无休无

止，而导致了对方的沉默，则要注意自己讲话适可而止，给对方说话的机会，不要让人觉得你是在做单方面的“传教”。

有时装作不懂事的样子，往往可以听取他人更多的意见。反之，你表现得太聪明，人家即使要讲也有顾虑，怕比不上你。如果我们用“请教”的语气说话，引起对方的优越感，就会引出滔滔话语。一般人的心理是喜欢教人，而不喜欢受教于人。

冷场的出现，往往与“话题”有关。“曲高和寡”会导致冷场，“淡而无味”同样会引起冷场。不希望出现冷场的交谈者，应当事先做些准备，使自己有一点儿“库存话题”，以备不时之需。

❀ 习惯26 第一次交谈就给对方留下好印象

有人说："这是个一两秒钟的世界。"这句话深刻揭示了第一印象对一个人的重要性。别人对他的感觉和决定，要不要跟他交往，很多时候就在于初次见面的那一两秒钟的印象。男女初次约会时，第一印象就更要加倍重视。

首先，我们要养成良好的习惯，要注意自己的仪表。因为我们通常短时间对一个人产生好感是来自于他的外在美。

热爱美、追求美是人类的天性。

年轻男女初次约会，双方都刻意装饰仪容。然而，许多人都不知道，就仪态美而言，男女是有别的，跟传统的观念恰恰相反，装饰的重点应各有不同。装饰得好，可以充分显示青春的魅力，否则就会给人以别扭的印象。当你同你的恋人第一次约会的时候，对方的容貌、仪表、举止言谈、服饰打扮，在双方的心中都会留下深深的印象。"这个人整洁清秀，举止大方"，你对他产生了好感；"这个人邋邋遢遢，蓬头垢面"，你对他印象不佳。也许你们彼此一言未发，可内心深处的好恶都在无声中和盘托出了。据说有一位颇有才华的年轻作家与一位漂亮的姑娘初识，尽管作家的长相无可挑剔，但是，他不得体的着装、一头蓬乱不堪的头发以及不拘小节地跷二郎腿的"风度"，使他们的相会只持续了难堪的5分钟。姑娘对介绍人说："看他那邋邋遢遢的样子，很难想象他会对生活有什么信心。所以，我对他的信心就失去了。"这话虽有点偏颇，但也不无道理。

有些女性尽管没有倾国倾城之姿色，也未必令人“一见钟情”，而她们的仪态美和人情味儿却能深深打动男子的心。女性在第一次约会时，仪态方面请注意以下各点：

（1）衣饰不宜过于奢华。男人虽然喜欢女人打扮得漂亮，但如果你打扮得像富翁的女儿，反而会把他们吓跑。他们会考虑能否负担得起衣饰如此讲究的妻子。

（2）不可多搽化妆品。不要打扮得过于妖艳；白天不宜浓妆艳抹，否则使人感到俗气。

（3）举止要端庄文雅。尤其在公共场所，不应有过于热情的举动。因为这不但显得你太随便、不矜持，而且在别人看来也很不顺眼，觉得你不够庄重。

当然，在现代生活中，人们的穿衣打扮已经远远超出了御寒遮羞的狭义范围，而被看成是体现社会文明程度、生活条件和人的精神面貌的反映。穿衣打扮要注意时代特点、个人的性格特点和自己的形体特点。

其次，要学会开口说话。

不少青年男女第一次约会时不知如何开口或说些什么话，由于紧张、畏惧或别的什么原因，原本健谈、幽默和风趣的人也会变得木讷、寡言，甚至手足无措。

其实你大可不必那么紧张，也不要封闭住自己的感情和心灵，如果初次见面你觉得对方还不错，就大胆地向他表示自己的真心和热情，就算你有什么具体的实际要求，也不妨诚恳地说出来；而不要遮遮掩掩，想问不敢问、想说不敢说，把约会变成一个别扭、难堪的聚会，那样就没什么意思了。遇到称心如意的人，就拿出真心和勇气，放开胆子，大方地追求吧！

在任何场合，男性主动同女性打招呼、问好都是一种礼貌；在恋爱时，男性更要主动开口，并尽量展开话题，不要出现冷场。

张明经人介绍与李晴姑娘认识，他们在一个星光灿烂的夜晚会面。

张明首先开口说：“你好！我已经等了你很长时间了，真怕你突然改变主意不来了，那我就惨了。你觉得我怎么样？首先外观上能达到你的标准吗？我这个人最大的缺点是不会装扮自己，所以迫切想找个贤内助帮我料理收拾。如果能那样子的话，你一定会发现，一经打扮，我还挺不错的呢！不要笑，我这个人就好开玩笑，虽然工资不高，但生性乐观、爱好广泛，如听音乐、打篮球、游泳、看书等，又好动又好静，你呢？”

如此这般，张明很自然地展开话题，并诱发姑娘说话，从中探测她的志趣爱好，可谓一举两得。

大多数女孩子表达感情的方式比较含蓄，内心爱情如潮涌，表面上却很平静，看不出丝毫痕迹，甚至还略显冷漠地来掩饰自己的真情实感。她们在第一次会见自己喜欢的人时，往往不大愿意多说话，但又不能不说，所以言语较为谨慎，带点探询、含糊其词等特征，或假装天真、糊涂，让对方多说，以便观察、了解他的为人。

“我是不是来晚了？我没想到你会约我。”

“我也不知道怎么回事，最近总是心神不定。”

“我第一次看到你，就觉得你挺特别的。”

“你觉得你自己有什么优点？”

女孩子的爱一般表现在行动上，而在语言上不大能表现出来。所以恋爱时，还是以男孩子主动开口说话为主，如果你能掌握她的心理、爱好，有针对性地开口说话，那样效果更佳。

要明白，女孩子喜欢大胆、直率和真诚的男孩子，只要你把握住夸奖、赞美的原则，让她听了感觉愉快、甜蜜，你们就一定能继续交往下去。但切忌说肉麻、太露骨的话语，那样反而会把她吓跑。

有一种传统的由媒妁牵线、撮合发生恋爱关系的恋爱对象，基于这种情况下的男女大多是些性格内向、忠厚老实的人。当你赴约相见的时候，无论男方或女方，都要克制忐忑不安的情绪，用不着羞羞答答，更不应该寡言少语、吞吞吐吐，而要落落大方，主动交谈。就身边的一些小问题，作简单交谈，譬如谈天气、谈周围环境、谈所见所闻，然后再言归正传，谈年龄、谈文化程度、谈工作、谈性格、谈嗜好、谈家庭状况、谈社会关系等。对于心灵深处的流露、情感方面的表白，可含蓄、委婉、曲折些——这毕竟是“第一次交谈”，留点话题为以后交谈提供条件。

在当今的现代文明社会中，仅仅以貌取人、以风度定优劣固然不可取，但不可否认，一个人的言谈举止、音容笑貌、服饰打扮，在一定程度上反映着这个人的精神世界和审美情趣。一个人一举手一投足、一笑一颦，都会给人留下或美或丑的印象。人与人的相识相知总是从第一印象开始的，虽然这只注重了外在与表层，不无片面和虚假的弊病，但在恋人之间，它的作用实在不可小觑，尤其是通过第三者介绍认识的恋人。爱情的萌发来源于好感，而人们的好感离不开第一印象。曾任法国总统的戴高乐将军心中的恋人形象是：温柔、谦和、漂亮的姑娘。当汪杜洛小姐与戴高乐相逢时，她楚楚动人、温和雅丽的风度给戴高乐留下了很好的第一印象。因此，我们一定要重视第一印象，给对方一种良好的感觉。

习惯27 千哄万哄哄到她心软

要想邀请自己的心上人出去游玩，在很多男孩子看来，不是一件很容易的事，因为女孩子碍于矜持和体面，通常会拒绝邀请。然而，如果你在此处止步不前了，自然也就无果而终。其实女孩子都需要男孩“哄”，只要你哄得恰到好处，问题看来也不是那么难。

多数时候，你最好单刀直入，不给她说“不”的机会。养成主动的习惯，才能更好地追求到喜欢的人。

当你要去邀请她时，不要用商量的口气问她“愿不愿意……”之类的话，而最好果断地说：“咱们一道去……”

虽然女人也有不愿意与你同行的时候，但是如果她想说“不”的话，则多少会给她造成心理负担，使她对你有一种歉疚感。

然而，你如果用“愿意不愿意……”这种问法，乍看起来好像非常“绅士”，但事实上却给了对方说“好”或“不”的两种机会。不用多说，责任上的分担都推给了对方，而有些女人又不习惯于承担任何责任，所以警戒心高的女人，为了不节外生枝，干脆就摇头对你说“不”了。

“愿意不愿意……”“要不要……”这种尊重的言辞被接受的可能性实在太小了，你可能也有这种经验吧。

相反，如果你用单刀直入的问法“咱们去……吧”，那就大不一样了。

下面这一段，是一位小伙子煞费苦心地劝说女孩子答应他的邀约的对话：

“你今天真漂亮。晚上6点钟我们出去吃顿饭、聊聊天，好吗？”

“不行。”

“我们应该彼此多了解一点。就在6点钟好了，到时我来接你。”

“不行。”

“说不定我们可以遇到一个我们喜欢的人，或是一件有趣的事呢！就今晚6点钟吧？”

“不行。”

“6点钟见面以后，我们可以吃顿饭、看场电影，然后到咖啡厅去坐坐，我们会有一个非常美妙的夜晚的，还是去吧！”

“是吗？”

“我发觉我越来越喜欢你，今天晚上一定要见到你，就6点钟，我来接你。”

“那好吧，就6点钟再见。”

这是一个聪明的男孩子，他使出了浑身解数，终于让对方由说“不”转为说“是”。他不断地给对方勾勒美好的画面，最后女孩子终于动心了。

还有一些男孩子在邀请女孩子的时候以情真意切为主打，让女孩子感觉到温暖、真心，女孩子被打动了，自然会应约。这是一封男孩子写给他喜欢的女孩子的邀请信，它包含着满怀的激情和热爱、执着与关怀：

“在这之前我想先向你道谢，谢谢你借我一双手和我一起抗衡寂寞的冷，战胜寂寞，谢谢你为我剪短思念、照亮黑夜。

《哈利·波特》是一部很不错的电影，不是吗？主角们受到攻击时，我听见你细声低喊；舞会那一幕，我们都看得很入迷，我恨不得拉着你跳进去和他们一起共舞；主角与巨龙战斗那8分钟，你的呼吸被音乐操控了，我陪你一起紧张；年轻有为的角色死得如此可惜，你的叹息让我的心漏跳了一拍。

回程的时候，车里空气稀薄，我的呼吸有点急促。能和你交谈的话题很少，因为我不健谈。我的CD播放了很多歌，张栋梁的、杜德伟的、李圣杰的、品冠的、光良的，你只哼过李圣杰的《痴心绝对》。唔，我会记起来，痴心绝对。

我双手握着方向盘，我知道回家的方向，却不知道自己的方向。你总是让我迷惘。空调散出的低温空气是紧张的气氛，笼罩着车子里的两个人。你说再见、晚安，把我的快乐辛酸留了下来。我把车子停在原地，才发觉车子里缺少的气体是勇气。我说再见，因为我想再见。

我想向你道歉，原谅我的不健谈。我决定再邀你看一场电影以示歉意。放心，我会预先选好位子，不会像这次坐在F15和F16的位子。坐在这位子上会令我们的脖子很酸，这一家电影院的冷气也特别冷。唔，好的，下次我会记得带外套。

再次向你道歉，原谅我不够细心，忘了带外套为你御寒，忘了预先选好位子，忘了买好可乐和爆米花给你享用。一切一切，我都感到深深的歉意。

别担心我，得不到你的原谅，我会魂不守舍，上课没心听课导致成绩下降、走路撞到柱子搞得头昏脑涨、忘记吃饭令我虽生犹死、睡不了觉引起情绪不稳定、驾车不专心撞出一场世界性的创举而已。基本上，死不了，所以你有权利不原谅我。但是，基于基本的礼貌，我觉得我还是得等你原谅，等你给我一个赎罪的机会。”

这样诚挚的话语，恐怕对方是很难拒绝了。这个男孩子无疑又多了一次让对方了解他的机会。

“谨慎”“谦恭”“有风度”是妇女的传统美德和本能表现，因此，在邀请她们出游的时候要拿出你的勇气，让她们看到你的决心与诚意。女孩子其实都是需要耐心哄的，也是很容易心软的。

习惯28 甜言蜜语让爱情更上一层楼

男女相处的时候，有时甜言蜜语非常受用，尤其是爱侣已到了接近谈婚论嫁的阶段，不妨大胆些，在言语间多放点“蜜”。沐浴在爱河中的人，是不用客套的字眼的。任何海誓山盟，“爱你爱到入骨”的话也可以说，不必怕肉麻，除非你并不爱他。

与他久别重逢时你可以讲：“好像在做梦，多么希望永远不要清醒。”你以充满爱意的眼神望着他：“总是惦念着你！别的事我一概不想……我感觉好像一直跟你在一起。”

这是“无法忘怀、时时忆起”的心境，只要谈过恋爱的男女，一定有此体验。除了他以外，任何事都不放在眼中，总是想念着他。上面那句话不用怕羞，可以反复使用。相爱之初，热烈的甜言蜜语绝对不会使人感到厌烦，也许还认为不够呢！

“你喜欢我吗？”你不妨大胆地问他。

“说说看，喜欢到什么程度？”或用这样的语气追问。

“请你发誓，永远爱我！”甚至你单刀直入地这样对他撒娇。

“世界是为我们而存在，对不对？”

“你爱我，我可以抛弃一切！你也是这样吗？爱就是一切。”

不要以为甜言蜜语说出来就是为了一时的气氛，仅仅是为了逗对方开心。甜言蜜语对整个爱情的加固都起着重大作用，它是爱情运转的润滑剂。

“如果你爱我，有什么为证呢？”这是很多女人经常挂在嘴边说的话。女性就是希望在有形的、眼睛和耳朵都能感觉到的形式上确认“自己对他是不可缺少的人”。例如，恋人之间在见面的时候，男方没有抱抱她的肩或握握她的手，她就要怀疑他是否爱她，甚至因此而解除婚约的女性也大有人在。妻子新做的一个发型，或穿上了一件新衣服时，做丈夫的假如不发一言，她会认为你无动于衷，这时她就会感到不满。

女性要求认可的欲望很强，恋爱中的更不用说了，就是在结婚后，女人也爱问：“亲爱的，你爱我吗？”她时常要求确认“爱”，而对此想要退却的大多是丈夫。在男人看来，不管如何爱她，“我爱你”这三个字只要讲过，就不想说第二次。男人总是这样认为，我是否爱你，可以在实际行动中表现出来。

可是，对女性来讲，语言比行动更为重要。假如男人不在她们耳边重复地说“我爱你”，她们就认为不能与对方沟通。处于幸福、甜蜜状态的女性，都是根据丈夫的“爱语”或反复的动作得到安心和了解的。

因此，满足这种心理是男性的任务，“我爱你”“我喜欢你”这些话对女性是非常重要的。她们认为这样是女性显示内在价值和魅力的标志所在。

当她们想要得到认可的欲望被满足后，她们就会心安理得地去做一个好妻子，爱情就会变得更加和睦。

那么，何不把美丽的话语多用在妻子身上呢？

“你一身打扮真是漂亮极了，让我好好看一看。”

“你总是那么迷人，来，跟我坐会儿。”

“别太累，待会儿我帮你做，咱们到河边散散步，好吗？”

“你这两天太辛苦，我带你出去吃一顿。”

“我们单位的同事都夸你贤惠能干。”

“拥有你是我最大的福气。”

“别生气，一生气你会变丑的，不信去照照镜子。”

“等我有钱了，好好带你去外面走走，咱们两人重新过一次蜜月。”

“你脸色不大好，身体哪儿不舒服吗？”

“你早些休息，今天的事我来做。”

“还记得我原先写给你的情书吗？”

“你一生都会爱着我吗？”

“你不要对我这么凶，好吗？我心里很伤心。”

“这个家没有你，简直就难以想象。”

“我老婆做的菜真好吃。”

“你真伟大。我怎么想不到呢？”

“结婚纪念日我们去照张合影吧？”

“爬高爬低的事我来做，你别上上下下的，小心些。”

总之，做丈夫的要把你的爱通过甜言蜜语表现出来，让她时刻体会到你深爱着她，并时时创造一种美妙的生活环境取悦她，那样你们的感情会一天比一天深厚，妻子对你的爱也会一天比一天深。这对于你并不麻烦，同时她的愉快传染给你，成为两个人的愉快；她的美丽心情成了你的财富，丰富你的情感生活。

很多人在谈恋爱时把恋人看得很完美，花前月下，卿卿我我，有时明知道对方的某种缺点自己难以接受，可指出来又怕伤害对方的感情，于是就装出一副菩萨心肠，一忍再忍。其实这和父母溺爱孩子一样，终究会酿成苦果的。那么，年轻的恋人怎样既能指出他的缺点，又不伤他的心，更重要的是还要让他接受你的意见呢？

其实有许多窍门，比如对对方进行旁敲侧击，促其反思并改正。

某局长的千金小徐和本单位的小李谈恋爱时总是显示出某种优越感，因为小李是农家子弟，大学毕业分在局里做科员，没有什么“靠山”。有一次小徐到小李家做客，对小李家人的一些生活习惯总是流露出看不顺眼的情绪，并不时在小李耳边嘀嘀咕咕。吃过晚饭把小姑子支使得团团转，又是叫烧水又是让拿擦脚布什么的。小李看在眼里很不是滋味，他借机笑着对妹妹说：“要当师傅先做徒弟嘛！你现在加紧培训一下也好，等将来你嫁到别人家里，也好摆起师傅的架子来。”小李这么一说，小徐当时似乎听出了什么，过后不得不在小李面前表示自己有些过分了。

小李不失时机地用“要当师傅先做徒弟”的俗话来提醒小徐，避免了直接冲突。即使对方当时略有不满，过后也会有所感悟。

当对方的所作所为引起自己的不满时，也可用诙谐的言谈让对方笑着接受自己的不满。

雅倩非常喜欢跳舞，男友小张却是个好静的人，正参加自学考试，但常被她拉去“看”舞。雅倩有个很不好的习惯，不跳到舞厅关门不尽兴，久而久之小张就受不了了。有一次他们从舞厅出来已经快凌晨一点了，小张说：“你的‘慢四’跳得很棒，我还没看够，你一路跳回宿舍怎么样？”雅倩撒娇说：“你想累死我啊！”小张一副认真的样子：“不要紧，我用‘快三’陪你跳。”雅倩扑哧一乐：“亏你想得出，丢下我一个人也不怕我碰上流氓？”小张这时言归正传：“那你在舞厅丢下我一个人也不怕我打瞌睡被人掏了包儿？”雅倩这时才知道男友压根儿没有兴趣跳舞，以后就有所收敛了。

对恋人的不满不用憋在心里，可以适当对对方提出自己的意见，但是要用对方法，否则只会破坏感情而于事无补。

经调查，有3句话是女人最喜欢听到男人说的。请有女友或老婆的男士们记住以下3句话，不管你是否出自真心，请尽量多地对你的伴侣说出这些话，让她们知道你有多在乎她们。

1.“你真的很漂亮。”

无论是貂蝉还是东施，被人称赞漂亮都是件非常荣幸的事情。如果在一次富有意义的约会中，你能够火眼金睛地发现女友今天的特殊打扮，并且非常符合情景地说出这句话，相信一定可以给你们的感情加分不少。天下没有丑女人，只是在审美的对比下，有些人只是不符合你审美的胃口而已。

2.“今生我只爱你一个人。”

虽然这话的可信度不高，但是不少女人还是甘心被欺骗。很多女人都相信行动比承诺更可靠，可是如果可以真的听到这样一句话，又有哪个女人不会倾倒怀中。当然这句话说出来的时候也要符合情景，并且用坚定的眼神告诉她你说的是发自内心的话。

3.“我爱你。”

这三个字自古以来就拥有神奇的魔力，所以在合适的时间、恰当的地点，这三个字已经被用很多形式表达出来，并且它的魔力更是经久不衰。

第五篇

影响人一生的生活习惯

❀习惯1 清晨刷牙有讲究

1. 刷牙的方法科学吗

生活中，每个人都要刷牙。据报道，勤刷牙不仅对牙齿有益，还可有效维持心血管系统的健康。但并非所有人都了解如何正确地刷牙。

牙膏的选择首选含氟牙膏，兼用其他牙膏。

过冷或过热的水，都会使牙齿受到刺激，不仅容易引起牙龈出血和痉挛，而且会直接影响牙齿的正常代谢。正确的方法是使用温水。

每次刷牙的水最好是30℃～36℃的温水，因为牙齿如果长时间受到骤冷或骤热的刺激，不但容易引起牙龈出血，而且会影响牙齿的正常代谢，易诱发牙病，影响牙齿的寿命。

刷牙不可用力过大。用力过大会造成牙釉质与牙本质之间的薄弱部位过分磨耗，形成缺损，危害牙齿。用力过大的标志是刚使用1～2个月的牙刷即出现刷毛弯曲（在没接触热水的情况下）。

有些人习惯采用的横刷法弊病较多，对牙体硬组织（牙釉质、牙本质）有损害，而且对牙周软组织（牙龈、牙周）也有伤害。应采取不损伤牙齿及牙周组织的竖刷法。

2. 起床后先刷牙后喝水

早晨起床后，先喝一杯白开水已经成了大多数人都认可的常识，觉得这样既清肠，又能将唾液中的消化酶带进肠胃，吃东西时，可以更充分地分解食物。但实际上，不少人都忽视了一点，那就是喝水前最好先刷牙。

不可否认，早晨起来喝白开水是一种健康的生活习惯，但是，喝水之前，我们要做的第一件事应该是刷牙。早上睡醒后，口腔里会有很多的细菌。如果直接喝水，会把这些细菌和污物带入人体。

不过，有些人可能会说，如果先刷牙，就会把唾液里的消化酶刷走，岂不可惜？

其实，唾液里的消化酶只有在吃东西的时候，才有分解消化食物的作用，不吃东西时，它处于“休息”状态。而人们在睡觉时，唾液分泌本就很少，因此产生的消化酶也很少。并且，人体的肠胃道里本身就有消化酶，唾液产生的只是很少一部分，它的消化作用微乎其微，即使在刷牙时被刷去，也不会影响人体对食物的消化。

还要记住，每次刷牙后必须用清水把牙刷清洗干净并甩干，将刷头朝上置于通风干燥处。另外，还要注意，牙刷最好3个月换一次，因为牙刷使用时间长了，刷毛就会弯曲蓬松甚至脱落，减弱了洁齿能力。

3. 饭后马上刷牙有损牙齿健康

爱护牙齿的人，每天早晚两次刷牙已成习惯，有些人还习惯饭后马上刷牙。可是，研究认为，饭后马上刷牙不利于牙齿健康。人们用餐时吃的大量酸性食物会附着在牙齿上，与牙齿釉层中的钙、磷分子发生反应，将钙、磷分离出来，这时牙齿表层会变得软而脆。如果此时刷牙，会把部分釉质划掉，有损牙齿的健康。餐后半小时再刷牙，游离出牙齿釉质中的钙、磷等元素已经重新归队，也就是在牙齿的保护层恢复后再刷牙，就不会损伤牙齿了。牙医建议，饭后喝一小杯牛奶或用牛奶像漱口一样与牙齿亲密接触，可以加速牙齿钙质的恢复。

4. 这些不良习惯会损害我们的牙齿

（1）偏侧咀嚼

有些人经常用一侧牙齿来咀嚼，这样不仅会造成肌肉关节及颌骨发育的不平衡，出现两侧面颊不对称，严重者还会造成单侧牙齿的过度磨损及颌关节的功能紊乱，而另一侧则失用性退化。所以若患牙病应及时治疗，牙齿缺失更要及时镶复，咀嚼要双侧进行，不可单侧咀嚼。

单侧咀嚼可引起一侧面部肌肉的紧张或肩膀酸痛，或使一侧牙齿松动，导致面颊左右不对称，甚至可能牵连听力。有研究发现，持续单侧咀嚼，该侧耳朵听力可降低；只用门牙咀嚼，对高音的听力降低；只用磨牙咀嚼，对低音的听力降低。

（2）咬硬物

有些人自觉牙齿很好，经常会咬一些坚果、开瓶盖、咬缝线等。殊不知，牙齿内存在一些纵贯牙体的发育沟、融合线，在过多咀嚼硬物后牙齿会出现类似金属疲劳的现象，从这些薄弱部位裂开，导致牙齿磨耗、折裂，严重者需拔除。另外，咀嚼过硬食物也会使颞颌关节负担过重，造成颞颌关节功能紊乱，而出现一系列如咬物痛、张口受限等症状。

（3）紧咬牙、睡觉磨牙

有些人不单用力时会“咬紧牙关”，而且动辄把牙齿咬得“咯咯”响，或者有睡时磨牙的习惯。这也会出现牙齿过度磨耗，容易出现牙折等情况。

（4）剔牙

剔牙就像搔痒，会剔出瘾来，越来越用力，牙缝会越来越大，而牙龈只能不断退缩，使牙颈甚至牙根暴露，造成牙齿敏感和增加患龋齿和牙周炎的机会。

（5）常咬指甲、咬唇

这些多是青少年的一些不良习惯，影响了面部及牙颌的正常发育，造成牙列畸形。

能够拥有一口洁白的牙齿是让人羡慕的。今天，牙齿不仅是用来咀嚼食物这么简单，它还能展示人美丽的一面。牙齿好，你才能口气清新，笑得更灿烂。

❀习惯2 勤洗手，防病菌

生活中，手的接触范围极其广泛，使用手的频率极高。所以手也极容易受到污染，成为藏污纳垢的地方。即使外观上较“干净”的手，实际上也携带很多病菌。

手是一个人每天接触各类物品最多的部位，接触的污垢最多，沾染的病菌也最多。医生证明，80%的疾病都是由手的接触传染的，因此应当防止“病从手入”。保持手部干净才是可靠的病毒感染预防手段。

1. 公共场所要注意避免“病从手入”

乘车须防“病从手入”。公共汽车上的扶手、座椅是人们乘车时必然会触摸的，可谓“众人扶，万人坐”。有病乘客身上的病菌、病毒、寄生虫等，也“乘坐”车辆“走南闯北”，而各种传染病病原体留在车上的扶杆、座椅上，一般不轻易“下车”，很可能把病“留”给后来的乘客。某沿海开放城市的公共汽车坐垫上，不少检测出各种致病性病毒、病菌，其中有疱疹病毒、人乳头瘤状病毒、阴虱、滴虫和疥疮等。这些传染性疾病都可能会通过触摸而感染。

因此，乘车时不仅要注意“病从口入”的呼吸道传染病，而且还要注意预防“病从手入”。坐车时手若抓着扶杆，下车后应及时用肥皂洗两遍手。

公共卫生间里，有可能会染上皮肤病。公共卫生间是很多细菌寄生的地方，门把手上往往会沾有大肠杆菌和梨形虫，而洗脸盆、水龙头等处随时都会有影响肠道或呼吸器官的病菌。

卫生间的冲水按钮、门把手等处还可能会沾有皮肤乳头状瘤病毒、疣病毒、金黄色葡萄球菌等病毒，如果皮肤上有一些肉眼看不到的破损，容易引起皮炎、湿疹等皮肤病。

所以，在公共卫生间里应使用合格的洗手液将手清洁干净，尽量避免直接接触把手、按钮等地方，防止交叉感染。

网吧电脑的鼠标和键盘会传染眼病。网吧里的电脑鼠标和键盘上面往往会滋生出许多细菌，甚至会引起交叉感染。人们在电脑前待得太久后，眼睛会感到酸涩，这个时候，有的人会忍不住用手揉眼睛，而摸过鼠标和键盘的手指就会将键盘上的病菌带入眼睛，引发结膜炎等疾病。

在使用电脑过程中，应杜绝用手摸脸、揉眼睛之类的习惯；同时，使用完后一定要洗手，一般来说，用普通肥皂洗两遍左右即可杀死一般的细菌病原体。

使用公用健身器材时应小心流行病的传播。在使用公用健身器材后，要马上洗手，杜绝不洗手就直接吃东西、抽烟、用手揉眼睛的习惯。儿童接触公用健身器材后不能未洗手就将手放到嘴里，否则易染上传染病。

餐馆菜单。有数据表明，一张反复使用的菜单，特别是卫生状况较差的中小餐馆的菜单，平均带菌数可达500万个，上面的致病菌有大肠杆菌、沙门氏菌、变形菌、金黄色葡萄球菌等，并且由于餐馆四季保持室温，使得附在菜单表面的细菌存活时间相当长，菜单由此成为各种细菌传播的媒介。

到餐馆就餐时，一定要洗手，洗完手后就别再去碰菜单了。一般可采取先点菜、后洗手、最后进餐的方式。

其他公用物品上会有大量细菌。接触过公用电话、电梯、ATM（自动柜员机）机的按钮，或商场滚梯的扶手后，不要乱摸身体的其他部位，要及时洗手。在手不洁净时，最好不要使用化妆品。

握手讲究礼仪也要讲究健康。手作为最适合细菌繁殖生长的载体之一，是人体中最经常与外界接触的部位，任何病菌都有可能在此隐藏。如果对方患有杆菌性痢疾等传染性极高的疾病，则极有可能通过手与手的触摸直接传染；倘若对方的双手不清洁，病菌也会通过手与手的亲密接触而传染。

2. 学会正确洗手

既然疾病传播与手的被污染有着千丝万缕的联系，那么注意手的卫生就显得尤为重要了。然而，在日常生活中有不少人并不知道应该怎样洗手。有的人习惯在盆里洗手，尽管抹上肥皂认真搓洗，但手上污垢尽在盆中，手从盆中出来时总难免带有一点污水。更有甚者，许多人共用一盆水洗手。也有的人手洗净后习惯顺手在衣襟、围裙上抹几下，或共用一块毛巾擦手，这样一来，手上陈污刚除又添新污。凡此种种，都是不正确的洗手方法。

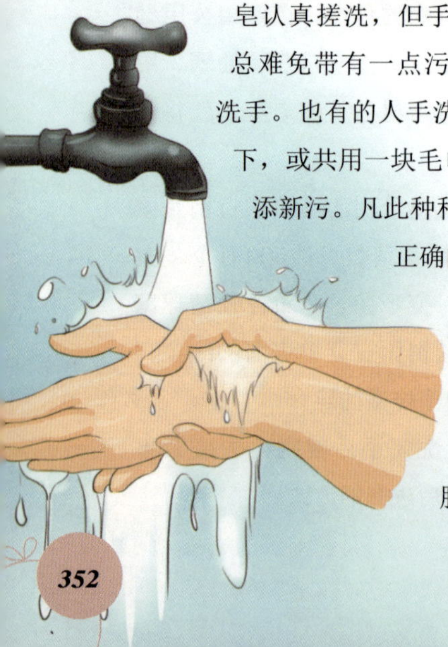

正确的洗手方法是：

用流水洗手。在搓手时，顺便用水再冲几次水龙头，然后再关水龙头。

用肥皂或洗手液洗手。但要注意肥皂必须保持干燥，尤其对不含消毒药物的普通肥皂来说，一块湿的普通肥皂能为不少细菌提供良好的生存条件。

洗手时应该用香皂充分引发泡沫后仔细洗每个部位。要仔细洗手指之间，并用手指摩擦掌纹。洗手指时应该用手掌套住手指，仔细擦洗，特别是要仔细洗净拇指。不仅洗手掌，也要洗手背，最后两手手指合并后相互摩擦指甲。

最好使用烘手器。在没有烘手器的情况下，可用洁净软纸擦手，也可用自己的清洁的手帕擦手。

习惯3 勤用脑，防衰老

“生命在于运动”被誉为防病健体、延年益寿的名言。常进行运动，即能够延缓衰老，保证健康。这里所讲的“运动”，并非单指体力运动而言，也包括脑力运动。

1. 勤用脑的好处

脑力运动是保证人健康长寿不可缺少的一个方面。明代医学家李时珍指出：“脑为元神之府。”中医学的“神”是指精神活动的总称。脑神经的健旺与否，直接影响机体的一切活动，所以古代养生家认为，“神强必多寿”。现代医学认为，大脑控制身体各个系统和器官的功能活动，使其密切合作、协调一致。由此可见，大脑功能的强盛是人体健康的前提。

医学认为，勤用脑是保证大脑健壮的重要途径。从生理学角度讲，随着年龄的增长，大脑会逐渐萎缩，但是，若经常用脑就可防止大脑衰老，这就是所谓的“用进废退”。

勤用脑的人可维持年轻时期的精神面貌和思维能力。一般来说，人在六七十岁时渐渐发生记忆力减退、意识呆滞、思维障碍，但许多爱用脑的老年人，六七十岁时的思维却毫不逊色于很多年轻人。

现代医学仪器显示，经常用脑的老人比其他同龄人脑萎缩的速度要慢，脑中出现的空洞少得多。勤用脑的人，脑血管多处呈扩张状态，脑组织有足够的血液、营养供给，为延缓大脑衰老提供了物质基础。人用脑可使血液循环加快，体内的生物代谢旺盛，有益于兴奋细胞的激素及脑内核糖核酸等活性物质的增加，使大脑越用越发达、越用越灵活。

因此，勤用脑的人，尽管年岁高达七八十岁，但他们的思维仍能和年轻人一样敏捷，并保持着完整的认知能力。相反，如果不愿多用脑、多思考，大脑衰老速度则会明显加快。勤用脑可比喻为老年人精神思维上的慢跑锻炼，不断用脑不仅可使脑神经细胞保持良好功能，而且能减慢脑血管的硬化过程，并有助于听力、视力和反应能力的提高。

2. 日常生活中的健脑方法

随着年龄的增长，记忆力和判断能力都在下降，如何减缓智力下降，是人们都关心的问题。下面几条健脑措施，平时多加注意会有一定效果。

强身健体，保持身体健康。健康的机体存在着很多有利于大脑功能的物质，这些物质在健康的机体里进行着正常的代谢、变化。因此要积极地保持身体的健康，积极地从事体育锻炼，增强身体的抗病力。同时户外的体育活动可使大脑的吸氧量增加，也可以增加大脑对营养物质的摄取，从而提高大脑的效力。

保证合理的营养。脑力劳动伴随着大脑神经细胞的能量损耗。充分地提供各种营养物质，如丰富的蛋白质、维生素及糖等物质，可使大脑的细胞获得能量，保证神经细胞处于最佳的工作状态。

保持乐观的情绪。情绪经常处于愉快状态，可以使脑部的血管也处于舒展状态，脑神经细胞可以得到充分的血液供应，进而得到良好的保养。情绪低落、性情暴躁或抑郁、心胸狭窄等可引起神经内脏功能紊乱，失去对机体的血流量调节，同时使神经细胞的微细结构受到损伤，促进脑细胞的死亡，并使有益于健康的一些激素、酶类分泌减少，使整修机体的功能降低，抗病力减弱，还可导致消化系统运转不良等。适时用脑。一个人在最佳时间用脑，效率会大大提高，否则事倍功半。所谓最佳用脑时间是指人的精力充沛，脑细胞处于高度兴奋状态的时间。

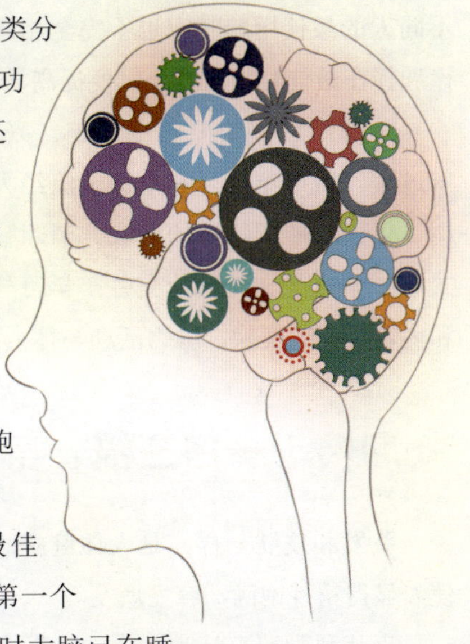

就一天而言，记忆最佳时间曲线有几个高潮点。第一个高潮点是清晨6～7点。此时大脑已在睡

眠中完成了前一天所输入信息的整理编码工作，由于不受“前摄抑制”的影响，所以记忆清晰，条理性强。

第二个高潮点是上午8～10点。经过几个小时的活动，脑的兴奋度大大提高，精力上升到旺盛期。此时思维敏捷，处理识记材料效率高，记忆量大。

第三个高潮点是晚上8～10点。这时基本不再向大脑输入新信息，因而不存在“倒摄抑制”的影响，此时脑思维活动的纵深性增加，加之在后继的睡眠中仍会无意识地进行信息整理编码工作，因而有利于材料的系统化及对信息材料做深层次的认识，同时也利于对材料的保持和提取。

就个人而言，由于每个人的生物钟不是完全一致的，所以不同人的最佳用脑时间也不完全相同，应根据自己的生物钟节律选择在最佳时间用脑，以便提高学习和工作效率。

劳逸结合，不要过度用脑。兴奋和抑制是神经活动的基本过程。劳逸结合可有效调节流经大脑的血量，改善脑营养代谢，促进脑能源物质的合成，消除脑疲劳。劳逸结合的主要方式有：学习与文体活动交替；学习与睡眠相互调节；学习方式和内容方面的变换；脑力活动与体力活动相济，等等。

习惯4 一日三梳，身体健康

头发和皮肤一样，是人体健康的一面镜子。健康的头发可使人显得精神饱满、容光焕发。

现代科学研究认为，人的头发大约有10万～15万根，在头发的根部末梢有膨大的小球，称毛球。毛球积聚着毛母细胞，头发的产生、生长及颜色就是由毛母细胞的活跃分裂和它分泌的色素颗粒决定的。色素颗粒越多，头发就黑；反之，头发颜色就灰，甚至变白。一般而言，头发变灰、白的过程，就是机体气血由盛转衰的过程。

1. 勤梳头有益健康

中医学认为，人体中的十二条经脉，皆上会于头部，这些经脉起到运行气血、濡养全身、抗御外邪、沟通表里上下的作用。而头发为肾之华、血之荣，头发的生长与脱落、润泽与干枯，均与肾和血气的盛衰有关。头发的乌黑、润泽、柔韧，标志着气血充足、肾气充盛、大脑健旺、神气充足。

梳头相当于头部按摩，俗话说“要长寿，勤梳头”，就是这个道理。

2. 梳头时应该注意的问题

梳子的选用。梳子应选用牛角、木质或铁质的，最好不用或少用塑料梳。

梳理的方法。由前向后，再由后向前；由左向右，再由右向左。如此循环往复，梳头数十次或数百次后，再整理头发，梳至平整光滑。

一日三梳。清晨起床漱洗完毕后，用10分钟时间梳头。前后左右，顺梳逆梳，从额到颈梳理；由轻到重，由慢到快，双目微闭，专心梳理。刺激头发和穴位，头皮会感到微麻略痛，然后就会感到轻松舒服。梳头结束，双手撸脸、拉耳、抓颈，使整个头部血脉畅通。

午饭后，再利用5分钟时间进行梳头。依照早晨的方法重复一遍（但可不必撸脸拉耳抓颈），重新活络头部血脉，继续刺激头部穴位。

晚上临睡前，再利用10分钟按上述方法进行梳头，包括撸脸、拉耳、抓颈，使头部穴位得到更有效的刺激与活络。不过，晚间的梳头动作可轻缓一些，双目紧闭，抛开一切杂念，权当临睡前的头部按摩操，能加快睡眠的速度，使睡眠质量更高。

切忌在饱食后梳理，以免影响脾胃的消化功能。

习惯5 小动作中的大健康

研究发现，油漆工中风发病率明显低于其他职业的人。研究人员再三分析认为，这可能与漆匠们在工作时频繁地“摇头晃脑”有关。因为油漆工在挥动漆刷时，必须不停上下点头、左右旋转脖颈，而这其实是一种有利于预防中风的、轻柔的颈部运动。不只“摇头晃脑”，还有很多的小动作都有运动的功效，与我们的健康密切相关呢！

在日常生活中，健身不一定需要多少投资，也无须太多的时间，只要我们加以留意，便有许多简便易行的方法，乃至日常的习惯小动作，都可以作为良好的健身手段。但是有些不良的小动作也会影响人的健康，要注意避免。

1. 对健康有益的小动作

有些小动作对健康有益，也不用找专门的时间，随时随地都可以做。

伸懒腰。伸懒腰会引起全身大部分肌肉的收缩，会使人体的脏器对心、肺产生挤压。持续几秒钟的伸懒腰，使很多瘀积的血液被赶回心脏，从而可大大地增加血流量，改善血液循环，把更多的含氧血液供给大脑。常伸懒腰还可带走肌肉的一些废物，从而消除人体的疲劳，使人感到全身舒展、精神振奋。

吸气。深吸气、短呼气可以促进肺部排尽浊气，增加肺活量，增加血液的含氧量，加快血液循环，使身体处于松弛状态，使大脑兴奋和抑制状况趋于协调，可消除悲伤痛苦、紧张焦虑以及精神压抑感，从而有益于机体内环境的调节和稳定，使机体脏腑功能得到充分的发挥。

打哈欠。打哈欠时，人的呼吸道能够扩张到最大限度，因正常活动而紧张的肌肉会放松。当哈欠即将打完时，人会在瞬间像睡着了似的失去知觉。专家认为，打哈欠时人会不自觉地做深呼吸，这有利于清除肺部浊气。此外，打哈欠可以帮助人减轻疲劳和心理压力，瞬间的失去知觉能使大脑得到片刻休息。

头皮按摩。头皮上有很多神经末梢，有些神经末梢距离大脑很近，头皮上的信息很容易传入大脑。手指在头皮上按摩，能轻柔地刺激头皮上的神经末梢，通过神经反射，使大脑皮质的思维功能增强。经常按摩头皮，大脑皮质的工作效率得到提高，兴奋和抑制过程互相平衡，生命力就会增强，全身能更好地适应外界环境。

“摇头晃脑”。“摇头晃脑，中风减少”，这是心血管专家在对中风的发病情况进行职业分析时受到启示而提出的。旋转头部增强了头部血管的抗压力，颈部的肌肉、韧带、血管和颈椎关节也因此增强了耐力，并减少了胆固醇沉积于颈动脉的机会，不仅有利于预防中风，还有利于高血压、颈椎病和青光眼的预防。

耸耸肩膀。耸耸肩膀，能使肩部的神经、肌肉、血管得以放松，活血通络，有益于防治肩周炎，更因为它又是一种由颈部参与的运动，为颈动脉血液流入大脑提供了人工驱动力，迫使流动迟缓的血液加速流向大脑，因而减少了脑血管供血不足和发生梗死的危险。

甩手。甩手过程能积极活动肩肘关节，促使手腕振动。甩手运动任何人都可操作，尤其对老年人和久坐伏案者更适宜，且不受时间和场地限制。当感到疲劳时，放下手上的事，来一次甩手运动，确能起到消除压力、恢复体力的效果。

搓手。经常将双手放在一起摩擦，主要有3个方面的好处。一是常在户外工作的人，这么做可以预防冻疮的发生；二是常搓双手，能使手指更加灵活自如，同时对大脑也有一定的保健作用；三是生活和工作于室内的人，经常这样搓手，能促进血液循环和新陈代谢，预防感冒。

踮脚。人的腿部肌肉发达，肌肉中又有大量血管，人在踮脚、落下的过程中，腿部肌肉就会一紧一松。当肌肉放松时，来自心脏的动脉血液会增加向周身的灌注量；当肌肉收紧时，会挤压血管加快静脉血液回流到心脏，从而促进血液循环。

动脚趾。灵活地运动脚趾不仅有助于大脑的健康，还是人体健康的晴雨表。脚趾活动减少已经成了腰痛等一系列“文明病”的病因。因此，如果要保持身心健康，就应多行走，并让脚处于灵活活动的状态。应多穿拖鞋，最好赤足。

摇扇。摇扇需要手指、腕和肩部关节、肌肉的协调配合，可使手指、腕和肩部关节、肌肉得到锻炼，不仅可以促进上肢的血液循环，还可以增强和提高上肢的肌肉力量以及各关节协调配合的灵活性，锻炼肩关节肌肉韧带，从而有效地预防肩周炎。

2. 对身体健康有害的小动作

上面的几种小动作对身体是大有裨益的，每天坚持做这些非常容易的小动作，可以使身体健康更上一层楼。可是，并不是所有的小动作都能收到如此好的效果，有些小动作对身体不但没有丝毫好处，而且还可能给身体健康带来很大的伤害。

跷二郎腿。跷二郎腿会压迫腿部血管，致使腿部血流不畅，影响健康。如果是静脉瘤、关节炎、神经痛、静脉血栓患者，跷二郎腿会加重病情。尤其是腿长的人或孕妇，跷二郎腿带来的危害更大，严重的甚至可能导致静脉曲张。

咳嗽时捂嘴。咳嗽时，若用手捂嘴，会导致上呼吸道压力急剧增高，使细菌由咽鼓管驱向中耳，导致中耳感染。另外，捂嘴还会使食物残渣呛入鼻腔，刺激鼻腔黏膜而打喷嚏，若遇到刺激性较强的食物，会导致鼻黏膜因强烈刺激而充血、水肿，发生鼻塞流涕甚至发炎。

咬嘴唇。有的人一紧张就咬下嘴唇，咬出血都没有感觉。这个坏习惯会造成嘴唇皲裂，还可能造成细菌感染，甚至患上唇炎。

挠皮肤。有些人在焦急的时候总是不自觉地挽起袖子，用指甲挠抓有些发干的皮肤，甚至会把皮肤抓破。这样做容易感染皮疹、水疱，造成皮下出血，或者患上皮肤病，对健康非常不利。

舔嘴唇。在干燥的季节用舌头舔嘴唇会造成两个问题。一是会造成唇角发炎。当用舌头舔嘴唇时，会在唇部留下唾液。唾液中含有多种能够帮助消化的酶，其中有两种酶，一种叫淀粉酶，另外一种叫麦芽糖酶，均可引起唇角发炎，这是因为在唇边残留的这两种酶等于在“消化皮肤”。舔嘴唇造成的另外一个后果是较为常见的刺激性皮炎，也是唾液惹的祸。因为用舌头舔嘴唇时，所带来的水分会蒸发，而蒸发时，又带走了唇部本来就比较“紧张”的水分，使得嘴唇更感干燥。然后就是越干越舔、越舔越干的恶性循环，最后就在唇部造成了类似湿疹的后果。不过这种“湿疹”不是

“湿”的，而是“干”的，会使嘴角的皮肤变得粗糙，出现与周围皮肤不一样的颜色。

这些不起眼的小动作可能会影响你的健康，所以我们在日常生活中要注意细节，不要因小失大，要时时刻刻保持警惕，只有这样，才能保持健康。

习惯6 咀嚼，细品人生

我国历代医学对细嚼慢咽的养生作用有不少论述，如《千金要方》中“食当熟嚼”，《养生庸言》中“不论粥饭点心，皆宜嚼得极细咽下”。中医学有“脾开窍于口”的说法，提出口腔内食物的充分消化对健脾益胃是十分有效的，这与现代医学的观点也十分一致。

1. 咀嚼对健康的意义

咀嚼虽然是一种单纯的口腔动作，但并不只是关系到口腔的问题，它对于人的健康与防病也有很大的影响。现代社会患口腔疾病的人越来越多，与所吃的食品太精细以及狼吞虎咽不无关系。细嚼慢咽有以下好处：

预防口腔疾病。反复咀嚼可让口腔有足够的时间分泌唾液，而唾液中含有多种消化酶及免疫球蛋白，不但有助于食物的消化，还有杀菌作用，可预防牙周病。充分咀嚼食物可促进儿童牙齿、牙龈及面部肌肉的发育，促进口腔肌肉的血液循环和口腔功能的健全，因有较多的唾液洗刷附着在牙齿表面及牙缝中的食物残渣，故有预防龋齿的作用。

增进营养吸收。充分咀嚼让食物变得细小，使之与消化酶完全混合，被分解成更小的分子物质，便于人体吸收。

增强食欲。细嚼慢咽可让人的牙齿和舌头感受到食物的好滋味，从而对中枢神经产生良好的刺激，增强食欲。

减少胃肠道疾病。经过细嚼慢咽的食物，可减少胃肠道加工的负担，有利于胃肠道的健康。

有利于减肥。狼吞虎咽者因血糖值上升较慢，只有待胃中充满食物时才有饱腹感，由于进食太多，必然促使肥胖。细嚼慢咽使食物被充分磨碎，有利于消化吸收，这样大脑就会及时发出“饱”的信号，可避免吃得过多导致肥胖。

促进血液循环。多咀嚼具有改善脑部血液循环的作用。咀嚼时，下颌肌肉牵拉该部位的血管，加速了太阳穴附近血液的流动，从而改善心脑血液循环。此外，多咀嚼还可使脑神经放松，解除精神紧张，对人体健康大有益处。

有利于防癌。唾液中含有多种酶、激素、维生素及蛋白质，尤其是唾液中含有的15种消化酶具有特殊作用，如唾液中的过氧化物酶，可去除食物中某些致癌物的致癌毒性。经过实验发现，唾液腺的分泌物与食物中的黄曲霉毒素、亚硝胺、苯并芘等多种致癌物接触32秒以上就有分解其致癌毒性的作用。细嚼慢咽使口腔分泌更多的唾液，并与食物中的致癌物充分接触，可以减少致癌物对人体的危害。

有抗衰老的作用。人到老年，胃肠功能减退，吞咽反射减弱，细嚼慢咽可起到防噎、助消化、抗衰老的功效。

有利于激活大脑，使头脑变得更聪明。咀嚼能锻炼脸部肌

肉，咀嚼肌边运动边给大脑拨了个“热线”，于是大脑也被激活了。血液源源不断地输往脑部，脑细胞间信息往来频繁，由于刺激作用，脑的激素分泌增多，大脑的思维能力和工作效率显著提高。据美国医学专家的研究统计，咀嚼少的儿童智商普遍低于以耐咀嚼食物为主的儿童。

另外，唾液还是最神奇的“料理高手”，使人能更好地享受食物。一口食物仅咀嚼六七次的话，食物的本相还没被揭开，就已经囫囵入肚，就不能充分体会到食物的味道。细嚼慢咽时会产生大量唾液，唾液中有一种成分能使味觉变得敏感，它能使食物越嚼越有味儿。

细嚼慢咽是每个人都可以做到的，只要有良好的保健意识，不论是用真牙、假牙，还是用牙床吃饭，都可做到细嚼慢咽。特别要让孩子从小养成细嚼慢咽的习惯，这对其一生的健康将有重要意义。

2. 细嚼慢咽，舒适进餐

提倡进餐时细嚼慢咽，就要求安静舒适地进餐，即使是快餐也应以慢吃为佳。那么，怎样达到慢食的要求呢？

一口食物最好咀嚼30次。据专家说，一口食物在嘴里至少经20次咀嚼，才能得到唾液给我们带来的恩惠，30次则较为理想。另外，最好把这30次限制在30秒左右。

饭前喝水或淡汤以增加饱腹感。

边吃边聊天，把咀嚼看成愉快的事，把就餐时间视为轻松享受食物的时间，慢慢体会"嚼"的节奏。

试用左手进餐，除可延长吃饭时间外，还可开发右脑（因左手由右脑支配）。

多吃耐咀嚼的食品，如鱼干、鱼头、螃蟹、牛肉干、玉米等。

不妨试试以上这些可行的办法，使自己放慢进餐的速度，这样才能更好地享受食物、享受生活。

习惯7 让两边的牙齿都动起来

有一些女性长相并不难看，衣着也搭配得很协调，可是看来看去总觉得有点不对的地方，给人感觉并不是很舒服、很漂亮。如果仔细观察就会发现，她们左右脸颊的大小有一点不太对称，存在着细微的差别，从而在整体视觉上降低了形象分数。那么，是什么原因导致原本对称的左右脸颊变得一大一小呢？

仔细回想一下，我们在吃饭、嚼口香糖、嗑瓜子的时候，是不是习惯性地只使用一边的牙齿呢？一侧脸颊的肌肉劳动不止，非常结实，显得饱满；另一侧长期闲置，咀嚼肌和颌骨得不到锻炼，导致萎缩退化。这就是造成脸颊不对称的根本原因。

所以，吃东西的时候要让两边的牙齿都动起来，以免引起左右脸不对称。如果脸颊已经出现轻微的不对称，那就要下意识地多用脸颊凹陷的那一侧牙齿咀嚼东西，锻炼咀嚼肌和脸部肌肉，使之逐渐饱满发达起来。

此外，还可以通过嚼口香糖的办法来锻炼面部肌肉，增强牙齿的咀嚼功能、提高强韧度。这样可以让脸庞更加健美匀称，防止面部肌肉萎缩、下垂，过早地出现皱纹。不过要注意，一次咀嚼的时间不要太长。

1. 塑造脸部优美线条

脸部轮廓线主要由面部肌肤、脂肪和肌肉三因素构成。不良习惯引起的肌肤失去弹性、脂肪过多和肌肉萎缩，都会影响脸部的线条美观度。想要拥有一张五官端正、线条分明的美丽脸庞，良好的日常生活习惯千万不可忽视。

远离香烟。坚决不要吸烟，香烟中的尼古丁会导致皮肤血管收缩、血液供应不足，破坏皮肤结缔组织，让肌肤失去原有的弹性。

出门做好防晒工作。过度的紫外线照射会破坏肌肤的胶原蛋白，令肌肤失去弹性，肌肉老化松弛。

吃东西的时候两侧轮流咀嚼。两侧的牙齿都要用上，锻炼咀嚼肌和表情肌的弹性和力量。

不背过沉的单肩包。人的身体在承受过重的东西时，往往会下意识地咬紧牙关，容易造成脸部肌肉紧张僵硬。尽量不要背负挑战自己承受能力的重物。平时最好选择双肩包，如果一定要用单肩包，应两侧肩膀交替背，保持左右受力均衡。

保持愉快的心情。经常开怀大笑，放松脸颊肌肉。要精神饱满，昂首挺胸。不要总是垂头丧气，以免造成面部、颈部脂肪堆积，肌肉松弛。良好的精神状态对心理健康也极有帮助，让美由内而外地显现出来。

2. 脸型矫正操

每天坚持做10分钟的脸型矫正操，对于塑造脸部优美轮廓极有帮助。因为脸部的表情肌和身体其他地方的肌肉一样，如果得不到足够的锻炼，脂肪就会堆积，支撑脂肪的肌肉纤维变细，脸庞就会逐渐地松弛、变形。

第1步：脸部慢慢抬起，至极限后保持5秒钟，再慢慢还原，重复10次。这个动作可以锻炼下颌的肌肉，美化下颌至颈部的线条。

第2步：双手食指、拇指分别从颧骨、下颌处一直按摩到耳下，再从耳朵开始，食指、拇指夹紧肌肉一直向下挤压到颈部。这可以帮助脸部排出多余水分和废弃物质。

第3步：双手大拇指外翻，其余手指交叉重叠，托住下颌。拇指沿着脸颊骨到下颌骨再到下颌尖的顺序进行梳理式按摩，力度适中，以产生轻微的酸胀感为宜。通过对面部骨骼和肌肉组织的按摩，促进血液循环，让筋骨收缩紧绷，面庞会因为紧致而显得小巧。

第4步：双手手掌按在脸颊两侧，稍用力向中间挤压，停留

20秒钟后慢慢还原。这个动作会让脸庞看起来更饱满立体。

第5步：用手掌根部压在颧骨处，另一只手扶住脑后，微微用力挤压，保持20秒，然后换另一侧进行。重复10次。

习惯8 正确洗澡让你更健康

洗澡不仅可以清洁皮肤，促进血液循环、新陈代谢，有利于消除乳酸等导致疲劳的废物，还能改善睡眠。因此，可以说洗澡是一种有益于健康的文明习惯。但是，你是否知道洗澡也有学问？如果洗澡的方式不对，也会影响身体的健康。

洗澡，在我们日常生活中是司空见惯的事，但是有些细节你注意到了吗？

1. 洗澡的基本问题

每周洗几次澡。夏季人体分泌旺盛，出汗较多，应每天冲洗1次；而春、秋、冬季天气不热，洗澡的次数可因人而异。身体较胖和皮脂腺分泌旺盛者，可适当增加洗澡次数；老年人皮脂腺分泌减少，可适当减少洗澡次数。

洗澡水温度多高合适。洗澡水的温度应与体温接近为宜，即35℃～37℃。若水温过高，会使全身表皮血管扩张，心脑血流量减少，发生缺氧。孕妇洗澡时的水温更应注意不要太高，以防发生胎儿缺氧的情况，影响胎儿发育。夏季洗冷水澡要适度，洗澡水过冷会使皮肤毛孔突然紧闭，血管骤缩，使体内的热量散发不出来。尤其是在炎热的夜晚，洗冷水澡后常会使人感到四肢无力，肩、膝酸痛和腹痛，甚至可成为关节炎及慢性胃肠疾病的诱发因素。一般夏季洗冷水澡的水温以不低于10℃为好。

洗澡时间多长适宜。无论春夏秋冬，洗澡时间均不宜过长，每次洗澡时间以15～30分钟为宜，以防心脑缺氧、缺血。

什么情况下不应洗澡：饱餐后、酒后、劳动后、血压过低时、发热时以及患有某些严重疾病时最好不要洗澡。

饱餐后不应洗澡。因为全身表皮血管被热水刺激扩张，会使较多的血液流向体表，腹腔血液供应相对减少，会影响消化吸收，引起低血糖，甚至虚脱、昏倒。空腹时亦不宜洗澡，原因是热水会加速血液循环，消耗能量，若未能及时补充，容易引致低血糖休克。

酒后不应洗澡。酒精会抑制肝脏活动，阻碍体内葡萄糖的恢复。而洗澡时，人体内的葡萄糖消耗会增多。酒后洗澡，血糖得不到及时补充，容易发生头晕、眼花、全身无力，严重时还可能发生低血糖昏迷。

劳动后不应立即洗澡。无论是体力劳动还是脑力劳动后，均应休息片刻再洗澡，否则容易引起心脏、脑部供血不足，甚至发生晕厥。

血压过低时不应洗澡。水温过高会使人的血管扩张，低血压的人易在洗澡时出现暂时性脑供血不足，发生虚脱。

发热时不应洗澡。当人的体温上升到38℃时，身体的热量消耗可增加20%，身体比较虚弱，此时洗澡容易发生意外。

2. 先洗脸再洗澡后洗头

洗澡时身体各部位最好按一定的顺序进行清洗，这样才能达到彻底清洁的效果。洗澡时会产生热蒸汽，而人体的毛孔遇热会扩张，所以如果刚开始时没有先将脸洗干净，脸上积累了一天的脏东西，便会趁毛孔大门开启之时潜入毛孔。久而久之，毛孔便会被这些脏东西挤得越来越大，占据着本不应该属于它们的领地，脸上的痘痘也会愈冒愈多。而头发在蒸汽的氤氲中得以滋润，当全身清洗完毕后，洗头的最佳时刻即已来临。

3. 洗澡时应注意的事项

不要用力搓澡。正常皮肤表面有由皮脂腺、汗腺分泌物及脱落的上皮细胞形成的酸性保护膜以及角质层，是阻止病菌和有害射线入侵人体的第一道防线。这层“死皮肤”更换速度缓慢，最快的也需要10多天。洗澡时如果用毛巾在肌肤上反复用力搓擦，很容易损伤皮肤，使表皮角化层过多脱落，皮肤就会变得干燥，甚至发生皮肤瘙痒，还会让病菌和有害射线乘虚而入，使人易患毛囊炎、疖肿等多种皮肤病。

洗搓时按顺毛孔方向搓洗。因为洗浴时毛孔都是张开的，顺毛孔清洗，秽物不易从毛孔进入而污染皮肤。

洗澡的时间不要太久。因为汗液不断地大量排泄，体内的各种营养物质也随之排出体外，会造成体力的过度消耗，使人感到体倦乏力，甚至休克。

临睡前洗澡别洗头。临睡前再洗澡就别洗头了，就算要洗也得把头发吹干。长期湿着头发睡觉容易掉发，也容易引起偏头痛。

洗澡前后应注意的事项。浴前要用棉球堵住外耳道，避免污水进入耳道，引起中耳炎。每次洗浴后，应稍事休息，待体力恢复，热汗散尽，再离开浴室。

习惯9 热水洗脚好处多多

双脚离心脏远，血液供应少而慢，加上脚部脂肪层薄，保温能力差，所以脚最易受寒。双脚寒冷会反射性地引起上呼吸道功能异常，降低人体抵抗力。

热水洗脚时，不断用手按压脚心的涌泉穴，能促进气血运行和新陈代谢，加快下肢的血液循环，消除下肢的沉重感和全身的疲劳，既能促进睡眠，又可以祛病强身。

热水泡脚还能达到防病治病的效果。

用热水洗脚可使双脚血管扩张，促进血液的全身流动，可相对减少脑充血，从而缓解头痛，而且对冻疮有一定的预防作用。

用热水洗脚时，不断用手按压脚心的涌泉穴和大脚趾后方足背偏外侧的太冲穴，有助于降低血压。

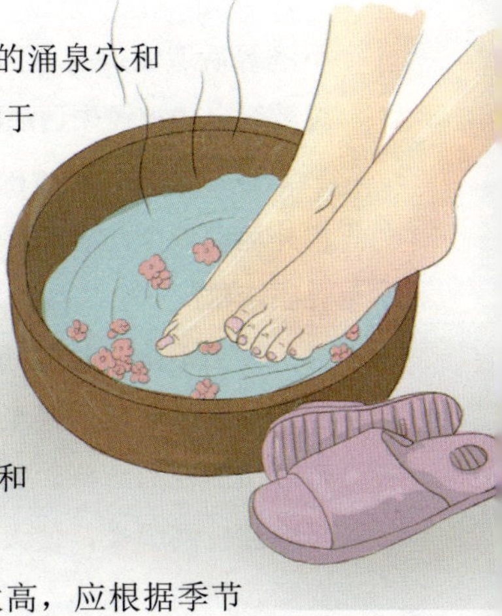

长期坚持热水泡脚，可以预防风湿病、脾胃病、失眠、头痛、感冒等疾病，还能加快截瘫、脑外伤、中风、腰椎间盘突出、肾病、糖尿病等的康复。每晚用热水洗脚，能减轻失眠症和足部静脉曲张患者的症状，促进睡眠。

当然，用热水洗脚，水温也不能太高，应根据季节的不同控制水温：冬季以不超过45℃为宜，夏季则可控制在50℃左右。

习惯10 长期熬夜害处多

生活中，很多人都有过熬夜的经历，有人是为了准备明天的考试，有人是为了看一场心仪已久的电影，有人是为了欣赏一场激动人心的球赛，有人甚至是为了能专心致志地工作。无论为了什么熬夜，都应该明白，偶尔熬夜虽无大碍，但经常熬夜却会“熬”掉你的健康。

1. 熬夜的害处

习惯熬夜的人越来越多了，对于有些人，熬夜甚至已经成为正常生活的一部分。但是从健康的角度讲，熬夜还是害处多。

经常疲劳，免疫力下降。人经常熬夜，会造成疲劳、精神不济等后遗症；人体的免疫力下降，容易患感冒、胃肠感染、过敏等自律神经失调症状。

容易发生骨质疏松。长期熬夜者多夜间工作，白天补觉，户外运动较少，缺乏紫外线照射，容易导致维生素D缺乏，发生骨质疏松。

视力下降。长时间超负荷用眼，还会使眼睛出现疼痛、干涩、发胀等问题，甚至使人患上干眼症。眼肌的疲劳还会导致暂时性的视力下降。如果长期熬夜、劳累，还可能诱发中心性浆液性视网膜炎，使人出现视力模糊，视野中心有黑影，视物变形、扭曲、缩小，视物颜色改变等问题，还可能出现视力骤降的情况。

皮肤受损。一般来说，皮肤在20：00～23：00点进入保养状态。如果长时间熬夜，人的内分泌和神经系统的正常循环就会失调，使皮肤出现干燥、弹性差、晦暗、缺乏光泽等问题；而内分泌失调会使皮肤尤其是年轻人的皮肤容易出现暗疮、粉刺、黄褐斑、黑斑等问题。

失眠，烦躁，神经衰弱。长期熬夜会出现失眠、健忘、易怒、焦虑不安、神经质等亚健康症状。

头痛。熬夜的隔天，上班或上课时经常会头昏脑涨、注意力无法集中，甚至会出现头痛的现象。长期熬夜、失眠对记忆力也有无形的损伤。

生育力下降。经常性熬夜会影响男性精子活动能力与数量，也会影响女性激素分泌及卵子的品质，月经周期也可能会受影响。

2. 采取措施，减少熬夜伤害

在不得不熬夜时，事先、事中、事后做好准备和保护是十分必要的，至少可以把熬夜对身体的损害降到最低。

事前准备工作：

按时进晚餐。多补充一些含维生素C或含有胶原蛋白的食物，利于皮肤恢复弹性和光泽。鱼类、豆类产品有补脑健脑功能，也应纳入晚餐食谱。另外还要注意晚饭不能吃太饱。

晚睡不“晚洗”。一般而言，皮肤是在20：00～23：00之间进入晚间保养状态，这时是皮肤吸收养分的好时机。有条件的晚睡者，在这段时间里，一定要进行一次皮肤清洁和保养。

用温和的洁面用品清洁之后，涂抹一些保湿营养乳液，这样，皮肤在下一个阶段虽然不能正常进入睡眠，却也能正常得到养分与水分的补充。

多喝白开水。熬夜过程中要喝足够多的白开水，或者喝枸杞大枣茶或菊花茶，既补水又有去火功效。

少喝浓茶或咖啡。由于睡眠的缺失，喝浓茶、咖啡或酒类等维持兴奋是晚睡人习惯采用的方法，但这样却容易出现黑眼圈、眼袋等，而且它们对人体有很大的刺激作用，非常不利于健康。

注意保暖。特别要注意肚子的保暖，防止冻着肚子。

熬夜过程中要注意的事项：

熬夜切忌中间上床休息，要等忙完再休息。熬夜的时候我们会感觉很累，但是无论多累，中间最好不要上床休息，就像机器一样，突然开突然关，对身体非常不好，一定要等事情忙完再休息。

若困乏的时候事情还没有忙完，则可喝少量咖啡或茶水等有刺激性的饮品来提神，但要注意应热饮，浓度不要太高。

熬夜时，大脑需氧量会增大，应时时做深呼吸。

熬夜后的补救措施：

熬夜后要补充睡眠。熬夜后，可以适当通过午睡或晚起“把失去的睡眠补回来”，但是不能一直赖床不起。

睡前或起床后用5～10分钟敷一下脸，来为肌肤补充水分。起床后洗脸用冷、热水交替刺激脸部血液循环。

涂抹保养品时，先按摩脸部5分钟。

起床后先喝一杯枸杞茶补气养肾。

做个简易的“柔软操”，让精神好起来。

早饭一定要吃饱，并保证营养丰富，但是不能吃凉的食物。

做一些运动，如跑步、瑜伽、羽毛球、乒乓球等，也可以摆脱熬夜后的萎靡状态，也有助于身体健康和精神愉快。

❀ 习惯11 终日饱食有害健康

俗话说，“饭吃七成饱，到老肠胃好”“少吃多滋味，多吃坏肠胃”，这些话是很有道理的。饮食过饱，会使肠胃负担加重，消化液分泌减少，容易引起消化不良；还会将血液过多地调动到消化器官用以消化食物，从而造成心脑相应缺血，饭后困乏欲睡便是这个原因。

美国有研究报告指出，经常保持轻微饥饿，有助于防止一些常见病和保持身体健康。美国加利福尼亚大学的罗伊·奥尔福德教授和7位同事在亚利桑那州大沙漠第二生物圈生活了两年。由于环境恶劣，他们能吃到的食物很少。减少食量后，4名男性的体重平均下降18%，4名女性的体重平均下降10%；8人的血压平均下降20%；血糖和胰岛素平均下降30%；胆固醇由平均的195毫克/分升下降到健康和正常的125毫克/分升。科学家分析，轻微的饥饿可激发体内的潜能，减少细胞死亡率。但轻微的饥饿不是盲目地节食，而是要吃得少而精，应该吃低热量、高营养、富含维生素的食物。在保证基本营养的前提下，不要饱食，限制热量的摄入，这样才有益健康长寿。

需要说明的是，提倡节食和微饿不能绝对化，不能一概而论。对于长时间、强体力劳动（或训练）者而言，他们的体力消耗很大，需要不断地补充能量，饥饿不但会降低劳动效率，而且还会伤身体。

❀ 习惯12 睡觉不是越多越好

有些人在长时间疲劳后，喜欢睡个懒觉来恢复精力。实际上，睡懒觉有很多坏处。

导致身体衰弱。当人活动时，心跳加快，心肌收缩力增强，血流量增加；当人休息时，心脏也同样处于休息状态。如果长时间睡眠，就会破坏心脏活动和休息的规律；心脏一歇再歇，最终使心脏收缩乏力，稍一活动便心跳不已，疲倦不堪，全身无力，因此只好躺下，形成恶性循环，导致身体衰弱。

对呼吸系统的“毒害”。卧室的空气在早晨最浑浊，即使虚掩窗户，也有23%的空气未能流通。不洁的空气中含有大量细菌、病毒、二氧化碳和尘粒，这时对呼吸道的抗病能力有影响，因而那些闭门贪睡的人经常会有感冒、咳嗽、咽炎等疾病。高浓度的二氧化碳也会使记忆力、听力下降。

肌张力低下。一夜休息后，早晨肌肉和骨关节变得较为松弛，如果醒后立即起床活动，一方面可使肌张力增高，另一方面通过活动肌肉的血液供应增加，使肌肉组织处于活动的修复状态，同时将夜间堆积在肌肉中的代谢物排出，这样有利于肌纤维增粗、变韧。睡懒觉的人，因肌肉组织错过了活动的良机，起床后时常会感到腿软、腰骶不适、肢体无力。

影响胃肠道功能。一般说来，一顿适中的晚餐，到次日清晨7点左右基本消化殆尽。此刻，胃肠按照“饥饿”信息开始活动起来，准备接纳和消化新的食物。睡懒觉者由于不按时进餐，胃肠经常发生饥饿性蠕动，久之易得胃炎、溃疡病。

❀习惯13 午休时不要与电脑面对面

终于结束了一上午的工作，吃了一顿丰富的午餐，接下来的休息时间就趴在办公桌前小睡一会儿吧，下午好有精神继续干活。相信很多人都有这样的习惯。但是面对着电脑午休，绝对是弊大于利的。趴在电脑前午休的弊端如下：

首先，很多人为了节省时间避免麻烦，往往不关电脑，或是只关掉显示器。趴着睡觉时，头部距离电脑非常近，电脑的辐射直接作用于脑部，可能会影响大脑健康。

其次，人在趴着休息时一般用手臂做靠垫，手臂会被压得红通通的，而且特别麻，需要过一段时间才能缓解过来。手臂长时间受压，桡神经很可能被压伤，最终导致神经麻痹。除了手臂，眼球也常常受到压迫，引起眼压上升、视角膜弧度改变，容易出现视力模糊甚至角膜变形。

最后，刚吃完饭就趴着午睡，容易挤压到胃，影响胃液分泌，引起消化不良和胃胀气。同时，由于身体弯曲，胸部得不

到自然的伸展，压迫着呼吸系统，导致体内无法吸收到足够的氧气。对于女性来说，胸部受压还可能引发各类乳腺疾病。

所以午间小憩时，应尽量躺在椅子上。如果实在是客观条件不允许，只能趴着睡一会儿的话，务必要先关掉电脑电源，用准备好的小软靠垫代替手臂来做枕头，休息时间不要太长，控制在半小时以内。睡醒后用清水洗洗脸，来杯绿茶或香浓的咖啡，神清气爽地开始下午的工作。

习惯14 睡眠不足危害多多

睡眠专家一致认为，如今“极昼社会”、夜班、电视、网络及旅游等，使人们睡得越来越少。许多成年人还由于健康原因，如睡眠时呼吸暂停，造成睡眠质量不高，进而导致睡眠不足。不管睡眠不足的原因是什么，结果都一样：白天昏昏欲睡，思路不清晰，不能明确表达自己的意思，精神无法集中，动作无法协调；儿童变得易怒，在学校惹是生非。更可怕的是，睡眠不足甚至带来严重的健康问题。

一项研究显示，睡眠时有呼吸暂停现象的人患中风的可能性是正常人的3倍，患心脏病的危险也大大增加。如果两个晚上不睡觉，血压会升高。如果每晚只睡4小时，胰岛素的分泌量会减少。仅在一周内，就足以令健康的年轻人出现糖尿病的前期症状。

另一项研究表明，缺乏睡眠使人难以抵抗传染病。免疫系统功能的减弱还会使人们抵御早期癌症的能力降低。

英国纽卡斯尔大学的研究人员发现，人体的胃和小肠晚上会产生一种有修复作用的被称作TFF2（trefoil factor family 2的缩写，三叶因子家族2）蛋白质的化学物质，如果睡眠不足，就会影响这种物质的产生，从而增加患胃溃疡的概率。

美国芝加哥大学医学院的卡琳·施皮格尔博士通过研究发现，睡眠不足会对糖类代谢与内分泌功能产生有害影响，这些影响与正常的年龄增长所产生的影响相似。

习惯15 每天多做几次深呼吸

人每时每刻都在呼吸，吸入氧气的同时呼出二氧化碳，空气中的病菌、微尘、金属微粒等有害物质十分容易由气管进入肺部，如果这些有害物质长期聚积，肯定会危害气管和肺部的健康。若想让气管保持清洁和健康，最简单易行的方法就是在空气新鲜的环境中，多做深呼吸并辅以主动咳嗽，这样能起到很好的清肺效果，有助于保护呼吸道不受损伤，增强免疫力，促进人体新陈代谢，使人保持更加旺盛充沛的精力。

所谓深呼吸，就是通过使胸腹部的肌肉和内脏器官较大幅度地运动，帮助排出体内废气和其他代谢物，同时吸入新鲜的空气来提供内脏器官所需的养分，促进血液循环，放松紧张的神经和疲劳的身体。

深呼吸的具体方法是：选择在清晨的花园里或是其他空气清新的地方，进行胸腹式联合的呼吸练习。先深深地吸气，使腹部、胸部依次膨胀，到达极限后，再慢慢呼气，呼气时先收缩胸部再收缩腹部，使肺内空气尽量排空。反复进行十余次即可。

每天多做几次深呼吸对身体很有益处，但更重要的还是要养成正确的呼吸习惯。

1. 学会呼吸

说到呼吸，也许你会说，那有什么好学的，人无时不在呼气吸气，几乎没有比这更容易的事情了。的确，呼吸每个人都会，可是并不是每个人都能掌握正确的方法，呼吸的方式在很大程度上能决定你的外部面貌、情绪感觉和身体抵抗力。错误的呼吸方式，如呼吸过浅或换气过度，都不利于身体健康。掌握正确的呼吸技巧是优化生理的一个重要渠道，是我们每个人都应该学习的一课。

现代人生活压力大，身体肌肉紧张，呼吸频率随之变快，呼吸较浅，仅仅利用了肺部的中上部，废气不能充分排出，氧气也不能充分进入。经常紧张性地过度换气则使体内二氧化碳过多排出，血液碱性增加，血红细胞不能制造出足够的氧气来供给大脑和内脏器官。长此以往，容易出现头晕眼花、手脚麻木、气喘和背部酸痛等症状。

最好的呼吸方法是用腹部来呼吸，腹部呼吸通过利用腹部的膈肌，给肺部制造更大的空间，让氧气能更多地深入到肺部，进而到达身体的各处细胞。

具体练习方法是：采取舒服自然的坐姿或卧姿，放松肩膀，集中注意力。双手放在腹部，用鼻子吸气，感觉腹部鼓起，接着胸部扩张，屏住呼吸5秒钟，再用嘴巴慢慢呼气，整个动作越慢越好，重复5次，休息片刻后再做几组。仔细体会身体的变化，你会感觉到一呼一吸之间，烦躁紧张的情绪变得平和安宁下来。经常进行腹式呼吸的练习，能够促进消化、降低血压、提高睡眠质量、放松肌肉和神经、减轻身心压力。

2. 运动中如何呼吸

缺乏体育锻炼的人，一运动起来就会气喘吁吁，感觉上气不接下气；而运动员和经常训练体能的人在运动中却总是能保持轻松、平稳、自如的呼吸。运动时错误的呼吸方式，不但会使肌肉过早疲劳，还容易引起头晕目眩等不适的感觉。那么在运动中如何正确呼吸呢？

在室外做有氧运动，空气温暖时可用口腔呼吸，寒冷时则通过鼻子呼吸，尽量保持呼吸平稳而有规律，这样有利于维持呼吸道正常的温度和湿度，使机体获取更多的能量。

做力量训练时，肌肉在紧张和松弛之间不断地转变，呼吸也应相应地配合进行。如在进行俯卧撑、仰卧起坐等胸腹部锻炼时，宜采取急呼吸的方式，深深地吸一口气，收腹后再快速喷出，再吸气。这样可以更好地刺激能量的爆发。

3. 使用口罩有讲究

秋冬季的时候，很多人都戴上了口罩，认为既御寒又可防止有害的气体进入口鼻，一举两得。呼吸科专家认为，需不需要戴口罩，要依具体情况来定。在身处人群密集、空气不流通的公共场所，去医院看望病人或问诊，自己患有咳嗽、肺炎等呼吸道疾病的情况下，佩戴口罩可以防止病菌的传播。食品行业工作人员和医护人员也都必须要戴口罩。但如果仅仅是为了御寒，那就没有多大的必要了。外界的冷空气经过鼻腔的一系列预热，温度已经升到基本与人体体温接近的状态，不会对呼吸道造成多大的刺激。如果天一冷就戴上口罩，鼻腔和整个呼吸系统的黏膜得不到锻炼，免疫功能降低，稍微受寒就很容易感冒发热。此外，戴着口罩呼吸，水蒸气、二氧化碳和各种细菌大量在口罩内聚积，细菌繁衍加速，再吸入身体中，对健康十分不利。

4. 正确使用口罩

选择有质量保证的卫生口罩。警惕小市场中花花绿绿的带有各种装饰物的口罩，它们往往“中看不中用”，面料极有可能不合格，含有大量的涤纶纤维或其他有害物质，不但起不到过滤病毒的作用，还会刺激气管引发疾病。

口罩大小要合适。应完全覆盖住口鼻和下巴。戴长方形口罩时，要系紧口罩的绳子，使其紧贴面部；戴杯状口罩时，可以用双手盖住口罩后吹气，看是否有气体漏出，如果边缘不贴合，再重新调整位置。

戴上口罩后，避免用手触摸，以免滋生细菌。注意口罩的清洁卫生，及时洗涤更换。

在接触过呼吸传染病人或出入医院后，应立即将使用过的口罩扔掉。

习惯16 养成早起的好习惯

对总是睡不够的人来说，每天总希望在床上多赖一会儿，只有到了不得不起的时候才费力地起床，一整天都无精打采，

哈欠连连，养成早起的好习惯对他们而言似乎很难。

其实如果重新设定一个起床的“仪式”，也许就能改变多年的坏习惯。这些“仪式”将能帮助你不用调闹钟，也能愉悦地睁开眼睛。

定时。每天定时起床，不到6个星期，实际的睡眠节奏就会与你的生理节奏相符。规律对设定生理时钟非常重要。

阳光。如果早起对你而言是不可能完成的任务，那就让阳光来帮助你。因为那些全光谱的阳光可以调节血清素和褪黑激素在血液中的浓度。当受到光线照射，血清素会使身体的代谢加快，当天晚上就会想早点睡，隔天也就会早点起床。如果没办法一早起床就去阳光下徜徉，也可以拉开窗帘，让阳光照进来。

音乐。用浪漫一点的音乐叫醒你，因为音乐会促进脑中氧气与血液的流动，让身体也想律动起来。

深呼吸。起床后，先缓缓地吸气，仿佛吸至头顶，再将所有的气吐出来，停两秒钟后，再做一次。这样可以让身体充满早晨新鲜的空气，一天都神采奕奕。

水。清晨洗漱完，马上就去找水喝，会让身体知道新的一天要开始了。而且人体在睡眠时间会发汗（约一杯水的量），若前一晚喝了酒，更会让身体如同置身沙漠一般，所以先喝水，然后进厕所将废物排出，会让身体很舒服。

香味。香味也会刺激脑部，提高感知功能，赶走睡意和疲劳。所以有人一早煮咖啡，用咖啡香叫醒自己。如果你的阳台上种有香草植物，也可以在洗脸台上放满水后，摘一片薄荷浸泡水中，薄荷的清香会让你顿觉神清气爽。

习惯17 决不能沾染吸烟的恶习

越来越多的人喜欢在不同的场合手指间夹上一根香烟，觉得这是一种十分时尚的行为。但他们可能不知道，烟雾缭绕中，自己的健康与美丽也会一并燃烧殆尽。

烟草中的尼古丁有很大的毒性，它是一种生物碱，具有水溶性和脂溶性，可被身体通过皮肤和呼吸道黏膜迅速吸收。一支香烟中的尼古丁就可以毒死一只小老鼠。世界卫生组织宣布，尼古丁比可卡因更容易上瘾。香烟中的尼古丁进入大脑只需要10秒钟，甚至比静脉注射还要快。

最新科学研究发现，香烟中含有有毒的放射性物质，它对人体的内脏器官和骨髓都有危害。一天一包烟，一年中被肝脏吸收的放射性物质的量相当于做200次胸透的X线量。糖尿病患者吸烟对身体的危害更大，会大大增加并发症发作的概率。所以，为了健康着想，大家一定不要沾染上吸烟的恶习。

1. 吸烟危害多

致癌。吸烟是导致肺癌的首要因素，因肺癌死亡的人中，87％由吸烟引起（包括二手烟）。每天一包烟，患口腔癌、食管癌的概率要比不吸烟的人高4倍以上。吸烟不但对烟雾直接接触的部位（口腔、食管、肺部）产生危害，其他器官的健康也会大受其扰。

危害心脑血管。吸烟是导致心脑血管疾病的主要危险因素之一。吸烟女性更易患高血压、冠心病、脑血管病，发病率、死亡率为普通人的几倍乃至十多倍。此外，吸烟者猝死的概率也相当高，香烟中的一氧化碳等有害物质引起冠状动脉痉挛，尼古丁的加入又会使心肌室颤的阈值降至最低而引起心室纤颤，血小板凝聚功能亢进造成动脉内血栓，这些都是引起猝死的重要因素。

损害神经系统。吸烟可对女性神经系统产生短暂的兴奋麻痹作用，扰乱大脑皮质兴奋与抑制的动力平衡，造成神经功能紊乱、敏感性降低。长此以往，会出现记忆力减退、注意力分散、失听、失眠、精神恍惚、反应迟钝等神经衰弱症状。

吸烟还会引起尿失禁。尿失禁是一个非常令人尴尬的病症，医学研究表明，尼古丁可引起膀胱肌肉收缩，导致女性烟民更易患上尿失禁，这样的结果应该让吸烟的女性提高警惕，免遭身体之苦。

2. 吸烟——女性美丽的杀手

容颜早衰老。肌肤的质地与光泽依赖于皮肤表层下充足的血液供应。香烟中的尼古丁会导致血管收缩，血流供应不畅，保持皮肤弹性的血管和结缔组织遭到破坏，肌肤长期缺少养分而提前衰老，色斑、皱纹早早地爬上脸庞，皮肤粗糙暗淡，失去原有的丰润弹性。

过早绝经。维持女性第二性征的主要是卵巢分泌的雌性激素，芳香化酶则是雌性激素合成过程中必不可少的元素，香烟中的尼古丁类物质能够抑制芳香化酶，从而减少雌性激素的生成，加速卵巢中卵细胞的死亡，使女性出现月经不规律、提早闭经的现象。

口气难闻。清新自然的口气对女性形象来说十分重要，而吸烟后香烟中的各种化学物质持续停留在口腔中，口腔内侧壁膜干燥，具有杀菌功效的唾液分泌减少，从而导致口腔中充斥着难闻的异味，美丽的形象将大打折扣。

笑容无法灿烂。长期吸烟，致使牙龈炎、牙周炎等发病率增高，齿龈防御组织被慢慢地腐蚀掉，牙齿颜色发黄发黑，再也难以拥有灿烂迷人的笑容。

3. 怀孕期间一定要戒烟

女性在怀孕期间吸烟，不仅对自身健康不利，对孩子的负面影响也相当大。

吸烟的孕妇所产婴儿在出生时有2/3体重低于2.5千克，智力发育障碍和先天性缺陷出现的概率要比正常的宝宝高得多。

吸烟会使乳汁分泌减少，尼古丁还会随着血液进入乳汁中，对婴儿的健康发育是一个很大的威胁。

4. 女性戒烟方法

（1）选对日子，开始戒烟。女性戒烟工作应该安排在排卵期的前两周。若在排卵期后戒烟，容易加重“戒烟综合征”的症状，出现沮丧、焦虑、易怒、记忆力减退及失眠等现象。

（2）丢掉所有的香烟、打火机和烟灰缸，改变与吸烟有关的习惯，消除紧张情绪，加强戒烟意识，明确戒烟目标。

（3）刚开始戒烟时，要避免受到香烟的诱惑，尽可能地减少参加习惯吸烟的聚会和活动。戒断之前不要和烟瘾重的朋友在一起。

（4）告诉亲戚朋友自己戒烟了，让他们做你的戒烟监督人，取得他们的支持和鼓励。

（5）寻找替代物，转移注意力。例如通过刷牙使口腔洁净，不再产生想吸烟的感觉；空余时间做一些会带来乐趣的活动，如练习插花技艺、泡个香氛浴、去美容院做精油按摩等。

（6）三餐及作息时间规律，饭后到户外散步，做做深呼吸。多喝水、补充B族维生素，可以安定神经，有利于将尼古丁排出体外。

（7）吃低热量食物。多吃新鲜蔬菜水果，避免吃油炸食物、糖果和甜点。不要喝咖啡等刺激性饮料和酒类，它们会诱发烟瘾，改喝牛奶和新鲜果蔬汁。不要用零食代替香烟，否则会引起脂肪增加。想吸烟的时候可以咀嚼无糖口香糖或做深呼吸。

（8）加强锻炼。游泳、打球、散步，各种锻炼都可以尝试，这能帮助镇定紧张不安的神经，转移注意力，冲淡烟瘾，提高乐观情绪，同时还能消耗热量，达到美体的效果，一举两得。

（9）犒赏自己。用戒烟省下来的钱给自己买一个喜欢的礼物，奖赏自己，让自己更加珍惜戒烟的成果，下定决心，不再重犯烟瘾。

习惯18 吃些粗粮好处多

实践证明，多吃一些粗粮（含植物纤维多的食物）对身体大有好处，人们常说的“粗茶淡饭”有利于健康，就是这个道理。那么粗粮到底包括哪些呢？粗粮是相对于我们平时吃的精米、白面等细粮而言的，主要包括谷类中的玉米、小米、紫米、高粱、燕麦、荞麦、麦麸以及各种干豆类，如黄豆、青

豆、赤小豆、绿豆等。

我们知道，不同品种的粮食，营养价值也不尽相同，细粮固然营养丰富，但是粗粮中含有许多细粮中没有的营养物质，因此粗粮也就具备细粮没有的健康功效。

好处1：粗粮富含维生素和矿物质，营养价值远高于精白米和精白面。在各种主食中，精白大米的维生素含量最低，精白面次之。因为谷类有一个与众不同的特点：它的维生素和矿物质集中在外层的“粗糙”部分，而中间的细白部分含量很低。糙米经过精磨加工之后变成大米，其口感软了，外观白了，但是B族维生素的含量仅剩下原来的1/4。粗粮之所以“粗”，就是因为它没有经过精制加工，因此天然的营养成分损失极少。特别是对于生长发育很快的孩子来说，他们对营养供应比成年人更为敏感，充足的B族维生素对于智能和体能都是极为重要的。

好处2：粗粮里面含有大量的膳食纤维，可帮助肠道蠕动，排除毒素，预防便秘。每个人都知道纤维的重要性，懂得多吃水果、蔬菜可以补充膳食纤维，却经常会忘记粗粮是膳食纤维的重要来源。实际上，粗粮当中的不溶性纤维对于促进肠道蠕动最有帮助，而且可以与食物中的多种污染物质相结合，将它们带出体外，并把肠道打扫得干干净净。

好处3：粗粮需要更好地咀嚼，有利于保护牙齿。牙科专家们认为，牙齿也会“用进废退”。经常咀嚼，可以促进牙齿的坚固，如果总是吃太软太精的食物，从来不需用力咀嚼，则恒牙质量会受到影响。多吃粗而不硬的全谷类和豆类，正好让我们的牙齿得到了锻炼。

可见，粗粮的营养价值相当高。但是，粗杂粮吃起来口感通常要比细粮差一些，这也是人们避粗求精的主要原因之一。

怎样改善粗杂粮的口感，做出好吃的健康食品呢？有3个基本原则：一是和细粮搭配食用；二是粗粮细做；三是买或做地方风味食品来吃。这样就能既享受营养保健，又不亏待胃了。

习惯19 步行，走出健康来

德国大诗人歌德曾说过："我最宝贵的思维及其最好的表达方式，都是在散步时出现的。"清代名医曹廷栋在《老老恒言》中说："坐久则络脉滞，步则舒筋而体健，从容展步，则精神足，力倍加爽健。"步行是人最基本的运动方式，也是最佳的运动方式之一。

早在20世纪20年代，美国著名心脏病专家怀特博士就提出：步行是人类最好的运动。足底不盈一尺，却是人的根基，人体主要经络皆起源于足。在中医的"脚底反射区部位"图上，我们可以清楚地看到，全身每一个器官几乎都能在足底找到其相对应的反射部位，它与全身五脏六腑息息相关。

1. 步行的好处

步行是一种有益健康的便捷而有效的运动方式，无须器械、服饰，只要有路，人人都可以步行。可就是这样看似非常简单的运动，其实蕴藏着许多你意想不到的惊人健身效果。那么步行锻炼究竟有多少好处呢？

能缓解神经肌肉紧张。步行是一种积极性休息的良好方式。有运动医学专家认为轻快散步20分钟，就可以将心率提高70%，其效果与慢跑相同。

能保证睡眠质量。每天坚持走路，可提高夜间睡眠质量。另外，吃饭后、睡觉前走路也不错，有助于促进消化和睡眠。

能使大脑思路灵活，使记忆力变佳。

有利于解压。多用双脚，能改善体内自律神经的操控状态，让交感神经和副交感神经的切换更灵活，有助于缓解压力和解除忧虑。步行还能使人从身体到精神都充满生机和活力。

步行还有其他好处：步行几乎是唯一能终身坚持的锻炼方式；步行锻炼不容易发生骨折或其他意外；从事步行锻炼的人与那些长期坐着的人相比，肺活量较大；步行锻炼能增强心血管系统的功能；在预防肥胖或减肥方面有明显的益处；能促进食欲和消化，从而增加营养的摄取量。

2. 步行的技巧

走路不仅是人体的基本活动形式，还是一种锻炼身体、延年益寿的最佳途径，特别适合年老体弱、身体肥胖和患有慢性病的人的康复锻炼。为了更好地发挥步行锻炼的健康效应，还需掌握好步行的技巧。

步行姿势要正确。身体直立，耳、肩、髋、膝、踝应成一直线垂直于地面。头竖直，下巴贴近颈部，背部挺直，臀和腹内收。双肩放松，屈臂，使肘部成直角（手臂下垂易致手指肿胀，并影响行走速度），手松松地握成拳头状，屈起的肘在行走时做前后直线摆动。避开地面障碍物，眼睛直视4米～6米的前方。腿迈出时膝盖打直，如果条件允许（例如不是过度肥胖），尽量使前后脚踩在同一直线上，让脚缓慢地落地。最好使踩步保持一种韵律，尽量减少停下的次数。如果想增加速度，可增加踩步的频率而不是步子的跨度，以免跨度过大损伤膝关节。

步行时呼吸要自然。应尽量注意腹式呼吸的技巧，即尽量做到呼气时稍用力，吸气时要自然，呼吸节奏与步伐节奏要配合协调，这样才能在步行较长距离时减少疲劳感。

掌握节省体力的技巧。步行时要注意紧张与放松、用力与借力之间相互转换的技巧。也就是说，可以用力走几步，然后再借力顺势走几步。这种转换可大大提高步行的速度，并且使人感到轻松，节省体力。

步行的最佳运动量。尽量每周步行4～5次，每次30～40分钟，这样对身体非常有益。有规律的运动不仅有助于身体健康，还具有减肥的效果。

步行的最佳运动速度。步行快慢要根据个人具体情况而定。

步行时的衣着要注意。步行时最好穿松软、有弹性的衣物。另外，在步行健身中体温会升高，身体也可能出汗，所以衣服最好分几层穿，以方便穿脱。更重要的是穿一双合适的步行鞋，鞋底要有弹性，这样可减少每走一步关节所承受的冲击；另外鞋底也要比跑步鞋更容易弯曲，因为步行时脚后蹬更有力，脚的弯曲幅度也更大，脚跟部需要稳定和牢固。步行时脚跟是肩负全身重量的主力，如果经常步行，健身鞋的弹性会丧失得很快，有时虽然鞋还没有坏，但是保护作用已经不太好了，此时最好换一双步行鞋。

步行随时随地都可以进行，只要改变某些习惯就可以了。例如，上班乘公共汽车，可提前一站下车，步行到工作单位；上楼宁可步行，而不乘电梯，步行上楼是最佳的心脏循环运动训练。办公时要“方便”一下，就绕路到楼上或楼下的卫生间，多上一层楼，就帮助你消耗掉一点热量。总之，应该认识到，你所走的每一步路都会为你的身体带来好处。

习惯20 后退行走有益于健康

晨练场中，经常有一些后退着走路的人，他们采用这种锻炼方式，是因为后退走不仅可以锻炼双腿，而且还有很多别的好处。

后退走又叫“倒走行”，其动作要领是：后退，膝盖不弯曲，步子均匀而缓慢，双手握拳，自然下垂，在身体两侧协调地前后摆动，头后仰，挺胸并有规律地呼吸。

“倒行”时，双腿用力挺直，膝盖不能弯曲，这加大了膝关节和股肌承受重力的强度，可以使膝关节周围的肌肉、韧带和大腿肌都得到锻炼。又因为“倒行”时脚尖虚着地，主要着力于踝关节和足跟骨，所以这些相应部位都能得到很好的锻炼。

另外，后退行走时，要留意行走的方向，所以对空间的感知能力将因此得到锻炼而增强；还要掌握平衡，以防摔倒，所以主控平衡协调作用的小脑可以得到积极的训练，使小脑调节肌肉紧张度及协调随意运动等功能得到增强，从而有利于提高人的反应能力。

后退走时腰身挺直或略后仰，这使得脊柱和腰背肌承受的重力和运动力比平时更大，锻炼了向前行走时得不到充分锻炼的背肌，有利于气血顺畅。

后退行走时，动作频率较慢，还可自行调节步伐，体力消耗也不大，很适合体弱者、冠心病及高血压患者等不宜做剧烈运动的人。在其他运动锻炼结束后再后退走，还有助于舒缓激烈的心跳和消除疲劳。

后退走在室内室外皆可进行，但要选择平整、无障碍物的地方进行，切不可在车辆往来、人多、物杂的地方进行，更不宜在低洼不平的路上走，以免摔倒，尤其老年人更应注意安全。

习惯21 白开水是最好的饮料

近年来，各种饮料品种繁多，充斥市场。由于人们生活水平的提高、消费能力的增强，许多家庭中的碳酸饮料、果汁饮料、矿泉水、冰茶等，常备不断。招待客人，也不再去倒水沏茶，而是随手拿来饮料。家里有儿童的，喝饮料代替了喝水，一天不知喝几瓶几罐。不论是招待客人，还是自家人喝，大有以饮料代水的趋势。长此下去，不仅增加不必要的开支，更重要的是不利于家庭成员的身体健康，会给身体带来危害。

人们日常饮水，白开水仍是最佳的选择。从营养学观点分析，任何饮料都比不上白开水的价值。因为水是七大营养素之一，进入人体后，最容易透过细胞膜为机体吸收，可加强血液循环，促进新陈代谢，并能增加血液中血红蛋白的含量，增强自身免疫功能，提高抗病能力。

人喝水不仅是为了解渴，满足身体对水的生理需要，同时也能从水中摄取微量元素。也就是说，饮水也是人体获得各种微量元素的一个重要来源。习惯每天喝白开水的人，体内脱氢酶的活性大大提高，肌肉中的乳酸积累减少，从而不易感到疲劳。

人体在发育成长和生存过程中，最需要的是自然界的水，而不是人工水。营养学家和医学专家的观点非常明确：世界上最好的饮料，就是白开水。因此，为了您和家人的健康，还是多喝白开水好！

习惯22 不坐在马桶上玩儿手机

如果你喜欢坐在马桶上玩儿手机，还是尽早改掉这个坏习惯吧。医生认为，一边上厕所一边玩儿手机，不但不卫生，而且非常容易引起痔疮和便秘。

痔疮是肛门直肠底部及肛门黏膜的静脉丛发生曲张，而形成的一个或多个柔软的静脉团的一种慢性疾病。喝水过少、压力大和运动量不足都是引发痔疮的原因，如厕时看书玩儿手机、时间过长，也是不容忽视的原因之一。长时间的挤压使直肠静脉曲张瘀血，极易诱发痔疮。

上厕所时玩儿手机，思想意识集中在手机上，从而降低了排便的意识，毒素在肠道中瘀滞，导致便秘，严重的则会引发大肠癌；手机上有细菌，容易通过手的接触传染到私处，造成不必要的麻烦；厕所空气中的致病菌和臭味中有毒物质含量非常高，过多地吸入会造成头晕、恶心及多种疾病。久蹲还会压迫到局部神经，易引起耳鸣、头晕和眼冒金星等不适状况。

除了如厕时玩儿手机之外，还有一些不良的排便习惯危害也很大。

1. 排便不定时

长期排便不定时，会造成排便反射敏感度逐渐降低，不利于身体废物的正常排出。排便变得渐渐困难起来，便秘就出现了。养成定时排便的习惯对于预防和治疗便秘十分有效，大肠中的有毒物质及时排出对健身美肤也很有帮助。

首先选择一个固定的时间，最佳时间是早上起床后与饭后，因为起床产生的起立反射和进食后产生的胃肠反射可以使肠道蠕动加速，易于排便。不管有没有便意，都去厕所，以便形成条件反射。多喝水，尤其是早上刚起床的时候，喝一杯温开水或蜂蜜水，充分补充体内的水分，避免大便过于干燥、难以排出。

2. 忍便憋尿

一些办公室人员常常忙于手头工作，觉得上厕所是一件非常麻烦的事情，总是等到忍无可忍的时候才匆匆忙忙地去解决。长期忍便憋尿，对身体的危害相当大。

久忍大便，排泄废物在直肠内过久停留，水分逐渐被身体吸收，粪便变得干燥异常，很难排出。大便充塞在直肠中，压迫肠壁静脉，导致血液回流不畅，腹压升高，肛门括约肌功能失常，粪便中的毒素还会被身体重新吸收，时间一长，就会引发痔疮、迟缓性便秘甚至直肠癌。

尿液是经肾脏排泄的代谢终产物，它有一定的毒性。长时间憋尿，尿液中的毒素便会刺激膀胱壁，容易引发膀胱癌。尿液积聚过多，会加重肾脏负担，挤压女性位于膀胱后的子宫，极易引起子宫移位和肾脏疾病。经常强行憋尿，还会导致尿频、遗尿和尿失禁等病症的出现。

3. 上厕所时间过长

上厕所时间过长，对身体健康极为不利。肛门直肠位于腹腔下部，久蹲时由于内脏器官压迫和重力等原因，直肠静脉血液回流就会出现障碍，静脉瓣关闭受到影响，静脉丛壁开始变薄、扩张屈曲。同时，肛门外括约肌向上提拉，使肛门开口变大，内括约肌下移，肛垫松弛、充血、向外凸出，容易诱发痔疮和习惯性脱肛。

4. 便秘的预防和治疗

日常饮食调理。粪便主要由食物消化后的残渣组成，所以做好日常饮食调节，对于预防和治疗便秘非常有效。

要充分摄入身体所需要的食物，才能给肠胃蠕动足够的刺激，保证其顺利排出粪便。摄入足够的纤维素能有效刺激肠道蠕动，保证排便顺畅。多吃富含纤维素的五谷杂粮，主食不要过于精细；萝卜、韭菜、大蒜、豆类等蔬菜，苹果、葡萄、香蕉、梨和无花果等水果，都是非常好的天然纤维素来源。

要摄取足够的水分。早晨喝一杯温开水或蜂蜜水，一天保证2000毫升左右的水分摄入量，可以提高肠道湿润度、增加粪便含水量，利于粪便顺畅排泄。

保证适量的植物性脂肪摄入。芝麻油、坚果、芝麻、花生都有很好的通便作用。

少吃刺激性强的食物，如辣椒、咖喱、浓茶、咖啡、烈性酒等，适当食用蜂蜜、牛奶等润肠食品。

生活习惯调理。养成良好的排便习惯。定时排便，便于产生排便条件反射；不要强忍便意，以免导致便秘和肠道疾病；排便时集中精力，不要看书看手机和吸烟，排便时间控制在10分钟以内，以避免引起痔疮、便秘或脱肛。

积极锻炼身体。定期的适量运动对于防治便秘功效显著。散步、慢跑、跳绳、深呼吸、仰卧起坐……几乎任何形式的运动都可以促进肠胃消化，强化膈肌、腹肌、肛门肌的力量，提高排便动力，防治便秘。

生活规律，心情舒畅。三餐定时定量，睡眠充足，避免久坐久站。保持心情舒畅，因为情绪的低迷也会减缓肠道蠕动。

经常开怀大笑，大笑能够按摩肠道、帮助消化，还能缓解紧张、压抑的情绪。

按摩法。自我腹部按摩，简单易行，效果也不错。采取自然仰卧位，双手相叠，以肚脐为中心，适当用力顺时针地按摩腹部，以腹部有热感为宜，手掌根部从腰部向骶部摩擦。每日早晚各一次，每次10分钟左右，可以促进肠胃蠕动，保证大便通畅。

食疗法。①蜂蜜、黑芝麻粉各2勺，用温开水调成糊状，早晚各服用一次。②白萝卜洗净切片（香蕉亦可），蘸蜂蜜生食，每日10片。③红薯200克洗净，连皮切成小块，与米同煮，快熟时加入适量白糖。每周食用2～3次。

其他还有刮痧、敷贴等治疗方法，效果也不错，可去正规中医院进行。

习惯23 爬楼梯更有益于健康

现代城市的高层建筑越来越多，一般都在五六层以上，许多中老年人都把爬楼梯当作一大负担。其实，爬楼梯是一项理想的健身运动，对身体大有好处。健康学权威肯尼斯·库珀的研究结果表明，每天爬5层楼梯，可使心脏病的发病率比乘坐电梯的人低25%。一个人爬10分钟的楼梯所消耗的热量，比散

步多4倍，比游泳多2.5倍，比打乒乓球多2倍。如果沿着6层楼梯上下2～3趟，相当于慢跑800米～1500米的运动量。还有人做过统计，一般每日上下楼梯的人都比住平房的人健康。

爬楼梯时，由于两臂用力摇动，腰、背、颈、腿的各个关节、肌肉都不停地活动，可使肺活量增大，血液循环加速，消耗体内脂肪，促进人体的能量代谢，有利于增强心肺功能，增强肌肉、关节的力量、弹性和灵活性。因此，爬楼梯对于人体减肥和预防肥胖病、冠心病、高血压、糖尿病等都有好处。

当然，爬楼梯也要讲究科学的方法，锻炼的时间不宜太长，要根据身体的状况，一般以15～30分钟为宜。同时以慢步登梯为主，一步一个台阶，速度要均匀，步态要沉稳而有节律。

习惯24 跷二郎腿有害健康

无论是在社交场合，还是在工作中，跷二郎腿的习惯都被认为是不太礼貌的做法。其实，跷二郎腿不止不雅观，更会对健康造成威胁。

压迫脊椎神经，引发下背痛。人体正常的脊椎从侧面看应呈“S”形，而腰椎前凸或后弯都会使脊椎神经受到压迫而疼痛。坐着的时候跷二郎腿很容易使腰椎过于前凸或后弯，使腰椎与胸椎的压力分布不均，长此以往，势必压迫脊椎神经，引起下背痛。

阻碍血液循环，形成静脉曲张。静脉曲张是一种因静脉长期处于扩张状态而导致的慢性病，跷二郎腿会妨碍腿部的血液循环，造成腿部的静脉曲张。严重者还可能出现腿部静脉回流不畅、青筋暴突、溃疡、静脉炎、出血和其他疾病。

鉴于跷二郎腿易造成腰腿病，上班族们平时工作时应尽量不跷二郎腿，以减少对身体的伤害。

习惯25 电脑一族要当心

在现代社会中，电脑已经成为人们生活和工作不可缺少的工具，但电脑也越来越成为一把“双刃剑”：它在给人们生活和工作带来方便的同时，也在悄悄地危害着人们的健康，引起人的视力衰退、关节损伤、头部和肩膀疼痛，以及其他疾病。

不可否认，电脑这项伟大的发明给人们的工作、生活、学习带来了巨大的改变。可随着人们对电脑的依赖度越来越大，电脑的危害也越来越明显了。越来越多的证据表明，电脑危害着人体健康。

神经危害。电脑的低能量X射线和低频电磁辐射，可引起人的中枢神经失调。英国一项研究证实，电脑屏幕发出的低频辐射与磁场，会导致多种病症，包括流鼻涕、眼睛痒、颈背痛、短暂失忆、暴躁及抑郁等。

视力危害。视力下降、眼睛干涩、眼红。如果眼睛长时间盯着屏幕，如每次看电脑屏幕超过2小时，则对眼睛的伤害极大，很容易造成眼部血液循环减慢，从而导致眼睛干涩。

肌肉组织危害。操作电脑时重复、紧张的动作，会损伤某些部位的肌肉、神经、关节、肌腱等组织。除了腰背酸痛外，还会患上腕管综合征，手腕疼痛麻痹，这些症状甚至会延伸至手掌和手指。

“电脑并发症”乘虚而入。经常使用电脑，沉迷于网络还会出现“电脑并发症”。

电脑忧郁症：长时间的电脑操作形成“非此即彼”的思维定式，不习惯与人达成妥协和谅解，以致丧失自我、身心疲惫。

电脑躁狂症：这种症状是由于对电脑过度依赖造成的。这种症状表现为精神紧张，情绪烦躁、不安，甚至有对电脑“动武”的倾向，如通过有力敲打键盘、鼠标，大骂电脑，摔砸电脑等方式发泄怒火，有的还将不满情绪发泄在家人或同事身上。

中枢神经失调：由于长时间在密闭环境中操作电脑，电脑发出的微波引起中枢神经失调，表现为头痛、头晕、失眠、厌食、恶心，以及情绪低落、思维迟钝、健忘、容易被激怒、常感疲惫等，女性还可能出现月经不调症状。

积极做好防护工作

“电脑病”的产生主要是和人们在电脑面前的坐姿、使用方法，以及使用时间长短等有关。因此，对长期使用电脑的人

来说，做好防护工作非常重要。

坐姿正确。在操作电脑时尽可能保持自然的端坐位，后背挺直，并保持颈部的挺直。两肩自然下垂，上臂贴近身体，手肘弯曲成90°，操作键盘或鼠标时，尽量使手腕保持水平。

电脑的摆放高度要合适。要视线与电脑屏幕上部三分之一处平行，最好使用可以调节高低的椅子。应有足够的空间伸放双脚，膝盖自然弯曲成90°，并维持双脚着地。

不要交叉双脚，以免影响血液循环。

与屏幕保持恰当的距离。眼睛与电脑屏幕的距离应在40厘米～50厘米，使双眼平视或轻度向下注视荧光屏，这样可使颈部肌肉轻松，并使眼球暴露于空气中的面积减小到最低。

劳逸结合。避免长时间连续操作电脑，最好40分钟就休息一下，可到室外散步，或抬头望天，或向远处眺望，或进行10～20次伸颈和扩胸练习。

保持室内通风、干爽。电脑荧光屏表面存在着大量静电，其积聚的灰尘可转射到脸部和手的皮肤裸露处，时间久了，易发生斑疹、色素沉着，严重者甚至会引起皮肤病变等。为减少辐射，应使办公室保持通风干爽，这样能使那些有害物质尽快排出，在电脑桌下放一盆水或是放一盆植物也可减少辐射，勤洗脸也能防止辐射波对皮肤的刺激。

注意周围环境的卫生。电脑室内光线要适宜，不可过亮或过暗，避免光线直接照射在荧光屏上。定期清除室内的粉尘以及微生物，对空气过滤器进行消毒处理，合理调节风量，变换新鲜空气。

合理膳食。平时多吃些胡萝卜、白菜、豆芽、豆腐、红枣、橘子以及牛奶、鸡蛋、动物肝脏、瘦肉等食物，少食肥甘味重及辛辣刺激性食品，以补充人体内维生素A和蛋白质。日常应多吃新鲜的水果、蔬菜和粗粮，除了正常的膳食外，还可以适当地服用维生素补充剂进行补充，满足身体对维生素的需求。以免加重近视或便秘。

最后别忘了，使用电脑后，一定要洗手。因为键盘上面附着的细菌和病毒，也会给人带来伤害。

习惯26 运动中要科学补水

运动和健身过程中会大量出汗，造成身体缺水，应该科学、及时地补充水分，否则补水过多会引起腹胀、胃痛等不适，肌肉力量下降；补水不及时则可能导致身体脱水，危害健康。

那么，在运动中应如何补水呢？

补水的时机。有人认为，运动中喝水会增加心脏负担，影响胃排空，出现胃牵拉性疼痛等症状，所以不敢喝水。其实这种看法是不对的。研究表明，长时间运动会使身体大量排汗，血浆量可下降16%，如果能够及时补水，则可以增加血浆量，减少血流阻力，提高心脏的工作效率和运动的持续时间。而且，运动中适量饮水非但不会使排空能力下降，反而还会加强。因此，在运动中身体失去的水分应及时给予补充。

一般来说，在运动前30分钟左右补足水分最好。如果运动过程中口渴难忍，则可以少量补水。如果是进行超大强度的训练，除训练前补足水外，最好在训练后再补水。

饮水的质量问题。应尽量不喝各种饮料，诸如汽水之类；要喝白开水，或者绿豆汤，或1%的淡盐水等，以祛热除暑，及时补充体内由于大量出汗而丢失的钠。

忌服过冷的水。因为平时人的体温在37℃左右，经过运动后，可上升到39℃左右，如果饮用过冷的水，会强烈刺激胃肠道，引起胃肠平滑肌痉挛、血管突然收缩，造成胃肠功能紊乱，导致消化不良。

饮水的量。运动中出汗多，需饮用的水量自然大，但不能一次喝足，要分次饮用。一次饮水量一般不应超过200毫升，两次饮水至少间隔15分钟。另外饮水速度要慢，不可过猛。

习惯27 办公室内多**伸懒腰**

一般人都认为，伸懒腰不仅是懒惰的表现，还很不雅观。其实，这种认识并不科学，伸懒腰对身体是有好处的。

经常坐着工作和学习的人，长时间低头弯腰地趴在桌旁，身体得不到活动。

由于颈部向前弯曲，使进入脑部的血液流动不畅。这样时间长了，大脑及内脏器官的活动便受到限制，使新鲜血液供不应求，产生的废物又不能及时排出，于是便产生了疲劳现象。

伸懒腰的时候，人一般都要打个哈欠，头部向后仰，两臂往上举。这样做有不少好处。首先，由于流入头部的血液增多，会使大脑得到比较充足的营养；其次，身腰后仰时，胸腔得到扩张，心、肺、胃等器官的功能得到改善，血液更加畅通，不仅营养供应充足，废物也能被及时排除；同时，伸懒腰时的扩胸动作还能使人多吸进一些氧气，使体内的新陈代谢增强，能提高大脑和其他器官的工作效率，减轻疲劳感。另外，伸懒腰还能使腰部肌肉得到活动，这样一伸一缩地锻炼，可以使腰肌更发达，并且能防止脊柱向前弯曲形成驼背，对维护体形的健美有一定作用。因此，每伏案学习一段时间伸伸懒腰，

对身体是有好处的。

坐久了可多伸懒腰，这是给“办公室一族”的忠告，也是在春天保持旺盛精力的法宝。

习惯28 快步走让你更长寿

现代医学研究证明，坚持快走锻炼，对防止大脑老化、预防痴呆有着积极作用。

美国有位医学博士发现，每天10分钟快步行走，不但对身体健康极有裨益，还能使消沉意志一扫而光，保持精神愉快。

人在行走时，肌肉系统犹如转动的泵，能把血液推送回心脏，而下肢是肌肉最多的部位，其作用也最为重要。快步行走时，下肢能产生足够的推动力使心脏输送血液，促进血液循环。

若情绪欠佳时进行快步走，烦恼就会很快消失。睡前如能进行一次快步走，有利于很快入睡，其效果不亚于口服镇静剂。每天快步走3次，每次15分钟，不仅可以健身，而且可以有效地防治肥胖症、糖尿病、下肢静脉曲张等。中老年人每天坚持快步行走，通常步速在每分钟100米～120米之间，每次快走半小时以上，数月下来就会收到明显的健脑效果。

快走容易控制速度，对心肺的刺激小，不会给心脏等器官造成超荷负担，而且能增加肺活量，加大心脏收缩力，促进血液循环，使大脑获得充足的供氧，从而起到有效预防大脑老化的作用。

❀习惯29 上班路上不宜补觉

公交、地铁上常能看到利用上班路上补觉的人。其实这样并不利于健康。

在车上补觉很容易受到噪声、光线、车体晃动等因素的干扰，难以进入深睡眠状态，也就无法消除疲劳。同时，在车上耷拉着脑袋睡觉易使一侧脖子疲劳而落枕，长此以往还损害颈椎健康。而车门开关和换气风扇吹来的凉风，还容易使人感冒，个别人甚至可能导致面瘫。

专家提醒：要坚持良好的作息时间，早睡早起，少开“夜车”，保证夜晚的睡眠时间。如果夜间睡眠不足7小时，白天午休的时间小睡一会儿也有助于体力的恢复，但是不要伏案休息，可买个旅行睡枕靠在脖子上小憩。

此外，在乘车时不要看书报杂志。公交车在行驶的时候，会经常抖动，书报也会随之摇动，这时为了看清目标，人眼的睫状肌就要被迫不停地调节，时间长了会造成眼部肌肉紧张和疲劳。

❀习惯30 伏案工作易患疾病

长期伏案工作的人倘若不注意自我保健，有5种疾病会找上门来，这是不容忽视的。

骨骼肌肉疾病。长期伏案可致使颈部血液回流不畅，部分肌群使用过多，下肢运动少，这些均可造成颈椎病、骨质增生等疾病。

心血管疾病。长期室内伏案工作，全身肌肉收缩所产生的静脉回流力量减弱，会诱发动脉硬化、高血压、冠心病和脑血栓等。

消化道疾病。常坐的人胃肠道的蠕动能力降低，容易引发消化不良、便秘、慢性胃炎和痔疮等疾病。

呼吸道疾病。长期室内工作，会导致肺活量减少，而且呼吸器官的功能也会相对减弱，容易患感冒、气管炎等呼吸系统疾病。

神经精神疾病。伏案工作是脑力劳动，大脑需要充足的血液以及氧气供应，长期伏案工作可引起大脑供血不足，从而会导致头昏脑涨、视力减退，甚至可引起神经衰弱。

以上所说种种，都是缺少运动所致，所以在伏案工作时，最好每隔1.5～2小时到室外做一些体育活动、如果没有这样的条件，也要在室内来回走动或在座位上伸伸懒腰，活动一下四肢，特别要注意抬头、向后仰，并向左右转动，同时工作时要注意勤变换姿势。

❀习惯31 饮酒要适量

酒——古人称之为“天之美禄”，意思是上天赐给人们最美好的东西。饮酒到底有多少好处？每天饮多少酒最为适宜？哪种酒最适合自己？很少有人能真正地了解。一个最简单的道理就是：酒是你的好朋友，也是暗藏杀机的凶手；饮酒可助你一臂之力，也可把你推入火坑。

酒有上千年的历史，而且遍及到世界各国。酒一直被认为是对人体既有利又有害的一种饮料。对于一个健康的人来讲，少量饮酒尤其是饮一些低浓度的酒，有提神、助消化、御风寒、疏通脉络、活血化瘀、消除疲劳等作用。不少药酒还有治病的功效，啤酒也有健胃消食、清热利湿的作用。但如果过多饮酒，对身体则极为不利。

1. 长期饮酒、酗酒容易使人患各种疾病

高血压、动脉硬化、中风。乙醇的作用会使肾上腺素分泌增加，肾上腺素会使血管收缩、血压升高，长期酗酒会患高血压。有资料显示：临床心血管病患者，63%有过长期饮酒史，死亡的心血管患者中有81%是性情暴躁的酗酒者。

呼吸系统疾病。过量饮酒会引起哮喘，增加肺炎的易感性。据统计，长期饮酒者感染肺炎的概率是一般人的5倍以上。

消化系统疾病。如胃炎、酒精性肝硬化、胆囊炎、过敏性肠炎等，暴饮还会导致急性胰腺炎。

智力减退，思维能力下降，老年性痴呆。长期饮酒的人，大脑容积会逐渐缩小，影响大脑功能，使智力减退。由于摄入了大量酒精，使大脑的大部分血管扩张，并大大增加了这部分脑组织的血流量。与此同时，专司人体运动平衡与协调的小脑供血量则相对减少，并且功能下降，所以醉酒者常会出现身如烂泥、步履蹒跚的醉态。经常大量饮酒者中，95%的人大脑体积都会缩小。

饮酒会导致铝元素在体内积存，会加速人老化，血液中的铝含量增加。脑中铝的积存量越高，大脑神经细胞功能越差。

孕妇饮酒殃及胎儿。据报道，怀孕期间每天至少饮酒3杯的妇女，会出现“胎儿酒精综合征”，胎儿发育迟缓，面部畸形。即使是怀孕期间正常量地饮酒也会导致婴儿出生时心脏或肺功能不良，智力低下。

儿童饮酒，会使体内儿茶酚胺的浓度增高，影响性发育及以后的生育功能。

癌症。酒中的重要成分乙醇本身并不会直接引起恶性肿瘤，但有抑制免疫系统和促癌作用。饮酒诱发的有关癌症有口腔癌、肝癌、胰腺癌以及乳腺癌。当一个人大量饮酒又吸烟时，其患癌的危险性就会增加，这种危险性要超过简单地将这两种因素单独作用相加的总和。饮酒的量越大，患上述癌症的危险性就越大。

2. 适度饮酒要注意的几个问题

过度饮酒无论对生活还是身体健康都有不利影响，但只要不饮酒成癖，少量饮酒还是无妨的。只是饮酒有许多讲究，要加以注意。

最佳时间。每天下午2点以后饮酒对身体的健康影响相对较

小。因为上午几小时，胃中分解酒精的酶——酒精脱氢酶浓度低，这一时间饮酒会使血液中的酒精浓度升高，会对肝、脑等器官造成较大伤害。此外，空腹、睡前、感冒或情绪激动时也不宜饮酒，尤其是白酒，以免心血管受害。

最佳饮量。人体肝脏每天能代谢的酒精约为每千克体重1克。一个重60千克的人每天允许摄入的酒精量应限制在60毫升以下；体重低于60千克者应相应减少，最好掌握在45毫升左右。换算成各种成品酒应为：60度白酒50毫升、啤酒1升、威士忌250毫升。红葡萄酒虽有益健康，但也不可饮用过量，以每天2～3杯为佳。最佳佐菜。空腹饮酒有损健康，选择理想的佐菜既可饱口福，又可减少酒精之害。从酒精的代谢规律看，最佳佐菜当推高蛋白和含维生素多的食物，如新鲜蔬菜、鲜鱼、瘦肉、豆类、蛋类等。注意，切忌用咸鱼、香肠、腊肉下酒，因为此类熏腊食品含有大量色素与亚硝胺，会与酒精发生反应，不仅伤肝，而且损害口腔与食管黏膜，甚至诱发癌症。

习惯32 吃蔬菜也有讲究

蔬菜是人们日常生活中不可缺少的食物，它为我们带来了营养和健康。但是蔬菜并不是随便食用就可以摄取其中的全部营养的，吃蔬菜需要技巧，也需要讲究方法。

先从买蔬菜开始说起。走进琳琅满目的菜市场，如何选购蔬菜，每个主妇都有自己的一套方法。当然大前提不变，就是物美价廉，在这个前提下，买蔬菜还有什么学问呢？

营养价值观色泽。科学家发现，蔬菜营养价值的高低与颜色有着密切的联系。颜色深的营养价值较高，颜色浅的营养价值较低，这是因为维生素C、胡萝卜素的分布与叶绿素的分布呈正比。深绿色的新鲜蔬菜中含维生素C、胡萝卜素较高，每100克蔬菜中维生素C含量平均可达30毫克以上，胡萝卜素可达2毫克以上。维生素B2、无机盐在绿叶蔬菜中含量也较高。另外，胡萝卜素在橙黄色、黄色、红色的蔬菜中含量亦较高。

营养含量看部位。蔬菜有根、茎、叶、花、果实，同一种蔬菜的不同部位的营养含量是不同的。根部由于要吸收土壤中的各种营养素来维持生长，所以营养素含量相对较高，虽然大部分蔬菜的根不能食用，但靠近根的茎下端的营养含量也是很丰富的。因而，同一根藤上的丝瓜，结在下端的比结在上端的营养要高。蔬菜的皮因与外界进行频繁的物质交换，营养素的含量也很高，并且靠外的部位好于靠里的部位，例如胡萝卜的外部比内部的营养价值高，所以食用时能不去皮的最好不去皮，然而由于农药的大量使用，很多时候不得不削皮，这确实令人遗憾。

叶的营养价值也很高，因为叶是植物进行光合作用的器官，它所含的维生素、无机盐、纤维素都较高。如芹菜的叶就比茎的营养价值高。

品质区别依时令。从营养价值上讲，反季节蔬菜与时令蔬菜是有所区别的。例如7月份购买的西红柿，每100克可食用的维生素C含量，是12月份的2倍；黄瓜在夏季的维生素C含量，同样也是冬季的2倍左右。胡萝卜中的β-胡萝卜素含量，6月份时是隆冬时节的1.5倍。菠菜是季节变化值最大的一种蔬菜，其营养价值在5～10月份是冬季的8倍左右。

无污染的蔬菜。食用根茎的蔬菜如鲜藕、土豆、芋头、胡萝卜、冬笋等，一般不施用农药，即便施用了农药，由于生长在泥土中，残留农药也被泥土吸收分解。抗虫力强的蔬菜如白菜、芹菜、西红柿、菠菜、韭菜、辣椒等，一般也不施用农药。

生活中我们切不可为了单纯追求蔬菜的新鲜，而忽视了其中可能存在的有害物质，对于新鲜蔬菜我们应适当存放一段时间后再食用。

一般认为鲜嫩油绿的蔬菜一定是刚刚买回来的营养价值更高，其实不然。大多数蔬菜存放1周后的营养成分含量与刚采摘时相差无几，甚至是完全相同的，而刚刚采摘的蔬菜常常还带有多种对人体有害的物质。

据美国一位食品学教授发现：西红柿、土豆和菜花经过1周的存放后，它们所含有的维生素C都有所下降，而甘蓝、甜瓜、青椒和菠菜存放1周后，其维生素C的含量基本没有变化。经过冷藏保存的卷心菜甚至比新鲜卷心菜含有更多的维生素C。

此外，现在在农作物的种植生产中，均大量使用化肥和其他有机肥料，还经常施用各种农药，这些肥料和农药往往是对人体有害的。食用前略作存放，可以使残留的有害物质逐渐分解减弱。而对于那些容易衰败的蔬菜，也应多次清洗之后再食用。

习惯33 膳食搭配要均衡

科学研究证明，由于不科学的膳食搭配造成的高血压、冠心病、中风等心脑血管疾病和糖尿病及各种癌症等疾病，严重威胁着人类的健康和生命。如何取得膳食营养的平衡，怎样科学利用营养，这是我们实现健康目标的重中之重！

膳食搭配均衡就是适合自身实际需要、有利健康的食物组成和饮食习惯。世界卫生组织的一项研究报告指出，在众多影响健康的因素中，膳食成为仅次于遗传的第二大因素，这是因为我们人类赖以生存的各种营养成分都要通过“吃”来完成补给，但吃什么和怎么吃却是很有讲究的。为了身体的健康，必须平衡营养、合理膳食。平衡营养主要是膳食中的营养素、氨基酸含量和酸碱的三大平衡。所谓营养平衡，就是说营养的摄入与消耗要接近一致，即收支要平衡。营养缺乏和营养过多都有害健康。

1. 三大营养平衡

我们每一个人都应了解各种营养素的主要功能、人的需求量、老年人的特殊要求及其热量的换算，以至配膳原则、烹饪要求、进餐方法等。又因为食物不仅能供给营养，以维持人的

生存和活动，而且还具有各种保健功能，可以防病治病和防衰抗老。所以，还应进一步掌握更为全面的知识，这无疑是十分有益的。

呈酸性食物与呈碱性食物平衡。食物按所含的主要矿物元素的不同，可以分为酸性食物和碱性食物。一般来讲，我们每天主食中的大米、白面和副食中的肉、禽、鱼、贝、虾、蛋、花生等含非金属元素磷、硫、氯等较多的食物，在体内经代谢生成酸性物质，使体液相对呈弱酸性，因此，这些食物在生理上称为呈酸性食物。而大多数水果、蔬菜、豆类、茶叶及牛奶等含金属元素钠、钾、钙、镁等较多的食物，在人体内代谢生成碱性物质，被称为碱性食物。体内的呈碱性物质只能直接从食物中吸取；而呈酸物质则既可以来自食物，也可以通过食物在体内代谢的中间产物和“终”产物的形式提供。

在正常情况下，人的血液酸碱度呈弱酸性，这样才有利于生理活动。人体具有自动缓冲系统，能自动处理好酸碱关系，使血中酸碱值保持在正常范围内，达到生理上的平衡。但这种机体自身的缓冲能力是有限的，在日常生活中，如果各种食物经常搭配不当，就容易引起人体生理上酸碱平衡失调。我国人民长期形成了以酸性食物米、面为主食的饮食习惯，如果日常生活中再不注意适当控制摄入动物性蛋白质类等酸性食物，摄入蔬菜、水果类碱性食物偏少，就容易导致血液偏酸，不仅会增加碱性矿物元素消耗，引起人体缺钙，而且会引起酸中毒症。因此，在配餐中必须注意酸性食物和碱性食物的适当搭配，以保持生理上的酸碱平衡，防止酸中毒，同时使食物中各种营养成分被充分利用，提高营养价值。

要保持酸性食物与碱性食物的平衡，就要根据其酸碱度的高低，适当搭配。碱度高的食品，适当吃一些，就能中和酸性食品；碱度低的食品如黄瓜、茄子，可以多吃一些。例如，吃100克大米饭需要100克土豆来中和；用碱性大的海带，吃10克就够了；若副食是黄瓜，就需要吃200克来中和这100克米饭了。

膳食中蛋白质的8种必需氨基酸含量与人体需要平衡。食物蛋白质在消化过程中，经过各种蛋白质水解酶的作用，完全分解成为氨基酸，然后以氨基酸的形式被吸收，供机体用来组成所需的各种蛋白质。

食物蛋白质中所含的氨基酸有20多种，可以分为必需氨基酸和非必需氨基酸两类。所谓必需氨基酸，是人体需要的，然而却不能在体内合成，必须由食物供给的氨基酸；所谓非必需氨基酸，是人体需要的，但是人体可以自己合成，不必由食物供给的氨基酸。

一般来讲，由于大多数动物性蛋白质所含8种必需氨基酸种类齐全，且含量较高，比较接近人体的需要，故称之为优质蛋白质；植物性蛋白质则由于赖氨酸含量较低，影响了蛋白质的利用率，故质量较差，但大豆蛋白质赖氨酸的含量高，亦属于优质蛋白。尽管如此，任何一种食物蛋白质的氨基酸组成都不可能完全达到人体的需求。只有几种食物混合食用，各种食物蛋白质、氨基酸组成才能比较接近蛋白质的最佳比例。

因此，为了膳食中8种必需氨基酸的含量与比例符合人体需要，在膳食构成中要注意动物性蛋白质、一般植物性蛋白质和大豆蛋白质的适当搭配，并保证优质蛋白质占蛋白质总供给量的1/3。

膳食中三大营养素要保持一定的比例平衡。膳食中蛋白质、脂肪和糖类这三大营养素除了提供人体所必需的能量外，还各具特殊的生理功能，它们彼此之间相互利用、相互制约、相互转化，处于一种动态平衡之中。三大营养素必须保持一定的比例，才能保证膳食平衡，达到保健、养生、防病的目的。

根据我国每日膳食营养素供给量标准，如按重量计，糖类、蛋白质和脂肪三者摄入量的比例应为6：1：0.7；若按其各自热量占总热量的百分比计，则糖类占60％～70％，蛋白质占10％～15％，脂肪占20％～25％。一旦打破蛋白质、脂肪、糖类之间的正常比例，将引起一系列代谢紊乱。如膳食中热量和蛋白质不足，会引起营养不良、贫血和多种营养素缺乏症，严重影响人体健康；热量与蛋白质过剩的膳食浪费了人类宝贵的食物资源；而热量和脂肪摄入过多，会使人患上肥胖病、糖尿病及心血管疾病等，同样不利于人体健康。

三大营养素保持一定的比例平衡还可以使糖类和脂肪起到对蛋白质的庇护（节省）作用。如果人吃的糖和脂肪不足，体内的热量供应不够，就会分解体内的蛋白质来释放热量，补充糖和脂肪的不足。但蛋白质是构成人体的“建筑材料”，体内缺少了它，会严重影响健康。如果在吃蛋白质的同时，又吃进足够的糖和脂肪，就可以减少蛋白质的分解，用它来修补和建造新的细胞和组织。

2. 合理膳食，平衡营养

根据中国式的平衡营养膳食结构和我国传统膳食的优缺点，合理膳食要遵循以下几个基本要求：

营养全面，摄入平衡。要真正做到膳食平衡还需对食物的分类有一个基本的了解。第1种是谷类食物，作为主食，它是人体热能的主要来源，应占膳食总量的30％多；第2种是瘦肉、禽蛋和奶等动物蛋白质，应占膳食总量的15％；第3种是豆类等植物蛋白质，应占膳食总量的10％；第4种是提供维生素及纤维素来源的蔬菜和水果等，应占膳食总量的40％以上；第5种是油脂，它们不仅可改善食物的色、香、味，而且还可提供热量，促进脂溶性维生素的吸收。

品种丰富，多吃杂粮。人体对营养素的需要是多方面的，而所需的营养素不可能只存在于少数食物当中。因此，在平时的膳食中要尽可能多地从我们可食用的200多种动植物中吸收营养。

饮食有度，按需而入。人体虽然需要丰富的营养，但必须掌握好度，过犹不及的道理应当牢记。

过度饮食对健康造成危害的例子比比皆是：节日期间经常出现在医院急诊室的急性胃肠炎、胰腺炎患者都是由于暴饮暴食造成的恶果；曾有孕妇在怀孕期间，无节制地进补，唯恐亏待了即将出生的孩子，结果造成营养过度，孩子一出生体重就达5千克左右，且有先天性糖尿病。另外，过量饮食还会促使大脑早衰，日本一项调查发现，30%～40%的老年痴呆症患者，与年轻时饮食量偏多有关。

除饮食的量和种类要合理之外，有规律的进餐习惯也非常重要。“早吃饱、午吃好、晚吃少”没有错，但如果夜间加班，则一定要准备夜宵加餐。

为了身体的健康，我们必须自觉养成良好的健康饮食习惯，真正做到平衡营养、控制热量，养成健康的饮食习惯。

伏案工作易患疾病

吃些粗粮好处多